国防科技大学建校70周年系列著作

卫星导航对抗

曾芳玲　欧阳晓凤　芮梓轩 等　编著

科学出版社
北京

内 容 简 介

本书以典型卫星导航定位系统（GPS、BDS、GALILEO、GLONASS）为研究对象，以导航领域电子对抗技术发展及典型应用为主线，深入总结卫星导航不断完善、提升的抗干扰技术，以及针对性的电子攻击技术，从电子对抗的基本概念、内涵入手，建立导航对抗侦察、导航干扰及导航对抗技术运用的理论和方法。具体内容包括：导航对抗的起源与发展、内涵与要素；卫星导航信号模型与调制特征分析；卫星导航对抗侦察；卫星导航电子干扰原理；卫星导航抗干扰技术及能力分析；GPS对抗要素计算与干扰分析；分布式转发干扰与区域增强定位一体化等。全书内容以作者近20年的科研积累为基础，突出典型抗干扰技术运用，针对典型对象的干扰技术，建立起从一般到具体、从常规手段到最新进展、从基础理论到运用分析的实践性较强、层次丰富的著作架构。

本书可供信息与通信系统、导航工程、电子对抗等相关专业研究生和工程技术人员参阅。

图书在版编目（CIP）数据

卫星导航对抗 / 曾芳玲等编著. —北京：科学出版社，2023.9
　ISBN 978 - 7 - 03 - 076202 - 3

Ⅰ.①卫… Ⅱ.①曾… Ⅲ.①卫星导航—全球定位系统 Ⅳ.①P228.4

中国国家版本馆 CIP 数据核字（2023）第 154409 号

责任编辑：徐杨峰 / 责任校对：谭宏宇
责任印制：黄晓鸣 / 封面设计：无极书装

科学出版社 出版
北京东黄城根北街 16 号
邮政编码：100717
http://www.sciencep.com
南京展望文化发展有限公司排版
广东虎彩云印刷有限公司印刷
科学出版社发行　各地新华书店经销

*

2023 年 9 月第 一 版　开本：720×1000　1/16
2024 年 12 月第六次印刷　印张：15 3/4
字数：266 000
定价：140.00 元
（如有印装质量问题，我社负责调换）

卫星导航对抗

编著人员

主　编　曾芳玲

编著者　曾芳玲　欧阳晓凤　芮梓轩
　　　　　郭静蕾　董天宝　徐　煦
　　　　　汪海兵　李歆昊　安　明
　　　　　金咏洁　许益乔　张　坤
　　　　　徐　浩

总　　序

国防科技大学从 1953 年创办的著名"哈军工"一路走来,到今年正好建校 70 周年,也是习主席亲临学校视察 10 周年。

七十载栉风沐雨,学校初心如炬、使命如磐,始终以强军兴国为己任,奋战在国防和军队现代化建设最前沿,引领我国军事高等教育和国防科技创新发展。坚持为党育人、为国育才、为军铸将,形成了"以工为主、理工军管文结合、加强基础、落实到工"的综合性学科专业体系,培养了一大批高素质新型军事人才。坚持勇攀高峰、攻坚克难、自主创新,突破了一系列关键核心技术,取得了以天河、北斗、高超、激光等为代表的一大批自主创新成果。

新时代的十年间,学校更是踔厉奋发、勇毅前行,不负党中央、中央军委和习主席的亲切关怀和殷切期盼,当好新型军事人才培养的领头骨干、高水平科技自立自强的战略力量、国防和军队现代化建设的改革先锋。

值此之年,学校以"为军向战、奋进一流"为主题,策划举办一系列具有时代特征、军校特色的学术活动。为提升学术品位、扩大学术影响,我们面向全校科技人员征集遴选了一批优秀学术著作,拟以"国防科技大学迎接建校 70 周年系列学术著作"名义出版。该系列著作成果来源于国防自主创新一线,是紧跟世界军事科技发展潮流取得的原创性、引领性成果,充分体现了学校应用引导的基础研究与基础支撑的技术创新相结合的科研学术特色,希望能为传播先进文化、推动科技创新、促进合作交流提供支撑和贡献力量。

　　在此,我代表全校师生衷心感谢社会各界人士对学校建设发展的大力支持!期待在世界一流高等教育院校奋斗路上,有您一如既往的关心和帮助!期待在国防和军队现代化建设征程中,与您携手同行、共赴未来!

国防科技大学校长

2023 年 6 月 26 日

前　言

近百年来,导航定位技术从利用星体自身的特性到发明无线电导航,从陆基无线电导航为主转向卫星导航体系,导航的应用范围被极大拓展,信息基础服务的作用大大增强,并促使经济生活、军事作战方式及观念发生了巨大变化。卫星导航定位系统的功能也从传统的导航/定位扩展到精确位置引导和武器投放、位置获取与态势感知、指挥/控制/通信支持及授时同步等,并被广泛应用于工业网络基础设施和个人。

随着无线电导航和卫星导航技术的发展,其重要性和电磁信号传播的开放性,使得克服有意无意干扰成为导航应用需要重点关注的问题之一;同时针对导航应用的拒止技术,特别是针对抗干扰运用的有意对抗日益发展,也成为电子对抗研究的一个重要方向。卫星导航用户数量巨大、层级多样、应用广泛;卫星导航信号一般具有固定的信号参数,且到达地面十分微弱,信号播发具有空域开放性;卫星导航定位系统的重要性和脆弱性催生了卫星导航领域的干扰和抗干扰技术对抗,使之成为一个专门的研究方向,得到越来越多的关注。

实际上,无线电导航的内容非常广泛,例如,可引导飞机着陆的仪表着陆系统、微波着陆系统,机场或航空母舰上引导飞机非精密进场的中近程塔康(Tactical Air Navigation System,TACAN)导航系统,广泛应用于航海、航空导航的罗兰-C系统及增强的罗兰-E系统,具有全球覆盖能力和水下定位能力的超长波奥米伽(Omega System)系统及卫星导航定位系统等。

由于很长一段时间,对陆基无线电导航定位系统的对抗研究,分属于通信对抗或雷达对抗等专业领域,没有专门展开研究;直到以星基平台为导航台的全球卫星导航定位系统发展成熟,使得军事和经济生活都受到卫星导航定位系统的巨大影响;尤其是20世纪90年代至今,卫星导航在高技术局部战争中的突出表现,及其对无人化、智能化、网络化系统的基础支撑作用,使其成为人们关注的焦点,其应用和对抗的特殊性,使得卫星导航对抗成为电子对抗新兴的专业研究方向之一。

本书以作者在卫星导航对抗领域近 20 年的教学科研积累为基础,并借鉴参考了导航对抗领域诸多学术研究成果,以及电子对抗原理与技术、信息对抗理论与方法等书籍中相关的理论结构方法,旨在从导航定位技术、系统特征、信号特征出发,编写一本囊括侦测、干扰、典型系统对抗和技术运用的专业书籍,使读者对卫星导航对抗建立较系统全面的理解;同时,引入了检测和对抗的实例分析,使之具有更好的实践性。

本书相关研究成果的获得,得益于作者所在教研单位和相关科研院所专家团队的支持和帮助,也离不开专业领域内的相互交流学习,在此一并表示感谢,衷心向各位同行专家致以诚挚的谢意。参考文献若有引述遗漏,恳请指出以便补充。

导航与导航对抗领域正处于快速发展的窗口期,新的技术成果层出不穷,由于作者水平有限,疏漏之处,恳请广大读者批评指正。

曾芳玲
2023 年 7 月

目　　录

第1章 绪　　论

1.1　导航对抗概述

两次世界大战以来,由于军事上的需要,无线电导航飞速发展。尤其二十世纪后期,随着卫星技术、信息技术和电子技术的发展,导航技术从以陆基导航为主转向卫星导航体系,导航的应用范围被极大扩展,军事作用大大增强,并促使军事作战方式及作战观念发生巨大变化。无线电导航的功能也从导航/定位扩展到精确制导武器投放、目标瞄准、指挥/控制/通信及精密授时等,并被广泛应用于野战部队和士兵个人。用户不仅可利用现代导航定位系统获得高精度的位置信息,还可以利用其精密的时间系统得到准确的时间信息,实现授时或多点同步,满足各种战术操作的要求[1]。

实际上,无线电导航的内容非常广泛,例如,可引导飞机着陆的微波着陆系统、机场或航空母舰上引导飞机进场的中近程塔康(TACAN)导航系统、可用于海上导航的罗兰(Loran)系列导航系统及卫星导航系统等。"获取全球状况的几乎所有过程都需要绝对精确的定位、定时信息",而卫星导航定位系统作为世界上现役精度最高、使用成本较低的一种无线电导航定位系统,以其高精度、全天候、全球覆盖的显著优势,为这一需求提供了有力支撑。现代战争中,从陆海空各类机动平台的导航定位,到巡航导弹、精确制导导弹的精确制导,从野外机动部队的定位,到支持、救援行动的开展,处处都有卫星导航的身影[1]。同时,因其终端应用的开放性和经济性,卫星导航系统的民用市场急剧增大,用户数远大于军用,业已成为国民经济重要的信息基础设施。

卫星导航精度高、空域大、全天候、全天时的应用特点,及其提供的精确位置、速度和时间(position velocity and time,PVT)信息,使其在未来无人作战、远程精确打击、授时同步和智慧管理等领域发挥着极其重要的作用,因此成为电子战领域的主要作战对象之一。导航干扰即是通过电子干扰手段使敌方导航终端无法正确定位导航或授时终端无法提取精确的时间信息。导航与导航对抗日益发展，成为电子对抗技术的一个重要研究方向。

1.1.1 导航对抗的起源与发展

第一次世界大战后至第二次世界大战结束这段时期，可称为电子对抗的发展阶段。由于无线电技术的发展，尤其是导航、雷达技术的发展，在战争中日益显示出它们的威力和重要性，导致战争双方以前所未有的研制和发展速度，围绕着雷达与导航在战争中的运用而展开激烈的电子对抗，各国纷纷开展电子对抗技术的研究，并不断制造出专用的电子对抗装备投入实战。

首先，导航对抗作为一种重要的作战形式在二战中得到广泛应用。1930年，德国洛伦斯公司设计并改进了一种无线电导航系统。1933年，德国专家汉斯·波兰德将洛伦斯系统用于提高飞机在夜间或能见度差的条件下投弹准确性的研究，不到五年便研制出了"X-装置"。1940年夏，德国为全力对付英国，制订了代号为"海狮"的作战计划，对英国进行轰炸，但是由于白天轰炸造成了巨大的损失，德国在法国和比利时的北部沿海建立起"X-装置"定向发射台网，利用导航装置的精确导航对英国实施夜间轰炸。1940年11月14日，德国出动了450架飞机，利用"X-装置"导航对英国进行轰炸，几乎把考文垂夷为平地，这样就引发了导航对抗。英国人为了反空袭，找到了对洛伦斯导航系统进行干扰欺骗的办法。例如，英国人在没有专门干扰机的情况下，曾把医院使用的电疗机拿来与德国入侵飞机进行对抗；后来，英国又研制出更为先进的导航对抗系统，致使德国飞行员轰炸的只是旷野而不是指定城市[1]。从此，导航对抗成为电子对抗的新领域。

第二次世界大战之后，各种陆基无线电导航系统如雨后春笋般得到建设和发展，为了满足军事需求，导航定位系统向着更高精度、更高可靠性和更远覆盖距离迈进。无线电导航技术飞速发展，逐渐成为主要的导航方式，并从陆基无线电导航发展到高精度、全天候、全球覆盖的卫星导航体系。卫星导航定位技术为现代战争提供了更加精确、可靠和全面的时空基准，催生了蕴含巨大发展潜力和经济价值的地理信息及位置服务产业，其重要性和脆弱性直接引出了"导航战"的概念。

1995年，美国国防部指定罗克韦尔(ROCKWELL)公司牵头，成立一个由几家公司参加的研究小组，开始一项为期13个月的有关"导航战"的研究计划，并于1997年4月，在英国召开的全球定位系统(Global Positioning System,GPS)应用研讨会上,正式提出了"导航战"的概念;将其定义为:阻止敌方使用卫星导航信息,保证己方和友方可以有效利用卫星导航信息,同时不影响战区以外区域和平利用卫星导航信息。其导航战的作战目标主要有以下三点:一是在战场上取得导航优势;二是确保 GPS 系统正常运行,使美军及其盟友不受干扰地使用该系统;三是阻止对手在战场上使用 GPS 系统,并使对手的卫星导航系统不能正常工作或不能正常使用其服务。

随着卫星导航全球系统和区域系统的日益发展完善,围绕卫星导航系统的电子对抗呈现出丰富的技术进展和对抗策略研究。

1.1.2 卫星导航对抗的研究对象

任何导航定位系统都包括导航用户端,它们装在需要导航的运载体上,驾驶员或自动驾驶仪根据导航设备的仪表指示或输出的信号,操纵运载体正确地向目的地前进。这种指示或信号的内容称为导航信息。无线电导航除了要有导航用户端之外,还需要在预先设定的地方(位置已知)安装其他设备与用户端配合工作,才能产生导航信息。这些设在已知位置点的导航设备称为导航台,导航台与运载体上的导航设备用无线电波相联系,总的形成一个导航定位系统。

对陆基无线电导航系统,其地面导航台通常固定在已知位置,除了干扰其用户接收机,也可以实施对导航台的打击。卫星导航定位系统,其构成则较为复杂,一般包括三个部分:空间部分、地面监控系统、用户接收系统。因此对卫星导航系统的电子干扰多集中在系统构成的三个方面[2]。

1. 对空间星座实施干扰

对星座的干扰有以下几种途径:发射专用卫星对地面注入站发送的上行信号(S 波段)进行截获分析,寻求对导航卫星的有效干扰,使导航卫星不能正常工作或发射错误导航信息,从而使用户得不到精确的导航信息甚至是错误的导航信息;扰乱导航卫星上的对日定向系统,使其不能让太阳能电池帆板始终对准太阳,致使整个卫星电子设备因缺乏能源而不能正常工作;扰乱卫星姿态三轴稳定系统或推进系统,使卫星天线的辐射不能对准地面,从而使地面接收不到导航卫星下行的导航电文或使卫星偏离正确轨道位置;通过干扰降低卫星时钟校准参数的精度及卫星星历中有关卫星位置数据的精度。

2. 对测控系统的干扰

通过对卫星导航地面监控系统的通信数据的截获和分析研究,采取无线电干扰、信息安全攻击等手段,对其信号中继实施有效干扰,可以使其地面站之间无法传递信息和数据,导致地面运控设施难以正常工作,从而使得整个导航系统无法正常运转,以达到干扰的目的。

3. 对接收系统的干扰

对卫星导航地面监控、测控系统、空间星座进行打击或干扰,实施难度大,并非通常意义上的电子对抗,因此,对导航接收机的干扰一直是国内外研究的重点。由于卫星导航信号产生机制的公开性,对接收机系统的干扰可行性较强;常采用压制或欺骗等多种手段,对导航终端进行直接干扰,使其无法输出或错误输出导航信息,进而起到控制导航系统正常使用的作用。

所以,目前导航对抗的研究对象主要还是各种平台、地面设施或个人使用的导航或授时接收机,对抗的目的就是干扰甚至欺骗用户接收机,使其不能正常接收导航信号,使用导航定位或授时定时功能。

1.1.3　导航对抗的内涵与要素

为了执行各种各样的军事任务,现代军事作战对导航技术提出了更多更高的要求[1]。

1. 具有强的电子对抗能力

随着卫星导航军事作用的急剧扩展,导航电子对抗问题开始变得越来越重要,导航电子对抗包括对导航信号的侦收、阻塞干扰、欺骗干扰和系统的反利用等。因此为军事作战服务的新型导航系统应该具有强大的电子对抗能力。

2. 导航信息的多样性与更高的精度

导航是 C4ISR 系统的重要组成部分。导航为各作战单位提供实时定位与航向航速等信息,通过广播或报告的方式,让指挥员掌握己方各单位在战场上的分布与动向;让各作战单位了解周围友方单位与自己的位置关系。导航不仅要提供导航用户或平台的实时位置,必要时还要给出载体的航向与姿态信息。战场上敌我双方作战单位常常近距离交织在一起,而且迅速移位变化,如果所提供的导航信息精度不够,便有可能提供含混甚至错误的敌我态势。

只有利用高精度的导航信息,才能使作战单位按照指挥员的意图,在准确的时间出现在精确的地点,这是新型作战思想所要求的。所以,导航信息的多样性(位置、速度、姿态、时间等)及高于敌方精度的导航信息将对形成军事优势具有重要作用。

3. 连续实时服务与易维护

无论对于航行还是战场作战,军事导航均要求所提供的导航信息是实时的、连续的,而且具有所需要的数据更新率,否则高的精度便可能失去意义。为了用户使用方便,不能对系统的操作与维护人员提出很高的技能要求,应利用现代计算机技术及自动故障诊断与隔离技术,使导航系统能被一般操作人员使用与维护。

4. 高动态大区域自主式导航能力

军用运载体有时具有很大的动态范围,比如高速运动或做突然的机动,要求此时导航精度不能下降。为了提高系统生存能力,导航系统最好是自主式的。为了适应作战需要,导航系统的覆盖范围至少要能包括作战区域,越大越好,直至覆盖全球。

总之,军事作战的性质要求导航以最高可能的置信度提供等于或超过任务需要的服务;同时,又希望阻止对手利用导航信息完成军事行动。

因此,"导航战"中的电子对抗内容,亦称为导航对抗,是电子对抗行动在导航应用领域的集中呈现,其内涵包含保护与阻止 2 个重要基本要素,即防御性导航对抗和攻击性导航对抗。攻击性导航对抗的目标是在有限区域内使导航系统失去能力,而在世界其他地区则不受影响,或选择可用性,保证授权用户正常使用而使非授权用户不能正常使用导航信号。防御性导航对抗的目的则是防止对手使用各种攻击性技术来干扰或摧毁己方和友军的卫星导航业务,包括各种抗干扰技术和对干扰源的探测攻击等。

进入二十一世纪以来,发展具有多重抗干扰手段的星基导航定位系统和综合导航定位技术成为趋势,特别是近年来,随着卫星导航、惯性导航及组合导航技术的快速发展,围绕自主导航技术、全源导航、卫星星间链路等技术的研究不断深入,与之相适应的导航战理论逐步深化,形成了较为完备的理论和技术体系。

1.2 卫星导航对抗系统的应用特点及发展趋势

1.2.1 卫星导航对抗系统的应用特点

导航对抗是电子对抗理论技术在导航领域的集中体现。电子对抗,亦称电子战。在电磁和声空间中,运用电磁能、声能和定向能的特性,去控制电磁频谱和声谱,实现攻击敌军和保护己军作战效能的军事行动,包括电子对抗侦察、电子进攻和电子防御。电子对抗分为雷达对抗、通信对抗、光电对抗、无线电导航对抗、水声对抗,以及反辐射攻击等,是信息作战的主要形式(《信息作战术语词典》)。其内容包括电子对抗侦察、电子进攻、电子防御三个部分。

随着电子技术的发展,电子对抗进入了一个手段、对象、空间、技术全面发展的新阶段,由单一电子对抗技术发展为电子对抗系统,战术技术也更加融合。对抗技术层面,各种抗干扰能力强的新技术、新设备投入运用,针对这些抗干扰手段的干扰技术研究构成电子对抗技术不断攀升发展的驱动力。由于抗干扰或电子防御技术主要集中于目标系统的发展研究,本书的对抗内涵主要集中于电子侦察和电子干扰。

因此,卫星导航对抗系统和其他电子对抗系统一样,应该由侦察系统、干扰系统构成。所不同的是,导航卫星的轨道是公开的,信号辐射具有空域开放性。导航信号传输距离远,信号到达地面微弱,对卫星导航信号的侦察一般需要建设固定的高增益侦察站,因此,卫星导航对抗侦察更大程度上依赖于平时长期的跟踪分析。表 1.1 给出了几大全球定位系统的星座构成、用频与定位授时精度[3]。

表 1.1 北斗、GPS、GALILEO、GLONASS 系统建设情况比较

	北斗三号	GPS	GALILEO	GLONASS
组网卫星数	24MEO+3GEO+ 3IGSO	24MEO(21+3)	30MEO(27+3)	24MEO
卫星轨道 高度/km	MEO:21 500	20 200	23 222	19 100
轨道平面数	3(MEO)	6	3	3
轨道倾角	55°	55°	56°	64.8°
运行周期	MEO:12 小时 55 分	11 小时 58 分	14 小时 4 分	11 小时 15 分 44 秒
频率	B1:1 575.42 MHz /1 561.098 MHz B2:1 207.14 MHz /1 176.45 MHz B3:1 268.52 MHz	L1:1 575.42 MHz L2:1 227.60 MHz L5:1 176.45 MHz	E1:1 575.42 MHz E6:1 287.75 MHz E5:1 207.14 MHz /1 176.45 MHz	G1:1 602.00+MHz G2:1 246.00+MHz G3:1 204.704
覆盖范围	全球(≥99%)	全球(≥99%)	全球	全球(≥99%)
定位精度 (SPS/95%)	≤10 m	水平方向≤8 m 垂直方向≤13 m	水平方向≤15 m (双频 4 m) 垂直方向≤35 m (双频 8 m)	水平方向≤16 m 垂直方向≤25 m

	北斗三号	GPS	GALILEO	GLONASS
授时精度 (SPS/95%)	≤20 ns	≤30 ns	≤30 ns	
测速精度 (SPS/95%)	≤0.2 m/s	≤0.2 m/s	≤0.1 m/s	≤0.1 m/s
定位精度 (PPS)	≤3 m(CEP)	1 m(P码)	≤1 m(双频)	≤2 m(差分)
授时精度 (PPS/95%)	≤10 ns	≤10 ns	≤30 ns	≤25 ns
测地坐标系	CGCS2000	WGS-84	WGS-84	PZ-90
时间系统	BDT	GPST	GPST	GLONSST

说明：北斗 SPS 数据依据 2020 年 8 月北斗三号建成开通新闻发布会数据；北斗 PPS 数据依据陆军现役军用测量型接收机精度；GPS PPS 数据依据网电舆情 202004；GPS SPS 数据依据美国 GPS 系统官网 2019 年 3 月及 2020 年 4 月发布数据；GALILEO 数据依据 GALILEO 系统官网 2019 年 5 月发布数据；GLONASS PPS 数据依据 GLONASS 系统官网主页发布数据；SPS 数据依据公开文献

此外还有日本准天顶系统(Quasi-Zenith Satellite System, QZSS)及印度区域卫星导航系统(Indian Regional Navigation Satellite System, IRNSS)两个区域系统。QZSS 卫星星座由 7 颗卫星构成,包括 1 颗地球静止(geostationary Earth orbit, GEO)卫星、3 颗倾斜地球同步轨道(inclined geosynchronous orbit, IGSO)卫星和 3 颗大椭圆轨道(highly elliptical orbit, HEO)卫星,QZSS 星座在设计上保证在任何时刻至少有一颗卫星位于日本的天顶方向附近,通过提供接近于日本天顶方向的卫星信号,帮助解决由于高楼林立而阻挡低仰角导航卫星信号所造成的城市峡谷问题。IRNSS 星座则包括 3 颗地球静止(GEO)卫星和 4 颗倾斜地球同步轨道(IGSO)卫星,其中 3 颗 GEO 卫星原本属于为南亚地区提供服务的印度 GPS 辅助型静地轨道增强导航卫星。IRNSS 卫星在 L5 和 S 这两个波段上发射 CDMA 导航信号,其中 L5 波段与 GPS 的 L5 和 Galileo 的 E5a 波段重合,S 波段位于 2 483.5~2 500.0 MHz。IRNSS 于 2016 年建成并开始提供服务。

卫星导航系统的辐射源是导航卫星,因此,卫星导航对抗侦察的对象是导航卫星及其辐射的导航信号。导航系统作为基础性信息设施,用户众多,系统投入应用后,地面站、卫星星座的运行、导航信号都是公开的,导航信号采用广播方式连续播发,具有空域开放性。因此,对导航星和导航信号的侦察可以随时进行,通过建设具有跟踪能力的地面接收站,跟踪导航卫星的动态和运行,进行导航信号的接收、监测和分析,建立导航星的运动态势和信号数据库,可以为对抗系统提供支持。

对用户平台,由于导航用户一般都是通过无源方式接收导航信号完成定位,则只能依靠情报侦察完成用户数据库的建设。

针对用户的导航干扰,则重在研究其抗干扰能力生成方式和搭载平台的行动方式,一般需要多个干扰设备进行协同干扰。比如卫星导航信号来自全空域的四面八方,仅干扰到一颗或几颗卫星的导航信号,或只形成有限的干扰区域都是难以达到效果的,因而干扰系统也应该是分布式的体系对抗系统,采用分布式干扰增强干扰能力。

1.2.2 导航及导航对抗系统的发展趋势

随着导航战思想的普及和深入,导航系统的发展,将特别注重系统战时作战能力使用。首先是提高导航的安全性(security),如增强信号功率,增加导航信号和频道;其次是实现导航服务的区别对待,以便执行选择可用性和反电子欺骗(SA/AS)功能;三是卫星导航将采用全新的卫星在轨模型,星载系统具备在轨可编程和冗余硬件自主管理功能,具有长达 180 天保持系统导航精度的自主导航能力;四是新增军用导航码,全面提升系统抗干扰能力等。同时,下一代卫星导航将设计实现先进的军用授权信号编码、在轨波形柔性设计和地面先进运控网络,结合终端抗干扰技术,大大提升系统应用的安全性和抗干扰能力。

因此,导航对抗侦察需要跟踪导航定位技术的最新进展,创新对抗技术,才能形成有效对抗能力。导航干扰除了不断提升对抗技术和系统能力外,还需要积极探索对抗策略和战法,同时要加强对武器平台的研究和分析,建立相应的对抗策略。

由于卫星导航信号空域的开放性,以及国际卫星导航发展主导的兼容性,使得民用接收机往往享有兼容服务发展,北斗卫星导航系统在整体设计上也使之具备与 GPS、GLONASS、GALILEO 的兼容条件,这既使中国可以利用国外全球卫星导航系统,通过监测和增强,将其作为备份导航手段,当然也提供了其他国家使用北斗系统的基础。这就为导航对抗提出了更复杂的要求,如何阻止别人、保护自己?需要北斗系统构建坚实的防护网络,同时,干扰技术研究方面需要更具差别化和针对性,将对自己的影响降到最低。

总之,针对导航定位系统各组成环节,以破坏和削弱敌方导航系统服务功能,保护己方导航能力为目的的系统对抗或体系对抗思想,代表导航对抗未来发展方向,有待进一步研究和探索。

第 2 章　卫星导航系统信号模型与调制特征分析

2.1　卫星导航信号设计概述

卫星导航系统由导航卫星(星上载荷)、地面监控设备、导航接收机组成;包括 3 个子系统,即各轨道卫星及星上载荷构成的空间段;地面运行控制系统构成的地面段;由各种导航接收机构成的用户段;以及在子系统之间传输的导航信号、遥测遥控信号和监测数据信号。为适应在复杂条件下提供高精度、可靠服务的需求,导航信号的多频段、大带宽是其基本条件。考虑信号传输空间的开放性,卫星导航信号采用具有低截获概率的直接序列扩频(DSSS)信号为基本体制,信号电平淹没于噪声以下,接收机通过解扩处理完成频率跟踪、测距和导航电文提取。对卫星轨道(导航台)的跟踪可以通过星历数据获得,卫星导航对抗侦察的主要任务是对低截获概率的导航信号进行侦收和监测分析。

随着 BDS、GPS、GALILEO、GLONASS 等全球卫星导航系统的发展与完善,引入新型导航信号体制成为卫星导航系统现代化和多系统互操作应用的新发展趋势,各国将在播发 BPSK 信号的同时播发 BOC 等多种新型调制方式的卫星信号。信号调制样式的多样性要求导航对抗侦察必须具备各个调制方式下的导航信号分析能力,掌握基本的实时信号参数。因此,本章将针对卫星导航信号的设计给出其信号模型与调制特征的理论分析。全球卫星导航系统的标准服务信号体制具体如表 2.1 所示。

为提高信号精度、改善系统频率兼容性,卫星导航信号从最初采用的矩形码片 BPSK 调制到 BOC 调制,再到后来的 AltBOC、MBOC 等新型调制方式。而我国北斗二号全球导航系统信号体制也在优化当中,将采用时分 TD - AltBOC 等先进的调制方式,因此不同系统不同调制方式的导航信号具有不同的信号特性,首先需要对各类调制方式的信号进行参数特性分析,才能制定相应的信号

表 2.1 全球卫星导航系统的信号体制

系 统	频点	信号分量	双边带宽/MHz	中心频率/MHz	调 制 方 式	
GPS	L1	C/A	2.046	1 575.42	BPSK(1)	BPSK(1)
	L2C	M、L	2.046	1 227.6	TDDM+BPSK(0.5)	BPSK(1)
	L5	I、Q	20.46	1 176.45	QPSK(10)	QPSK(10)
GLONASS	G1	C/A	1.022	1 602+0.562 5k	BPSK(0.511)	BPSK(0.511)
	G2	C/A	1.022	1 246+0.43k	BPSK(0.511)	BPSK(0.511)
GALILEO	E1	B、C	14.322	1 575.42	MBOC(6,1,1/11)	MBOC(6,1,1/11)
	E5	a−I、Q	51.15	1 176.45	BPSK(10)	AltBOC(15,10)
		b−I、Q	51.15	1 207.14		
BD2区域系统	B1	I	4.092	1 561.098	BPSK(2)	QPSK(2)
		Q	4.092	1 561.098	BPSK(2)	
	B2	I	4.092	1 207.14	BPSK(2)	QPSK
		Q	20.46	1 207.14	BPSK(10)	
	B3	I	20.46	1 268.52	BPSK(10)	QPSK(10)
		Q	20.46	1 268.52	BPSK(10)	

监测接收和分析方法。传统卫星导航信号使用 BPSK 调制方式,其相关峰形状简单,并且几乎都采用匹配滤波的接收结构。而新体制信号作为重要监测对象,其调制方式多样、相关峰形状复杂、信号特性及参数各异,为信号的侦收和分析带来更大的难度。

2.2 卫星导航信号模型及特征分析

2.2.1 复用技术

在导航应用中,常需要从一个卫星星座、一颗卫星甚至在一个载波频率上广播多个信号,复用技术可以使多个信号共享一个发射信道而不互相干扰。使用不同载波频率传输多个信号的技术称为频分多址(frequence division multiple access,FDMA)或频分多路复用;两个或多个信号在不同时间共享同一发射信道称为时分多址(time division multiple access,TDMA)或时分多路复用;使用不同的扩频码共享一个共用的频率称为码分多址(code division multiple access,CDMA)。

　　当一个普通发射机在一个载波上广播多个信号时,将这些信号组合成一个恒包络的复合信号是较为理想的。两个二进制 DSSS 信号可以通过四相相移键控(quadrature phase shift keying,QPSK)组合在一起,在 QPSK 中,使用相位互相正交的 RF 载波(即其相对相位差为 90°,如同样时间参数的余弦和正弦函数)产生两个信号并简单加起来。QPSK 信号的两个分量称为同相和正交分量,其信号形式为

$$s(t) = s_I(t)\cos(2\pi f_c t) - s_Q(t)\sin(2\pi f_c t) \tag{2.2.1}$$

式中,f_c 为载波频率。当希望在一个载波上组合多于两个信号时,需要更复杂的技术,如要发送一个由三个信号确定的复合信号,发送的复合信号可表示为式(2.2.2),式中同相和正交分量分别为

$$
\begin{aligned}
s_I(t) &= \sqrt{2P_I}\,s_1(t)\cos m - \sqrt{2P_Q}\,s_2(t)\sin m \\
s_Q(t) &= \sqrt{2P_Q}\,s_3(t)\cos m + \sqrt{2P_I}\,s_1(t)s_2(t)s_3(t)\sin m
\end{aligned} \tag{2.2.2}
$$

式中,$s_1(t)$、$s_2(t)$、$s_3(t)$ 是要发送的信号;m 是一个索引,与功率参数 P_I、P_Q 共同设置以满足信号发送需要的电平。

2.2.2　信号模型及时频域特征

　　卫星导航信号除了使用式(2.2.1)的信号表达式外,也采用以下关系所定义的复包络或低通表达式 $s_l(t)$。

$$s(t) = \mathrm{Re}\{s_l(t)\mathrm{e}^{\mathrm{j}2\pi f_c t}\} \tag{2.2.3}$$

式中,$\mathrm{Re}\{\cdot\}$ 表示取实部,实信号 $s(t)$ 的同相与正交分量与其复包络的关系为

$$s_l(t) = s_I(t) + \mathrm{j}s_Q(t) \tag{2.2.4}$$

　　在卫星导航信号中,两个非常重要的信号特性是信号的自相关函数和功率谱密度。具有恒定功率的低通信号,其自相关函数定义为

$$R(\tau) = \lim_{T \to \infty} \frac{1}{2T} \int_{-T}^{T} s_l^*(t) s_l(t + \tau) \, \mathrm{d}t \qquad (2.2.5)$$

式中, * 表示复共轭, 功率谱密度为自相关函数的傅里叶变换:

$$S(f) = \int_{-\infty}^{+\infty} R(\tau) \mathrm{e}^{-\mathrm{j}2\pi f\tau} \, \mathrm{d}\tau \qquad (2.2.6)$$

功率谱密度描述了信号在频域的功率分布。

图 2.1 (a) 给出了单个矩形脉冲 $f_1(t)$ 的频谱、自相关函数和功率谱。矩形脉冲以 y 轴为轴对称, 幅度为 A, 宽度为 T_c, 其表达式为

$$f_1(t) = \begin{cases} A & |t| \leqslant T_c/2 \\ 0 & \text{其他} \end{cases} \qquad (2.2.7)$$

如图 2.1 (b) 所示, 这个函数的傅里叶变换为

$$F_1(\omega) = AT_c \left(\frac{\sin \dfrac{\omega T_c}{2}}{\dfrac{\omega T_c}{2}} \right) \qquad (2.2.8)$$

式中, f 为频率, 单位为 Hz, $\omega = 2\pi f(\mathrm{rad/s})$ 为角频率。则按上述定义, 这个函数的自相关定义为

$$R_1(\tau) = \int_{-\infty}^{\infty} f(t) f(t + \tau) \, \mathrm{d}t \qquad (2.2.9)$$

式中, τ 为复现函数的相位移。当复现函数的相位与原函数相同即 $\tau = 0$ 时, 便获得最大相关。对于矩形脉冲来说, 自相关函数是三角波形, 即随着 τ 移至零的左边或右边时相关幅度线性下降, 直到 τ 移到原函数的左边或右边 $T_c/2$ 或更多时, 相关幅度变为 0, 如图 2.1 (c) 所示, 其函数表达式为

$$R_1(\tau) = \begin{cases} A^2 T_c \left(1 - \dfrac{|\tau|}{T_c} \right) & |\tau| \leqslant T_c \\ 0 & \text{其他} \end{cases} \qquad (2.2.10)$$

因为功率谱是实函数, 它可由自相关函数 $R(\tau)$ 的下列傅里叶变换式确定:

$$S(f) = \int_{-\infty}^{\infty} R(\tau) \cos 2\pi f\tau \, \mathrm{d}\tau \qquad (2.2.11)$$

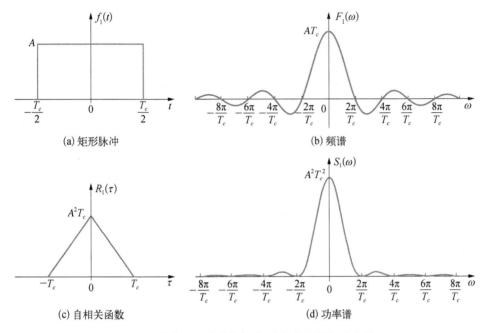

图 2.1　单个矩形脉冲的频谱、自相关函数与功率谱

于是,由式(2.2.7)给出的矩形脉冲的功率谱为

$$S_1(f) = \int_{-T_c}^{T_c} A^2 (T_c - |\tau|) \cos 2\pi f \tau \mathrm{d}\tau = A^2 T_c^2 \left(\frac{\sin \pi f T_c}{\pi f T_c} \right)^2 = A^2 T_c^2 \mathrm{sinc}^2 \pi f T_c$$

$$(2.2.12)$$

式中, $\mathrm{sinc}\, x = \dfrac{\sin x}{x}$ 。

图 2.1(d)所示为由式(2.2.12)所确定的功率谱的曲线,其表达式也可写为

$$S_1(\omega) = A^2 T_c^2 \left(\frac{\sin \dfrac{\omega T_c}{2}}{\dfrac{\omega T_c}{2}} \right)^2 = A^2 T_c^2 \mathrm{sinc}^2 \frac{\omega T_c}{2}$$

$$(2.2.13)$$

式中, $\omega = 2\pi f (\mathrm{rad/s})$ 为角频率。

式(2.2.7)的功率谱也可以从式(2.2.7)的傅里叶变换导出为

$$S_1(\omega) = |F_1(\omega)|^2$$

$$(2.2.14)$$

因为许多时间函数没有傅里叶变换,而每种时间函数均可求得自相关函数,因此,一般是从自相关函数去求信号功率谱。例如,真正的随机二进制码没有傅里叶变换,但有自相关函数。事实上,随机二进制码的自相关函数非常类似式(2.2.7)矩形脉冲的自相关函数。如果 $r(t)$ 是真正的随机码,其幅度为 $\pm A$,码片宽度为 T_c,如图 2.2(a)所示,那么自相关函数如图 2.2(b)所示,其表达式为

$$R(\tau) = \begin{cases} A^2\left(1 - \dfrac{\mid \tau \mid}{T_c}\right) & \mid \tau \mid \leqslant T_c \\ 0 & \text{其他} \end{cases} \tag{2.2.15}$$

这种信号的功率谱可以从自相关函数求得,其表达式为

$$S(\omega) = A^2 T_c \left(\frac{\sin \dfrac{\omega T_c}{2}}{\dfrac{\omega T_c}{2}}\right)^2 = A^2 T_c \mathrm{sinc}^2 \frac{\omega T_c}{2} \tag{2.2.16}$$

因此二进制随机码的功率谱如图 2.2(c)所示。

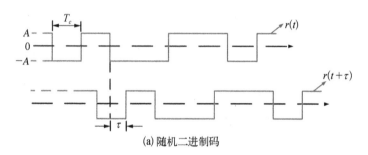

(a) 随机二进制码

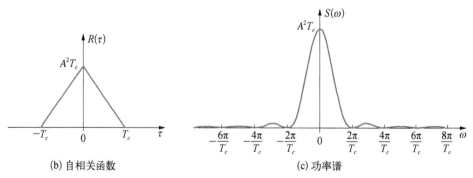

(b) 自相关函数

(c) 功率谱

图 2.2 随机二进制码的自相关函数与功率谱

需要特别说明的是,随机二进制码的自相关函数和功率谱与单个矩形脉冲的自相关函数和功率谱相比,差别仅在于一个比例因子 T_c。对于矩形脉冲来说,它在一个地方,也只在一个地方与自己发生相关。对于随机二进制码来说,同样也是,它在一个地方也只在一个地与自己发生相关,而且它与任何其他随机二进制码不发生相关。随机二进制码具有良好的自相关特性,然而,由于真正的随机二进制码没有重复性,是不可以预测和复制的,并不能用于信号的调制与解调。卫星导航信号使用的测距码是周期性的,可预测和复现,因此,把它们称作"伪"随机码(pseudo-noise code,PRN)。

由于 PRN 码是由 PN 序列导出,下面就对 PN 序列的自相关和功率谱加以介绍。对于 PN 序列 $\mathrm{PN}(t)$,设其幅度为 $\pm A$,码元宽度为 T_c,周期为 NT_c,自相关函数的公式由下式给出:

$$R_{\mathrm{PN}}(\tau) = \frac{1}{NT_c} \int_0^{NT_c} \mathrm{PN}(t) \mathrm{PN}(t+\tau) \mathrm{d}t \qquad (2.2.17)$$

对于一个 n 位的抽头反馈式移位寄存器,产生的序列最大周期长度为 $N = 2^n - 1$,寄存器的全 0 状态——在 PN 反馈移位寄存器中唯一的稳定状态,是唯一不可以使用的状态。对矩形脉冲和随机二进制序列来说,在相关时间段 $\pm T_c$ 外自相关为 0(不相关),然而,由于在最大长度 PN 序列中 1 的数目总是比 0 的数目多 1 个,因此,在相关时间段以外 $\mathrm{PN}(t)$ 的自相关函数为 $-A^2/N$。如图 2.3(a) 所示,最大长度 PN 序列的自相关函数是无限长的三角形函数级数,其周期为 NT_c(秒)。在图 2.3(a) 中,当相位移 τ 大于 $\pm T_c$ 或 $\pm T_c$ 的 $N \pm 1$ 倍数时,有负的相关幅度($-A^2/N$),它表示这个级数中的直流分量。自相关函数可以表示为直流分量与由式(2.2.15)定义的三角形函数 $R(\tau)$ 的无限级数之和。三角形函数的无限级数由 $R(\tau)$ 与一个相移的单位 δ 脉冲函数的无限序列之间的卷积(记为 $\otimes$)求得

$$R_{\mathrm{PN}}(\tau) = \frac{-A^2}{N} + \frac{N+1}{N} R(\tau) \otimes \sum_{m=-\infty}^{\infty} \delta(\tau + mNT_c) \qquad (2.2.18)$$

这种周期 PN 序列的功率谱由式(2.2.18)的傅里叶变换导出,如图 2.3(b)所示。其表达式为

$$S_{\mathrm{PN}}(\omega) = \frac{A^2}{N^2} \left[\delta(\omega) + \sum_{m=-\infty \neq 0}^{\infty} (N+1) \mathrm{sinc}^2 \left(\frac{m\pi}{N} \right) \delta \left(\omega + \frac{m2\pi}{NT_c} \right) \right] \qquad (2.2.19)$$

这里 $\mathrm{sinc}\, x = \dfrac{\sin x}{x}$ 和 $m = \pm 1,\ \pm 2,\ \pm 3,\cdots$。

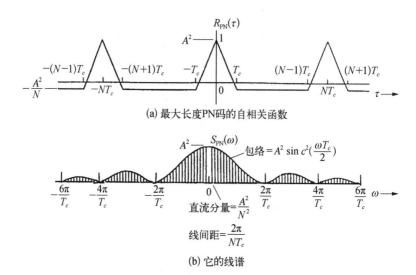

(a) 最大长度PN码的自相关函数

(b) 它的线谱

图 2.3　最大长度 PN 码的自相关函数与线谱

由图 2.3(b)可见,PN 序列线谱的包络与随机二进制序列的连续功率谱是类似的,只是 PN 序列线谱有小的直流项和在比例因子 T_c 方面例外。随着 PN 序列的周期 N(基码数)和基码速率 $R_c = 1/T_c$(基码数/秒)的增加,线谱中各线之间的间距 $2\pi/NT_c$(弧度)或 $1/NT_c$(Hz)成比例地下降,以至于这种功率谱开始趋近于连续谱。

2.3　GPS 系统信号与新调制信号特征分析

BPSK - R 调制是在卫星导航信号中应用最早的调制方式,也是目前被全球各大卫星导航系统全面使用的调制方式,传统 GPS 信号均采用 BPSK - R 调制,其相关函数和频谱如上节分析。本节主要介绍 GPS 信号的发展。

2.3.1　GPS 信号频率与现代化发展简介

随着目前 GPS 现代化的进程不断发展,GPS 的频段和测距码也不断增多。加上以后的 GPS - Ⅲ,GPS 系统将在 L1、L2、L3、L4、L5 和 L6 频段上调制导航及相关信号,码信号有 C/A 码、P 码、M 码、L2C 码、L5 信号、L1C 码。具体的信号技术特性如表 2.2 所示。

表 2.2 GPS 信号特性总结

信 号	中心频率/MHz	调制类型	数据速率/bit/s	主瓣零点带宽/MHz	PRN 码长度
L1 C/A 码	1 575.42	BPSK – R(1)	50	2.046	1023
L1 P(Y)码	1 575.42	BPSK – R(10)	50	20.46	P：6187104000000 Y：加密产生
L2 P(Y)码	1 227.6	BPSK – R(10)	50	20.46	P：6187104000000 Y：加密产生
L2C 码	1 227.6	BPSK – R(1)	25	2.046	CM：10230 CL：767250
L5 信号	1 176.45	BPSK – R(10)	50	20.46	I5：10230 Q5：10230
L1 M 码	1 575.42	BOC(10,5)	N/A	30.69	加密产生
L2 M 码	1 227.6	BOC(10,5)	N/A	30.69	加密产生
L1C 码	1 575.42	BOC(1,1)	N/A	4.092	10 230

表 2.2 中,对于二进制偏移载波调制,主瓣零点宽度定义为最大谱瓣的外侧零点之间的宽度。在起初的 GPS 系统中,只有 L1 和 L2 两个频率,在 L1 频率上调制 C/A 码、P 码和导航电文信号;在 L2 频率上调制 P 码和导航电文信号。后来,在 Block Ⅱ 系列卫星上增加了 L3 频率信号,中心频率为 1 381.05 MHz,根据目前的资料,它是用于传输导弹预警信息,即为安装在 GPS 上的,用于发现核爆炸或者其他高能量红外辐射事件的核爆炸侦察系统(nucleal detection system,NDS)平台提供通信联系。

L2C 码和 M 码是 Block ⅡR – M 系列卫星拥有的两个新信号。L2C 码是加载在 L2 载波上的民用信号,具有灵活的信号结构、较强的数据恢复和信号跟踪能力,普通用户可利用双频测量伪距修正电离层延迟误差。

M 码是一种加载在 L1 和 L2 载波上的军用信号,与 P(Y)码相比,具有较强的发射功率、抗干扰能力和保密性能,以及有利于直接捕获等优点,能够更好地满足军用需求。

L5 频率信号为 Block ⅡF 系列卫星新增加的民用频率信号,它与 GPS 其他信号间的潜在干扰减少了,与其他卫星导航系统间的潜在干扰减少了;并且选用了新的频段,会增加民用卫星导航系统的总频段数,使得民用卫星导航抵抗外部干扰的能力得到提高。

在未来 GPS - Ⅲ 的规划中,将增加两个新的频率信号——L4 频率和 L1C 码信号。L4 频率用于修正由太阳辐射电离产生的大气层延迟误差,进一步减小用户等效测距误差,提高导航定位精度;L1C 码信号采用 BOC(1,1)调制方式,与欧洲 GALILEO 系统 L1 频段信号兼容,进一步提高民用导航系统性能。

2.3.2 传统 GPS 信号的调制方式

在直接序列扩频中,通常采用的调制方式是对载波进行相移键控。常用的调制方式包括两种,一种是最简单也是用得最多的二相相移键控(BPSK),GPS 传统 C/A 码和 P 码信号都采用 BPSK 调制,GPS – I 及 II R – M 系统军民码信号采用的均是 BPSK 调制方式,其基带表达式如下:

$$s_X(t) = \sum_{k=-\infty}^{+\infty} a_k \mu_{T_c}(t - kT_c) \tag{2.3.1}$$

式中,二进制序列 a_k 代表码率为 f_c 的、调制着数据码的伪码;扩频符号 μ_{T_c} 是一个宽度为 T_c 的矩形脉冲信号。理想伪码序列 BPSK – R 信号的功率谱为

$$G_{\mathrm{BPSK}f(c)}(f_c) = f_c \frac{\sin^2\left(\dfrac{\pi f}{f_c}\right)}{(\pi f)^2} \tag{2.3.2}$$

理想情况下 BPSK(1)和 BPSK(10)信号的功率谱和自相关函数如图 2.4、图 2.5 所示。

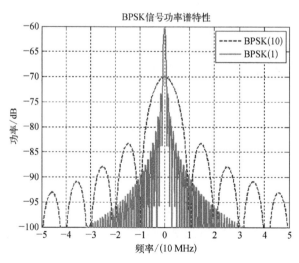

图 2.4　BPSK – R 调制信号功率谱

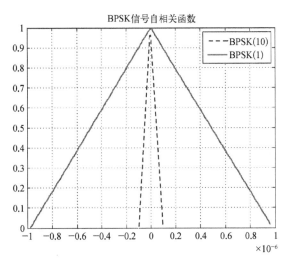

图 2.5 BPSK‑R 调制信号自相关函数

2.3.3 新一代 GPS 信号的调制方式

GPS‑Ⅲ 除了沿用了传统的 BPSK 信号,还采用了新型调制技术——二进制偏移载波调制(binary offset carrier, BOC),BOC 调制信号的频谱分离特性使得其抗干扰性能更优,因此想要对 GPS‑Ⅲ 实施有效干扰,必须对信号参数和 BOC 调制特性进行深入分析。

BOC 调制主要由两个参数来表示:

方波副载波频率 $f_s = m \times f_0 = m \times 1.023$ MHz;

扩频码的码速率 $f_c = n \times f_0 = n \times 1.023$ MHz。

$BOC(f_s, f_c)$ 信号是频率为 f_s 的方波副载波对频率为 f_c 的 PN 序列调制的结果,简记为 $BOC(m,n)$。一个伪码周期内的 $BOC(m,n)$ 基带信号为

$$C_{BOC}(t) = x(t) \cdot sq(t) = \sum_{p=0}^{N-1} a_p \mu_{T_c}(t - pT_c) \cdot sq(t) \qquad (2.3.3)$$

其中,$x(t)$ 为长度为 N;码片宽度为 T_c 的扩频伪码序列;$sq(t)$ 为方波信号;$T_s = 1/(2f_s)$ 是频率为 f_s 的方波的半周期;调制系数 k 为整数。

$$k = \frac{T_c}{T_s} = 2\frac{m}{n} \qquad (2.3.4)$$

设方波波形函数为

$$sq(t) = \text{sgn}[\sin(\pi t/T_s + \psi)] \qquad (2.3.5)$$

式中,sgn 为符号函数;ψ 是所选的相角。$\psi = 0°$ 时,对应着正弦副载波 $sq(t) = \text{sgn}[\sin(\pi t/T_s)]$;$\psi = 90°$ 时,对应着余弦副载波 $sq(t) = \text{sgn}[\cos(\pi t/T_s)]$。

副载波的函数波形,如图 2.6 所示。

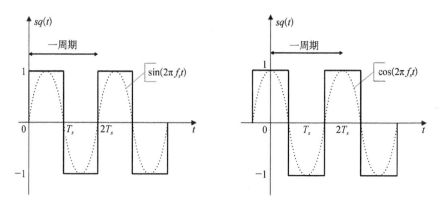

图 2.6 副载波的函数波形

其在一个周期内的波形函数记为 $\mu_{\text{BOC}}(t)$,即

$$\mu_{\text{BOC}}(t) = \begin{cases} \text{sgn}[\sin(\pi t/T_s + \psi)] & 0 < T < 2T_s \\ 0 & \text{其他} \end{cases} \qquad (2.3.6)$$

当 $k = \dfrac{T_c}{T_s}$ 为偶数时,每一个伪码码片都被偶数个副载波半周期波形所调制,即每个伪码码片都被整数周期个副载波波形所调制,即每个码元上调制的方波波形函数都是一样的,此时,设每一个码元宽度内的副载波波形函数为 $P_{T_c}(t)$。

$$P_{T_c}(t) = \sum_{m=0}^{k/2-1} \mu_{\text{BOC}}(t - 2mT_s) \qquad (2.3.7)$$

于是,

$$C_{\text{BOC}}(t) = x(t) \cdot sq(t) = \sum_{p=0}^{N-1} a_p \mu_{T_c}(t - pT_c) \sum_{n=0}^{N-1} p_{T_c}(t - nT_c)$$

$$= \sum_{p=0}^{N-1} a_p \mu_{T_c}(t - pT_c) p_{T_c}(t - pT_c) = \sum_{p=0}^{N-1} a_p p_{T_c}(t - pT_c) \qquad (2.3.8)$$

当 $k = \dfrac{T_c}{T_s}$ 为奇数时,相邻两个码片合起来才会有方波的整数个周期,相邻两

个码元内的方波波形正相反。在一个伪码周期内，

$$sq(t) = \sum_{n=0}^{N-1} (-1)^n p_{T_c}(t - nT_c) \tag{2.3.9}$$

于是，

$$C_{\mathrm{BOC}}(t) = x(t) \cdot sq(t) = \sum_{p=0}^{N-1} a_p \mu_{T_c}(t - pT_c) \sum_{n=0}^{N-1} (-1)^n p_{T_c}(t - nT_c)$$

$$= \sum_{p=0}^{N-1} (-1)^p a_p \mu_{T_c}(t - pT_c) p_{T_c}(t - pT_c) = \sum_{p=0}^{N-1} (-1)^p a_p p_{T_c}(t - pT_c) \tag{2.3.10}$$

我们可以视 $(-1)^p a_p$ 为一个新的伪码序列，这样就与传统 BPSK - R 调制信号的表达式一致，因此也可以利用调制信号功率谱密度的计算公式。经过类似 BPSK 的数学化简可得到正弦相位 BOC 调制信号的功率谱表达式如下：

$$G_{\mathrm{BOC}_s(f_s, f_c)}(f) = \begin{cases} f_c \left[\dfrac{\sin\left(\dfrac{\pi f}{k f_c}\right) \cos\left(\dfrac{\pi f}{f_c}\right)}{\pi f \cos\left(\dfrac{\pi f}{k f_c}\right)} \right]^2 & k = 1,3,5\cdots \\[40pt] f_c \left[\dfrac{\sin\left(\dfrac{\pi f}{f_c}\right) \sin\left(\dfrac{\pi f}{k f_c}\right)}{\pi f \cos\left(\dfrac{\pi f}{k f_c}\right)} \right]^2 & k = 2,4,6\cdots \end{cases} \tag{2.3.11}$$

类似地，余弦 BOC 调制的功率谱表达式如下：

$$G_{\mathrm{BOC}_c(f_s, f_c)}(f) = \begin{cases} f_c \left[\dfrac{2\sin\left(\dfrac{\pi f}{f_c}\right) \sin^2\left(\dfrac{\pi f}{4 f_s}\right)}{\pi f \cos\left(\dfrac{\pi f}{2 f_s}\right)} \right]^2 & k = 2,4,6\cdots \\[40pt] f_c \left[\dfrac{2\cos\left(\dfrac{\pi f}{f_c}\right) \sin^2\left(\dfrac{\pi f}{4 f_s}\right)}{\pi f \cos\left(\dfrac{\pi f}{2 f_s}\right)} \right]^2 & k = 1,3,5\cdots \end{cases} \tag{2.3.12}$$

图 2.7 作出了多个 BOC_{sin} 调制信号的功率谱密度的函数波形,其中,X 坐标轴的单位为 Hz,Y 坐标轴的单位为 dBW/Hz。

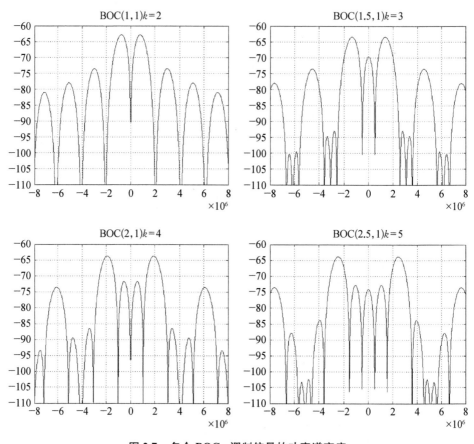

图 2.7 多个 BOC_{sin} 调制信号的功率谱密度

从图中可以看出:

(1)不论 k 为何值,BOC 调制信号的功率谱密度值在中心零频处不再最大,它的功率谱密度最大值所处的频率位置被对称地偏移到中心零频的左右两侧。

(2)两频谱主瓣和夹在这两个主瓣之间的旁瓣的总数目为 k。

(3)每个频谱主瓣的频宽均为 $2f_c$,即两倍的扩频码速率,而(当 $k>2$ 时)夹在两主瓣之间的每个旁瓣的频宽均为f_c。

（4）主瓣的中心频率大致位于$\pm f_s$处,因而若f_s（或者说k）越大,则频谱主瓣越偏移中心零频。

（5）k为偶数时,BOC_{sin}调制信号的功率谱密度值在中心零频处的值等于零;k为奇数时,在中心零频处的值不等于零。

（6）（最小）带宽是两倍于扩频码速率和副载波频率之和,即$2(m+n)f_0$。

对自相关函数的求解可通过对功率谱密度函数求傅里叶反变换得到。

从图 2.8 和图 2.9 可以看出,与 BPSK 调制不同,BOC 调制的自相关函数具有多峰特性,且主峰更加尖锐,因此有更高的码跟踪精度。

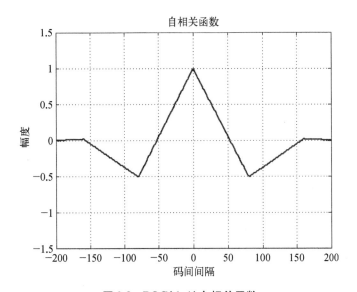

图 2.8 BOC(1,1)自相关函数

目前,GPS-Ⅲ系统已经完成全系统规划和运控段的建设,虽然第三代 GPS 卫星尚未完全在轨运行,但 GPS 已率先在ⅡR-M 和ⅡF 类型卫星的 L1 和 L2 频点上播发新型 M 码军用信号,第三代 GPS 卫星也已陆续发射,卫星类型和播发信号样式如表2.3所示。新一代 GPS 系统还重新发射了多颗 Block ⅡR-M 和 Block ⅡF 卫星,增加了 M 码信号及民用 L2C、L5C 信号。除此之外,第三代卫星与第二代 M 码信号不同之处在于,为了进一步增强授权码抗干扰性能,还会采用更高的发射功率。

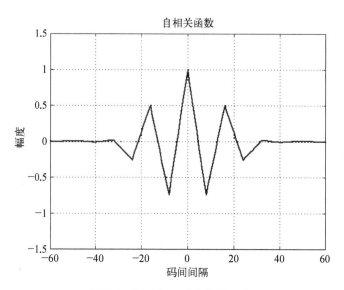

图 2.9　BOC(10,5)自相关函数

表 2.3　新一代 GPS 在轨卫星和信号类型

卫星类型	卫星编号 PRN	信 号 类 型
ⅡA	32	L1C/A、L1P、L2P
ⅡR	2、11、13、14、16、18、19、20、21、22、23、28	L1C/A、L1P、L2P
ⅡR-M	5、7、12、15、17、29、31	L1C/A、L1P、L1M、L2C、L2P、L2M
ⅡF	1、3、6、8、9、10、24、25、26、27、30	L1C/A、L1P、L1M、L2C、L2P、L2M、L5C

　　由上表可知,M 码信号与民用信号(L1C/A、L2C)及 P 码信号复用在同一频点上,在 BLOCK ⅡR 之前的卫星信号上采用正交调制两路信号,而后则采用了相干自适应副载波调制(coherent adaptive subcarrier modulation,CASM)对三路信号进行复用。

2.3.4　GPS-Ⅲ信号复用模型

　　为了满足民用和授权用户的需要,GPS 需要在与现有导航信号兼容的同时增加新的导航信号,但受到频率资源的限制,只能在现有频段上调制更多的导航信号,同时由于功率放大器具有非线性特性,GPS 卫星在生成伪随机序列时会产生码元序列上升下降时间不对称的数字失真现象,这也被认为是定位误差的重要来源之一[4]。

　　为了避免卫星信号出现非线性失真,需要对多路信号的调制和复用方法进行选择和组合,将多路信号在载波上进行时域或相位域的分割合成,使得合成信号具有恒包络特性,因此会影响信号传输过程中的功率比和相位关系。GPS信号复用方式的主要目标是实现对信号的恒包络调制,恒包络信号能够使功率放大器在饱和点附近工作,在信号不失真的条件下提供尽量大的信号功率[5]。GPS 早期只播发军信号 P(Y)码和民用信号 C/A 码两个信号,采取正交相移键控 QPSK 的调制方式即可实现对信号的恒包络调制。

　　如图 2.10 所示,目前 GPS-Ⅲ在 L1 频点增加了 L1C 和 L1M 信号,使得 L1频点上的信号达到四个,传统的 QPSK 调制样式已经无法满足多路卫星信号复用的实现恒包络调制的需要,因此在新一代的 GPS-Ⅲ卫星中采取了包括相干自适应副载波调制 CASM、多数表决(Majority-Vote)以及在多数投票基础上加入时分复用的加权投票(Weighted-Vote)技术对多路信号进行组合复用[6]。

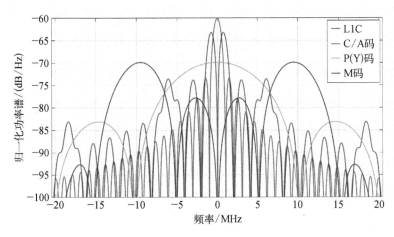

图 2.10　GPS-Ⅲ卫星在 L1 频点播发的信号归一化功率谱密度

1. 相干自适应副载波调制

设进行复用的三个信号为 $S_1(t)$、$S_2(t)$ 和 $S_3(t)$,采用相干自适应副载波调制(CASM)复用方式的复合信号 $S(t)$ 可以表示为

$$S(t) = \sqrt{P_I}S_1(t)\cos[\omega_c t + m\phi_s(t)] - \sqrt{P_Q}S_2(t)\sin[\omega_c t + m\phi_s(t)]$$

$$(2.3.13)$$

其中, $\phi_s(t) = S_3 S_k(t)$ 为信号的交调项; k 可以取 1 或者 2; ω_c 为载波频率; m 是调制系数, 定义为 $m = \arctan \sqrt{\dfrac{P_{S_3}}{P_{S_k}}}$。 当 $k = 1$ 时, 复合信号可以进一步表示为

$$I(t) = \sqrt{P_I} S_1(t) \cos m - \sqrt{P_Q} S_1(t) S_2(t) S_3(t) \sin m \qquad (2.3.14)$$

$$Q(t) = \sqrt{P_Q} S_2(t) \cos m + \sqrt{P_I} S_3(t) \sin m \qquad (2.3.15)$$

由式 (2.3.14) 可见 $S_1(t)$ 信号调制在同相支路, $S_2(t)$ 和 $S_3(t)$ 信号被调制在正交支路, 并可以计算出三个信号的功率分别为

$$P_{S_1} = P_I \cos^2 m \qquad (2.3.16)$$

$$P_{S_2} = P_Q \cos^2 m \qquad (2.3.17)$$

$$P_{S_3} = P_I \sin^2 m \qquad (2.3.18)$$

总信号功率与发射的信号功率的比值定义为信号复用的效率, 即信号组合损失为

$$\eta = -10 \times \lg \frac{P_A}{P_T} \qquad (2.3.19)$$

其中, P_A 为复用前三个信号的总功率; P_T 为最终发射的信号功率, 即同相支路与正交支路的功率之和。由式 (2.3.19), 可以得到信号组合损失为

$$\eta = -10 \times \lg \left[\cos^2(m) \times \left(\frac{\sum_{i=1}^{3} P_{S_i}}{P_{S_1} + P_{S_2}} \right) \right] \qquad (2.3.20)$$

由式 (2.3.20) 可以看出, 复用信号的选择及功率分配会导致组合损失发生变化。下面以 GPS 信号为例对不同信号功率情况对组合损失进行计算。假设 P(Y) 码, C/A 码与 M 码三个信号进行 CASM 调制, 按照三个信号按照功率大小分别设为

$$P_M = 0.5\ \text{dB}, P_{C/A} = 0\ \text{dB}, P_{P(Y)} = -1.0\ \text{dB}$$

可以得到采取 CASM 复用方式的不同信号组合损失见表 2.4。

表 2.4　三路信号 CASM 复用损耗

信　号	组合 1	组合 2	组合 3	组合 4	组合 5	组合 6
$S_1(t)$	M	M	C/A	C/A	P(Y)	P(Y)
$S_2(t)$	C/A	P(Y)	P(Y)	M	C/A	M
$S_3(t)$	P(Y)	C/A	M	P(Y)	M	C/A
η(dB)	0.94	0.94	1.16	1.16	1.71	1.71

从表 2.4 中可以看出,当 $S_1(t)$ 的信号为三种信号中功率最大的信号时,CASM 复用的损耗值最低,而 $S_1(t)$ 为三种信号中功率最小信号时,信号复用的损耗最高,在 GPS Block ⅡR-M 和 Block ⅡF 卫星中使用相干自适应副载波调制方式[7]。

在复用的各路信号不含副载波调制或者副载波为单信号时,CASM 是一种数学上同 Interplex 调制等效的简化复用方式[13]。以 GPS L1 频点为例,对于 Block Ⅱ 卫星的 L1 频点,M 码和 P 码调制在正交支路,C/A 信号和互调项(IM)调制在同相支路。对于接收终端,CASM 多路复用下的信号可表示为如下形式:

$$s(t) = \left[\sqrt{A_Q}\, s_C(t)\cos m - \sqrt{A_I}\,\mathrm{IM}(t)\sin m \right] \cdot \cos(2\pi f_0^t + \theta)$$
$$- \left[\sqrt{A_I}\, s_P(t)\cos m + \sqrt{A_Q}\, s_M(t)\sin m \right] \cdot j\sin(2\pi f_0^t + \theta) + N(t)$$

$$(2.3.21)$$

式中,IM(t)是为了实现恒包络复用而增加的交调分量, $\mathrm{IM}(t) = S_P(t) \cdot S_M(t) \cdot S_C(t)$; θ 为初始相位; A_I 和 A_Q 分别是 L1 频点上卫星信号在 I、Q 支路上的发射功率; f_0 表示载波中心频率; $N(t)$ 代表信号中的高斯白噪声。 $m = \arctan\sqrt{P_M/P_C}$ 是调制系数,其中, $A_M = A_Q \sin^2(m)$ 为 M 码信号分量的功率, $A_C = A_Q \cos^2(m)$ 为 C/A 码的功率,而 P 码信号分量功率为 $A_P = A_I \cos^2(m)$,交调分量功率为 $A_{IM} = A_I \sin^2(m)$, Block Ⅱ 卫星 L1 频点调制系数为 $m = 0.9$ 。

2. 多数投票复用方法

从上文中对 CASM 信号复用方式的分析中可以发现,在多路信号的信号功率差别较大的情况下,使用 CASM 复用方式具有更低的信号组合损失,在信号功率相差不大的情况下优势并不明显,因此文献[11]中提出了多数投票组合方法,这种信号组合方法能够将奇数个功率相同的信号组合在一起并获得较低的复用损耗。

以三个信号 $S_1(t)$, $S_2(t)$, $S_3(t)$ 进行多数投票组合为例,经过多数投票后的复合信号为

$$\mu_{s_1 s_2 s_3}(t) = 0.5 \times [S_1(t) + S_2(t) + S_3(t) - S_1(t)S_2(t)S_3(t)] \quad (2.3.22)$$

从式(2.3.22)中可见,每一个信号分量的功率仅为信号总功率的 25%,且每一个信号分量的幅值是相同的,表明复用后的复合信号具有恒定的包络。复合信号的自相关函数为

$$R_{\mu_{s_1 s_2 s_3}}(\tau) = E\{\mu_{s_1 s_2 s_3}(t)\mu_{s_1 s_2 s_3}(t + \tau)\}$$

$$= 0.25 \times [R_{s_1}(\tau) + R_{s_2}(\tau) + R_{s_3}(\tau) + R_{s_1 s_2 s_3}(\tau)] \quad (2.3.23)$$

多数投票复用信号的功率谱密度为自相关函数的傅里叶变换,可以得到功率谱密度为

$$\Phi_{\mu_{s_1 s_2 s_3}}(f) = 0.25 \times [\Phi_{s_1}(f) + \Phi_{s_2}(f) + \Phi_{s_3}(f) + \Phi_{s_1 s_2 s_3}(f)] \quad (2.3.24)$$

假设有 n 个信号进行复用,分别为 $S_1(t)$, $S_2(t)$, $\cdots$, $S_n(t)$, 其中 $n = 2m + 1$, m 为任意正整数。且有 $p_m = 3m \times 2^{-2m}$。

假设信号 $S_1(t)$ 的信号功率 P_{S_1} 为 0 dB,则第 i 个信号的信号功率为

$$H_i = \frac{P_{s_i}}{P_{s_1}} (i = 1, \cdots, n) \quad (2.3.25)$$

假设这 n 个信号的功率关系满足:

$$P_{S_1} \leqslant P_{S_2} \leqslant \cdots \leqslant P_{S_n} \quad (2.3.26)$$

则有 H_i 始终大于等于 1,在功率相等时等号成立。由此可以得到采取多数投票组合的信号组合损耗:

$$\eta = -10 \times \lg \left(\frac{1 + \sum_{i=2}^{N} H_i}{\left[\sum_{i=2}^{N} \sqrt{H_i} - \left(2m - \frac{1}{p_m}\right) \right]^2} \right) \quad (2.3.27)$$

从图 2.11 中可以看出,随着组合信号数量的增加,多数投票组合方法的组合损耗在不断增大,且当各信号功率相等时损耗最低,同时随着信号之间

的功率差值增大,组合损耗增益增大,最小的信号组合损耗出现在各信号分量相同时。

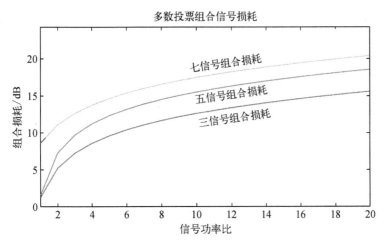

图 2.11 多数投票组合信号损耗

3. 加权投票信号复用方法

由式(2.3.14)和式(2.3.22)可以看出,相干自适应副载波调制和多数投票的信号复用方式都会产生三种信号相乘的互调信号,这种互调信号对于接收机来说就是一种互相关干扰,因此会导致接收机互相关峰值的幅度波动,对接收机正常接收信号产生影响。以 C/A 码信号与 L1CD、L1CP 采取多数投票的方式进行复用为例,C/A 码使用不归零码的编码方式,其码速率为 1.023 MHz,L1CD 和 L1CP 都使用了 BOC(1,1)的信号调制样式,相当于在不归零码调制的基础上再调制一个码速率为 1.023 MHz 的方波副载波。设 $S_1(t)$、$S_2(t)$、$S_3(t)$ 分别代表 C/A 码、L1CD、L1CP 信号,则经过多数投票后的复用信号中的互调信号为 $0.5 \times S_1(t) \times S_2(t) \times S_3(t)$,L1CD 信号和 L1CP 信号相乘后,BOC(1,1)中的方波副载波互相抵消,互调信号相当于三个使用不归零码编码的信号相乘,因此该互调信号与 C/A 码信号具有完全相同的频谱,相当于互调信号对接收机进行了互相关干扰,这种相关干扰使得 C/A 码信号的自相关旁瓣增大 4 dB,因此将影响接收机对 C/A 码的捕获性能[11-12]。

为了解决信号复用方式产生的互调信号对接收机造成干扰的问题,William Allen 等[14]在多数投票复用的基础上提出了加权投票的信号复用方式,将多数投票和纯信号进行伪随机的时分复用,生成具有不同接收功率的三个恒包络信号。使用加权投票法进行信号复用的具体流程如图 2.12 所示。

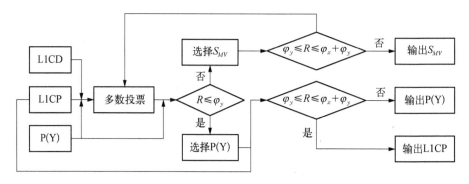

图 2.12 使用加权投票法进行信号复用

假设信号 $x(t)$、$y(t)$、$z(t)$ 按照加权投票方式进行复用,传输信号 $x(t)$ 的时间比例为 $\varphi(x)$,传输信号 $y(t)$ 的时间比例为 $\varphi(y)$,则传输交调信号的时间为 $\varphi(z) = 1 - \varphi(x) - \varphi(y)$,由式(2.18)可以得到各信号之间的功率比为

$$\frac{p_x}{p_z} = \frac{[\varphi_x + 0.5(1 - \varphi_x - \varphi_y)]^2}{[0.5(1 - \varphi_x - \varphi_y)]^2} \tag{2.3.28}$$

$$\frac{p_y}{p_z} = \frac{[\varphi_y + 0.5(1 - \varphi_x - \varphi_y)]^2}{[0.5(1 - \varphi_x - \varphi_y)]^2} \tag{2.3.29}$$

各信号分量的传输时间为

$$\varphi_x = \frac{\sqrt{\dfrac{p_x}{p_z}} - 1}{\sqrt{\dfrac{p_x}{p_z}} + \sqrt{\dfrac{p_y}{p_z}}}, \quad \varphi_y = \frac{\sqrt{\dfrac{p_y}{p_z}} - 1}{\sqrt{\dfrac{p_x}{p_z}} + \sqrt{\dfrac{p_y}{p_z}}}, \quad \varphi_z = 2\sqrt{p_z} \tag{2.3.30}$$

根据德国航天中心 DLR 对 GPS-Ⅲ 卫星信号的监测结果[15],目前 GPS-Ⅲ 卫星将 P(Y)码、L1CD、L1CP 三种信号利用加权投票的方式调制在 L1 频点的同相支路上,将 C/A 码调制在正交支路上,M 码使用独立的天线单元并且同时调制在同相支路与正交支路上。从 GPS 官方接口文件 IGS-800J 中可以得到 GPS 各信号分量信息如表 2.5 所示。

表 2.5　GPS-Ⅲ L1 频点信号分量参数

信号分量	调　制　样　式	码速率/MHz	信号支路	最低接收功率/dBW
L1CD	BOC(1,1)	1.023	I	−163.0
L1CP	TMBOC(6,1,4/33)	1.023	I	−158.25
C/A	BPSK(1)	1.023	Q	−158.5
P(Y)	BPSK(10)	10.23	I	−161.5
M	BOC(10,5)	5.115	I&Q	−158

由式(2.3.28)和式(2.3.29)可以得到进行加权投票复用的 $x(t)$、$y(t)$、$z(t)$ 信号的功率满足 $P_x \geqslant P_z$ 及 $P_y \geqslant P_z$,结合 P(Y)码、L1CD、L1CP 三种信号各自的最低接收功率,令 $x(t)$、$y(t)$、$z(t)$ 分别代表 L1CP,P(Y),L1CD,根据功率关系可以计算出:

$$\frac{p_x}{p_z} = 10^{\frac{P_{L1CD} - P_{l1CP}}{10}} = 2.985\,4,\quad \frac{p_y}{p_z} = 10^{\frac{P_{P(Y)} - P_{L1CP}}{10}} = 1.412\,5 \qquad (2.3.31)$$

根据式(2.3.30)可计算出信号传输的时间分配为 $\varphi_x = 0.249\,6$,$\varphi_y = 0.064\,6$,$\varphi_z = 0.685\,9$,因此在复合信号中,L1CP 信号分量的有效功率比例为 $(0.249\,6 + 0.5 \times 0.685\,9)^2 = 0.351\,0$,P(Y)信号分量的有效功率占比为 $(0.064\,6 + 0.5 \times 0.685\,9)^2 = 0.166\,1$,L1CD 信号分量的有效功率比例为 $(0.5 \times 0.685\,9)^2 = 0.117\,6$,可见采用加权投票复用后合路信号中有用信号功率占比为 63.5%。

2.4　GLONASS 系统信号特征分析

2.4.1　信号频率

与 CDMA 不同,每颗 GLONASS 都在不同的频率发射同样的 PRN 码对。每颗 GLONASS 卫星根据下式分得一对载频(称为 L1 和 L2):

$$f = \left(178.0 + \frac{K}{16}\right) \cdot Z \;(\text{MHz}) \qquad (2.4.1)$$

式中,K 是-7～+12 之间的整数值;Z 为 9(对于 L1)和 7(对于 L2)。

L1 上相邻频率间隔为 0.562 5 MHz,而 L2 上相邻频率间的间隔则为 0.437 5 MHz。当初 K 对每颗来说是一个独特的整数,在 0～24 之间变化,但主要由于与射电天文学测量的干扰,俄罗斯对其频率的分配提出了下列修改意见。

1998 年以前：$K=0\sim12$；

1998~2005 年：$K=-7\sim12$；

2005 年以后：$K=-7\sim4$。

最后结果是将频率移开无线电天文频段。此外,最后配置将只用 12 个 K 值($K=-7\sim4$),但有 24 颗卫星。这个计划是要让在地球相反的两边(地球相反两极)的卫星共享同样的 K 号(即用同一频率广播)。这种中心频率修改对不能同时看到处于地球两极卫星的地面用户来说几乎没有影响。空间接收机可能需要像多普勒校验之类的特殊鉴别功能,以便跟踪合适的卫星。鉴别地球两极卫星的能力是很重要的;因为 GLONASS 卫星的天线波束宽度是为接纳空间用户而专门设计的。

上面所列的 K 值是对在正常条件下工作的卫星提出的建议值。据俄罗斯的说法,还有其他 K 值可能分配,用指挥和控制处理或"例外情况"。

2.4.2 GLONASS 卫星导航信号的调制

FDMA 而不用 CDMA 是一种设计上的折中。FDMA 一般会使接收机的体积大且造价昂贵,这是因为处理多频所需的前端部件更多的缘故;相反,CDMA 信号可以用同一组前端部件来处理。FDMA 具有某些抗干扰可取性,只能干扰一个 FDMA 信号的窄带干扰源会同时干扰所有的 CDMA 信号。此外,FDMA 无须考虑多个信号码之间的干扰效应(互相关)。因此,GLONASS 基于频率的抗干扰可选方案要比 GPS 多,而且它还具有更简单的选码准则。

每颗 GLONASS 卫星以两个分离的 L 波段载频为中心发射信号。GLONASS 卫星用两个码速率分别为 511 kHz 或 5.11 MHz 的 PRN 测距码序列和 50 bps 数据信号的模 2 加调制其 L1 载频,高速率序列叫作 P 码,留作军用;另一个序列叫作 C/A 码,供民用,并协助捕获 P 码;50 bps 的数据信号含有导航帧,称为导航电文。

而每颗卫星只用 P 码和导航数据的模 2 加调制其 L2 载频。P 码和 C/A 码序列对所有卫星来说都是相同的。

1. 码特性

GLONASS 和 GPS 二者都使用伪随机码,以便于进行卫星到用户的距离测量,并具有固有的抗干扰能力。下面描述 GLONASS C/A 码和 P 码序列。

1) GLONASS C/A 码

GLONASS C/A 码具有下列特征。

　　码型：最大长度九位移位寄存器；

　　码率：0.511 兆码片/秒；

　　码长：511 码片；

　　重复周期：1 ms。

　　最大长度码序列具有可预测的和所需要的自相关特性。511 位的 C/A 码其时钟速率为 0.511 兆码片/秒，因此，该码每毫秒重复一次。这种用高时钟速率的较短的码，会产生一些间隔为 1 kHz 的不希望的频率分量，这些频率分量可能在干扰源间产生互相关，从而削弱了扩频的抗干扰好处。另一方面，GLONASS 信号的 FDMA 性质由于频率是分离开的，会显著地降低卫星信号之间的互相关。使用短码的原因是，这样才能快速截获，截获时要求接收机搜索最大 511 个码相位移。快的码速率对于距离分辨来说是必要的，每个码相位代表约 587 m。

　　2）GLONASS P 码

　　俄罗斯多次强调 P 码是一种授权信号，因此，几乎得不到俄罗斯 GLONASS P 码方面的信息。大多数 P 码信息来源于一些个人或组织对该码所作的分析，一般认为 P 码的特性为如下几点。

　　码型：最大长度 25 位移位寄存器；

　　码率：5.11 兆码秒；

　　码长：33 554 432 码元；

　　重复速率：1 s（重复速率实际上是 6.57 s 的时间段，但基码序列截短得每隔 1 s 重复一次）。

　　如同 C/A 码的情况一样，最大长度码具有特别的和可预测自相关特性。P 码和 C/A 码的重要区别是，P 码与其时钟速率相比要长得多，因此，每秒钟仅重复一次。虽然这会产生一些间隔为 1 Hz 的不希望的频率分量，但互相关问题并不像 C/A 码那么严重。正如 C/A 码的情况一样，FDMA 实际上消除了各卫星信号之间的互相关问题。虽然 P 码在相关特性方面获得了益处，但却在截获方面作出了牺牲。P 码含有 511×10^6 个码相移的可能性。因此，接收机一般首先捕获 C/A 码，然后再用 C/A 码协助将要搜索的 P 码相移数变窄。以时钟速率 10 倍于 C/A 码的每个 P 码相位代表 58.7 m 的距离。像 GPS 那样为了便于向 P(Y) 码移交而使用的移交字（HOW）不一定需要。GLONASS P 码每秒钟重复一次，这就使其有可能利用 C/A 码序列的定时帮助这个移交过程。这是在长序列所需保密性和相关特性与希望快速捕获之间的又一种设计折中实例。GPS

采用前者,而 GLONASS 则采用后者。

2. GLONASS 码和 GPS 码比较

由于 GPS 是 CDMA 性质的,所以,GPS 设计不可能不顾及卫星信号间的互相关效应。GPS 所用的 Gold 码是专门选择的,因为它具有在数学上对 C/A 码的自相关和互相关性加以限定的能力。尽管如此,GLONASS 和 GPS 的相关特性在大部分情况下是可以相比拟的。另一方面,GPS P 码较长意味着 GPS 的相关特性优于 GLONASS P 码。然而,在某种配置下,较短的 GLONASS P 码可能比 GPS P(Y)码更容易直接捕获。

与 GPS 不同,GLONASS 有两种导航电文。C/A 码导航电文模 2 加到星上 C/A 码上,而 P 码独特的导航电文模 2 加到 P 码上。两种导航电文都是 50 bps 数据流。这些电文的主要用途是提供卫星星历和频道分配方面的信息。

2.4.3 GLONASS 的现代化进程

2018 年,俄罗斯共发射两颗二代 GLONASS－M 卫星,目前在轨卫星数量已达到 27 颗,其中包括两颗三代 GLONASS－K1 卫星。据俄罗斯国家航天集团公司透露,俄罗斯计划 2019 年发射新型 GLONASS－K2 卫星。

GLONASS－K2 卫星不仅使用传统的 FDMA 信号,还同时在 GLONASS 所有三个频段使用 CDMA 信号。新信号将使硬件造成的用户测距误差降低一个数量级,达到 0.3 米,同时减少信号多径影响,实现实时误差低于 0.1 米的高精度导航。GLONASS－K2 还将采用基于无源氢钟的新频率标准,进一步提升性能。

此外,为了提升城市区域内的信号可用性(此区域内用户难以从仰角低于 25 度的卫星接收到信号),俄罗斯计划 2019 年开始研发高轨道 GLOANSS。高轨道 GLONASS 将由分布在三个轨道平面上的 6 颗 GLONASS－B 卫星组成,新卫星基于 GLONASS－K 平台设计,计划 2023 年发射首颗星,2025 年完成部署,届时 GLONASS 在东半球的导航精度将提高 25%。

2.5 北斗系统信号特征分析

2.5.1 信号频率

北斗导航系统的发展经历了三个阶段,即"北斗一号"的双星定位阶段、

"北斗二号"局域导航定位系统及"北斗三号"全球导航定位系统。"北斗二号"导航系统已经于 2012 年年底完成组网,目前已经替代"北斗一号",为中国及周边地区提供导航定位服务。"北斗三号"2020 年完成组网,并提供全球服务。

北斗导航系统与 GPS 一样采用码分多址(CDMA)格式,导航电文经过 PRN 码扩频、编码后调制到载波上。"北斗二号"载波有 3 个频点,"北斗三号"设计 6 个频点。

"北斗二号"导航系统有 3 个不同频率的载波,其中心频率分别为以下三种。

B1: 1 561.098 MHz(民用);

B2: 1 207.14 MHz(I 支路民用,Q 支路军用);

B3: 1 268.52 MHz(军用)。

其信号频率及调制方式见表 2.6。

表 2.6　"北斗二号"系统信号频率及调制方式

频点	载波频率/MHz	信　号	码速率/MHz	信息速率/bps	调制方式	编码方式	合路方式	服务类型
B1	1 561.098	S_{B1} I 支路	2.046	MEO/IGSO: 50 GEO: 500	BPSK	BCH(15,11, 1)+交织	UQPSK	民用
		S_{B1} Q 支路	2.046	500	BPSK	BCH(15,11, 1)+交织		军用
B2	1 207.14	S_{B2} I 支路	2.046	MEO/IGSO: 50 GEO: 500	BPSK	BCH(15,11, 1)+交织	UQPSK	民用
		S_{B2} Q 支路	10.24	500	BPSK	BCH(15,11, 1)+交织		军用
B3	1 268.52	S_{B4} I 支路	10.24	MEO/IGSO: 50 GEO: 500	BPSK	BCH(15,11, 1)+交织	UQPSK	军用
		S_{B4} Q 支路	10.24	500	BPSK	BCH(15,11, 1)+交织		军用

"北斗三号"导航系统载波在"北斗二号"的基础上增加达到 6 个,其信号中心频率及调制方式见表 2.7。

表 2.7 "北斗三号"系统信号频率及调制方式

频带	信 号	载波频率/ MHz	调 制 方 式	信息速率/ bps	符号速率/ sps	服务 类型
B1	B1C_data	1 575.42	BOC(1,1)	50	100	开放
	B1C_pilot		TMBOC(6,1,4/44)	0	0	开放
	B1A_data		TDDM+BOC(14,2)	50	100	授权
	B1A_pilot			0	0	授权
B2	B2a_data	1 176.45	QPSK(10)/ AltBOC(15,10)/ TD-AltBOC(15,10)	25	50	开放
	B2a_pilot			0	0	开放
	B2b_data	1 207.14		50	100	开放
	B2b_pilot			0	0	开放
B3	B3A_data	1 268.52	BPSK(10)	50	100	授权
	B3A_pilot		BPSK(10)	0	0	授权
	B3C_data	1 278.75	TDDM+BPSK(5)	50	100	开放
	B3C_pilot			0	0	开放
S	Bs_data	2 492.028	BPSK(8)	50	100	授权
	Bs_pilot		BPSK(8)	0	0	授权

从上表可以看出,"北斗三号"不仅增加了新的频点,并且调制方式更为多样化。

2.5.2 "北斗"卫星导航信号的调制

和 GPS 一样,"北斗二号"卫星信号是由导航电文经 PRN 扩频后调制到一定频率的载波上。如表 2.6 所示,"北斗二号"系统采用正交相移键控(QPSK)调制。"北斗二号"所有三个频点的 Q 支路信号和 MEO/IGSO 卫星的 I 支路调制的是测距码和 D2 导航电文(D2 导航电文速率为 500 bps,内容包含基本导航信息和增强服务信息);GEO 卫星的 I 支路调制的是测距码和 D1 导航电文,D1 导航电文速率为 50 bit/s,并调制有速率为 1 kbit/s 的二次编码,内容包含基本导航信息。

"北斗三号"调制方式多样化,如表 2.7 所示。S 频点的信号采用二相相移键控(BPSK)调制;B1 频点的 B1C 信号采用增加副载波的 BOC 调制等。其中数据码(主码)和导频分量相位正交,相当于一个是 I 支路,一个是 Q 支路。

1. 码特性

北斗和 GPS 一样使用伪随机码,以便于进行卫星到用户的距离测量,并且具有抗干扰能力。下面描述北斗的 C 码序列。

"北斗二号"C 码具有下列特征:

码型:由两个线性序列 G1 和 G2 模二加产生平衡 Gold 码后截短最后 1 码片生成。G1 和 G2 序列分别由 11 级线性移位寄存器生成,如图 2.13 所示。

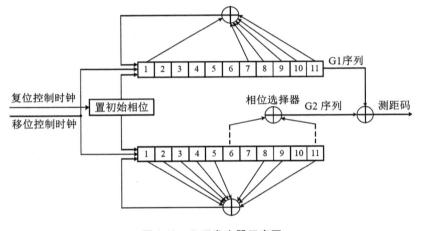

图 2.13　C 码发生器示意图

以下为其码率、码长和重复周期。

码率:2.046 Mcps;

码长:2 046 码片;

重复周期:1 ms。

"北斗三号"测距码包括主码和子码,不同信号的主码和字码的特性不同。

B1C 信号主码由长度为 10 243 的 Weil 码通过截断产生,主码共有 126 个,数据码和导频码各 63 个。以下为其码率、码长和重复周期。

码率:1.023 Mcps;

码长:10 230 码片;

重复周期:10 ms。

B1C 导频分量的子码码长为 1 800,由长度为 3 607 的 Weil 码通过截断得到,生成方式与主码相同。

B2a 信号测距码采用分层码结构,由主码和子码相异或构成。子码的码片宽度与主码的周期相同,子码码片起始时刻与主码第一个码片的起始时刻严格对齐,时序关系如图 2.14 所示。

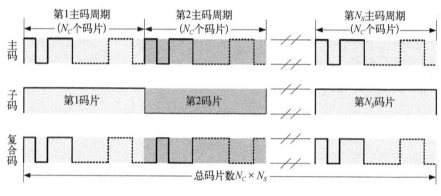

图 2.14　主码、子码时序关系

B2a 信号主码的码速率为 10.23 Mcps,码长为 10 230,由两个 13 级线性反馈移位寄存器通过移位及模二和生成的 Gold 码扩展得到。以下为其码率、码长和重复周期。

码率:10.23 Mcps;

码长:10 230 码片;

重复周期:1 ms。

测距码参数见表 2.8。

表 2.8　B2a 信号测距码参数

信号分量	主码码型	主码码长	主码周期/ms	子码码型	子码码长	子码周期/ms
B2a 数据分量	Gold	10 230	1	固定码	5	5
B2a 导频分量	Gold	10 230	1	Weil 码截短	100	100

B2b 信号测距码主码同 B2a 信号一样,由两个 13 级线性反馈移位寄存器通过移位及模二和生成的 Gold 码扩展得到。以下为其码率、码长和重复周期。

码率：10.23 Mcps；

码长：10 230 码片；

重复周期：1 ms。

2. 导航电文

"北斗二号"导航电文有 D1 和 D2 两种，下面简要介绍两种导航电文。

1) D1 导航电文

"北斗二号"当中 GEO 卫星的 I 支路调制的是测距码和 D1 导航电文，D1
导航电文由超帧、主帧和子帧组成。每个超帧为 36 000 bit，历时 12 min，每个超
帧由 24 个主帧组成（24 个页面）；每个主帧为 1 500 bit，历时 30 s，每个主帧由
5 个子帧组成；每个子帧其他为 300 bit，历时 6 s，每个子帧由 10 个字组成；每个
字为 30 比特，历时 0.6 秒。

D1 导航电文包含有基本导航信息，包括：本卫星基本导航信息（包括
周内秒计数、整周计数、用户距离精度指数、卫星自主健康标识、电离层延迟
模型改正参数、卫星星历参数及数据龄期、卫星钟差参数及数据龄期、星上设
备时延差）、全部卫星历书信息及与系统时间同步信息（UTC、其他卫星导航
系统）。

D1 导航电文主帧结构及信息内容如图 2.15 所示。子帧 1 至子帧 3 播发基
本导航信息；子帧 4 和子帧 5 分为 24 个页面，播发全部卫星历书信息及与其他
系统时间同步信息。

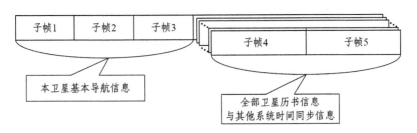

图 2.15　D1 导航电文主帧结构与信息内容

卫星历书信息不像详细星历那样精确，不用于实际测距。尽管如此，卫星
历书信息仍足以使接收功能快速调准其码相位和截获所需的卫星。一旦截获
到了所需的卫星，就用该卫星的详细星历进行测距。正如 GPS 的情况一样，星
历信息往往在几个小时内有效。因此，接收机为计算精确位置不需要连续不断
地读出数据电文。

2）D2 导航电文

"北斗二号"系统所有三个频点的 Q 支路信号及 MEO/IGSO 卫星的 I 支路调制的是 D2 导航电文。D2 导航电文由超帧、主帧和子帧组成。每个超帧为 180 000 比特，历时 6 分钟，每个超帧由 120 个主帧组成，每个主帧为 1 500 比特，历时 3 秒，每个主帧由 5 个子帧组成，每个子帧为 300 比特，历时 0.6 秒，每个子帧由 10 个字组成，每个字为 30 比特，历时 0.06 秒。

每个字由导航电文数据及校验码两部分组成。每个子帧第 1 个字的前 15 比特信息不进行纠错编码，后 11 比特信息采用 BCH(15,11,1)方式进行纠错，信息位共有 26 比特；其他 9 个字均采用 BCH(15,11,1)加交织方式进行纠错编码，信息位共有 22 比特。

D2 导航电文包括：本卫星基本导航信息；全部卫星历书信息；与其他系统时间同步信息；北斗系统完好性及差分信息；格网点电离层信息。

主帧结构及信息内容如图 2.16 所示。子帧 1 播发基本导航信息，由 10 个页面分时发送，子帧 2~4 信息由 6 个页面分时发送，子帧 5 中信息由 120 个页面分时发送。

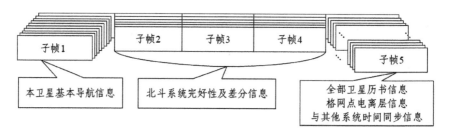

图 2.16　D2 导航电文信息内容

3）D1 和 D2 导航电文的比较

数据电文之间的两个最大区别均在于获得星历信息所需的时间长短。获得所有卫星星历（近似星历）的时间是：D1：12 min；D2：6 min。

2.6　GALILEO 系统信号特征分析

如图 2.17 所示，GALILEO 导航信号占用 E5a、E5b、E6 和 E1 四个频段，为 GALILEO 信号的传输提供了一个比较宽的带宽。其中 E5a、E5b 和 E1 频段与 GPS

的 L5 和 L1 频段部分重合,有利于两系统的兼容。GALILEO 系统建议的信号通道密度,既能保护航空导航服务,也允许低 L 频段上的无线电导航卫星服务(RNSS)。

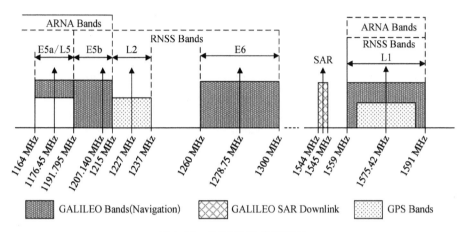

图 2.17 GALILEO 频率设计

图 2.18 给出了 GALILEO 各频段信号的调制方式及频谱结构。

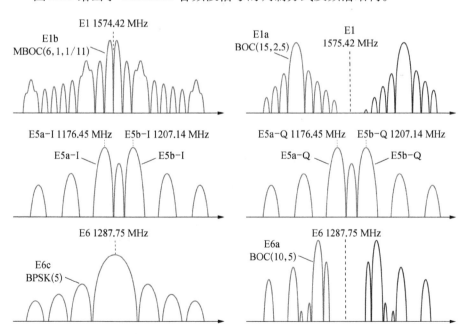

图 2.18 GALILEO 信号的调制方式及其频谱结构

下面介绍每颗 GALILEO 卫星在 E1、E6、E5a 和 E5b 频段上发射的导航信号。

1. E2－L1－E1 信号

此频段上的 E2 和 E1 与 GPS 系统的 L1 中心频率重叠,使其在一个宽频带内具有最大兼容性和公用性。E2－L1－E1 载波用三个信号调制一个二进制偏移载波 BOC(m,n)信号,即通道 A,其 m 和 n 值待定[图中的(15,2.5)有可能会发生变化];两个 MBOC 信号,即通道 B 和 C,E1－B 通道携带数据,数据率为 125 bps,包含一些非加密的开放服务信号,完好性信息和加密的商业服务数据;E1－C 通道为导频通道。E1 信号可为用户提供开放服务(open service,OS)、商业服务(commercial service,CS)及生命安全服务(safety of life,SoL)。

2. E6 信号

E6 信号与 GPS 的 L2 和 GLONASS 信号处于相同的频段上,适用于商业服务(CS)和对政府事业单位的公共特许服务(public relation service,PRS),并加密使用。E6 载波用了三个信号调制。一个二进制偏置载波 BOC(10,5)(待定)信号,即通道 A;两个 BPSK(5)信号,E6－B 通道携带数据,数据率为 500 bps;E6－C 通道为导频通道,不带数据。

3. E5a 和 E5b 信号

E5a 频段上发射的信号是可以公开访问的,同样也包含了两个通道,数据通道和导频通道。25 bps 的低数据率使数据的解调更加可靠。非加密的扩频码和导航数据可为用户提供开放服务。E5b 频段也包含了数据通道和导频通道,数据率为 125 bps。不加密的扩频码和导航数据可以为用户提供开放服务,同时还包括加密的商业数据和不加密的完好性信息,可以用于提供商业服务和生命安全服务。称为 AltBOC 的调制技术将 E5a 和 E5b 信号调制在 E5 载频上。

表 2.9 给出了 GALILEO 导航信号的设计参数。

表 2.9 GALILEO 信号的设计参数

信号名称	通道	调制方式	码片速率/Mcps	码元速率/sps	用户最小接收功率(大于 10°仰角)/dBW
E5	E5a 数据	AltBOC(15,10)	10.23	50	−155
	E5a 导频			N/A	
	E5b 数据			250	−155
	E5b 导频			N/A	

续　表

信号名称	通　道	调制方式	码片速率/Mcps	码元速率/sps	用户最小接收功率（大于 10°仰角）/dBW
E6	E6 - B 数据	BPSK(5)	5.115	1000	-155
	E6 - C 导频			N/A	
E1	E1 - B 数据	MBOC(6,1,1/11)	1.023	250	-157
	E1 - C 导频			N/A	

表 2.10 给出了热噪声下的码精度,更大的信号带宽允许使用很小的窄相关器间距,从表中可以看出抗热噪声和抗多径所具有的优势。

表 2.10　热噪声下的码精度

处 理 信 号	调 试 方 式	功率/dBW	带宽/MHz	码精度/cm
E5a+E5b	AltBOC(15,10)	-152	51	0.8
E6 - A	BOC(10,5)(待定)	-155	40	1.7
E6 - B+E6 - C	BPSK(5)	-155	24	6.2
E1	MBOC(6,1,1/11)	-155	24	5.5
GPS C/A	BPSK(1)	-160	24	23.9

CBOC 调制是 BOC 调制的一种复用形式,作为 GALILEO 系统和 GPS 系统的兼容与互操作工作组在 BOC(1,1) 基础上开发的新型调制方式,最终采用了 MBOC(6,1,1/11) 作为 GPS 和 GALILEO 系统的互操作导航信号调制方式。

MBOC 调制信号功率谱由两个或多个 BOC 调制信号功率谱的和组成,并且可以表示为 MBOC(m1,m2,ρ),设信号码速率为 1.023 MHz,则 m1 表示 BOC 信号调制的第一个副载波频率,即 m1×1.023 MHz,m2 表示 BOC 信号调制的第二个副载波频率 m2×1.023 MHz,ρ 表示总功率中 BOC(m1,1) 调制信号所占的比例。例如,GPS 和 GALILEO 系统将 MBOC(6,1,1/11) 作为互操作下的调制信号,其功率谱由 BOC(1,1) 信号和 BOC(6,1) 信号功率谱的和组成,其中 BOC(6,1) 调制信号的功率谱占信号总功率谱的 1/11,由于 MBOC(6,1,1/11) 比 BOC(1,1) 具有更高的高频分量,因此可以改善信号的跟踪性能。

目前,欧盟正在 GNSS 和"地平线 2020" HSNAV 项目下支持第二代 GALILEO 系统的系统与技术开发。随着当前 GALILEO 系统空间导航卫星数量的增加及未来第三批卫星的部署,卫星地面控制基础设施也在相应扩展。这一由民用部门掌控的系统被视为对欧洲具有重要战略意义,将使欧洲摆脱对 GPS 和 GLONASS 系统的依赖。

第3章　卫星导航对抗侦察

导航对抗侦察是导航对抗的重要组成部分,是实施导航干扰的前提和基础,导航对抗侦察在导航对抗中占有极为重要的位置。导航对抗侦察主要指针对导航定位系统展开的对抗侦察。如前所述,由于导航台是用户定位的空间基础,导航台一般为固定站或位置可获知的移动或卫星平台,导航信号空域开放、信号样式具有一定的规律性和稳定性。因此,导航侦察又不同于传统的电子对抗侦察,其内容除了对导航信号的侦收和技术特征提取、对移动导航台的测向定位外,更重要的内容是对导航信号长期的监测与特征分析;卫星导航对抗侦察则具体包括对导航卫星的跟踪和信号侦收、导航信号特性分析,此外还有对陆基、空基导航增强台的测向定位等。

从卫星导航推出的频率复用建议等情况来看,导航系统很可能在频率、信号参数上发生临机改变,这样就可以采用干扰技术,拒止特定区域对民用信号的正常使用,而授权频段不受影响。考虑到未来导航技术的发展,比如采用地面或升空的伪卫星技术等,对导航信号的侦察,将扩展到对地、海、空基导航增强台的测向定位与信号分析。区域增强台的应用可能涉及特殊需求,因此,开展对导航信号的侦察是非常必要的。同时,为实施有效的压制或欺骗式干扰也需要侦察引导站完成对卫星导航信号的截获、分析及载频、码速甚至码型等参数的识别、测量工作。

本章首先介绍导航对抗侦察的基本原理,主要内容包括导航对抗侦察的主要任务及分类、导航对抗侦察的特点和手段,在此基础上,介绍针对卫星导航系统的侦察,主要内容包括:对卫星导航系统的卫星监测和覆盖范围计算;对信号的参数测量技术;对卫星导航增强台的测向定位等。

3.1　导航对抗侦察概述

电子对抗侦察通过使用电子技术手段,对敌方电子信息系统和电子设备的电磁信号进行搜索、截获、测量、分析、识别,获取其技术参数、功能、类型、位置、用途及相关武器平台类别等情报信息。电子对抗侦察的任务是:情报侦察、侦察告警、引导干扰和跟踪武器。

电子对抗侦察根据任务和用途的不同,可分为电子情报侦察和电子支援侦察。情报侦察常在平时进行,具有预先侦察的性质,具体开展内容包含:对敌方长期或定期的侦察,以获取敌方全面的电子设备信息、为研究电子对抗对策提供依据。电子情报侦察主要分析敌方电子设备的技术体制、战术性能、部署情况及发展动向等,要求资料完整、准确。

支援侦察一般在战时进行,具有实时侦察、直接侦察的性质,具体开展内容包含:战役、战斗前夕及过程中的侦察,以评价敌方电子威胁程度,为电子战进程提供保障。电子支援侦察主要分析敌方电磁威胁程度并及时告警、引导电子干扰及检验干扰效果、目标打击定位等。要求反应速度快,识别可信度高。

卫星导航对抗侦察具有一般电子对抗侦察的特点,同时还具有其独有的特性,若从技术参数获取的角度看,对导航系统发射台的侦察易获取丰富的先验信息,导航卫星工作的中心频率相对固定或在一定范围内按要求变化,导航信号的构成、伪码的设计规律性强,且容易依据信号特征进行识别。因此对导航信号的侦收重在平时、长期的监测跟踪和信号分析,二是对新系统建设、新信号的及时侦察、识别等,其平时侦察的属性更为突出。考虑到增强台和新信号的应用,卫星导航对抗侦察又不限于平时侦察,也具有临机侦察的内容。

3.1.1 导航对抗侦察的任务

导航对抗侦察的主要任务包括:在平时和实施干扰前寻找并监视敌方无线电导航信号,进行分析识别,获取导航台参数和技术情报,为实施干扰作准备;在实施干扰的过程中监视导航信号并检查干扰效果,当导航信号变换参数(如频率)或启用新信号时进行跟踪,引导干扰机进行干扰。一般导航卫星具有固定的运行轨道;对它们的侦察主要是不间断的跟踪监控,但机动增强台及突然投入使用的地基、天基、星基增强台或应急导航系统,对它们的侦察就具有临机性。下面具体介绍导航对抗侦察的任务。

1. 截获敌方的无线电导航信号

侦察系统应根据敌导航定位系统建设情况和情报侦察的结果,配置在适当的地域或载体上,采用适当的接收天线系统,使导航信号能有效接收。信号首先是按频率区分的,所以侦察系统一般要在频域上进行搜索寻找,当使用方向性天线时,还应该在方向上搜索寻找。一般截获到信号后也就大致地确定了信号的频率,根据导航信号的固有特性判别是否属于需要侦察的信号。

2. 测定截获信号的频谱及幅度

频率是无线电信号最重要的参数之一,为此要求测频用的接收机有足够高的频率准确度。接收点的信号强度往往是变化不定的,因而只能测出幅度的大致值。

3. 测定目标的空间参数

对机动导航增强导航台和应急导航台,存在侦察测向的问题。测向定位由无线电测向系统承担,要求它有尽可能高的测向精度,可为干扰的有效实施提供重要参考。

4. 分析所截获的无线电信号的参数

信号分析包括频域(频谱)分析和时域(波形)分析。通过频域分析可以获得信号频率、频带宽度、调制方式、调制度等参数。通过对数字信号或扩频信号的时域分析可以获得码元宽度、码速(报速)、码元波形甚至密码等参数,对脉冲调制信号可以获得脉冲宽度、脉冲组间隔、重复频率、脉冲波形等参数和数据。

较低级的侦察系统的设备配备较少,性能较差,不能进行所有项目的分析,因而可以对有价值或可疑的信号进行记录存储,然后由较高一级的侦察站利用其配备齐全、性能良好的分析设备进行进一步的详细分析。

5. 对所截获的无线电导航信号进行识别

在导航对抗侦察中,识别的主要任务包括:识别出导航信号;对导航信号进行不同系统、不同台的归纳分类。在一个地域内,导航信号可能有多种,对多台站导航定位系统,会收到来自不同导航台的信号,通过识别可以将不同的导航信号进行分类、整理,以便将数据用于进一步的侦察处理,如进行导航台分布的态势分析和参数提取。另外,导航台的频率参数是可变的,实际上所有的导航定位系统战时受到干扰都可能改换军用工作频率以躲避我方干扰,或使用新信号、启动应急导航系统等,这就需要迅速地重新找到导航信号工作频率、新出现的导航信号、导航台,并正确识别它。

3.1.2　导航对抗侦察的特点和手段

卫星导航信号的工作频段、信号波形和传播条件不完全相同于一般通信和雷达中常见的信号,但又具有信号设计上的一致考虑,在侦察上,需要更多地结合星历和用频等先验知识进行信号的高增益截获和分析,以此完成延伸的侦察工作。不同卫星系统的导航信号各有其独特的测距码编码格式,以及加密应用方式,使卫星导航信号侦察具有其独有的特点和难度。考虑到增强台的应用,侦察内容又不限于对卫星信号的侦察。

因此,导航对抗技术侦察可以定义为使用电子技术手段,对导航信号进行搜索、截获、测量、分析、识别,以获取其技术参数、识别其类型、位置采取的各种战术技术措施和行动;导航对抗情报侦察包括收集分析系统建设的发展趋势、新系统设计、相关武器平台的类别、活动情况等。

1. 导航对抗情报侦察

导航对抗情报侦察属于战略侦察,卫星导航信号工作频率、信号样式规律性强,合作终端伪码可复现,可通过预先侦察来截获对方导航定位系统的电磁信号,精确测定其技术参数,全面地收集和记录数据,对信号结构、伪码设计与加密等进行处理、分析、归纳,进而通过综合分析和核对,查明对方导航系统的技术特性、能力、威胁程度、薄弱环节等,为己方有针对性地使用和发展电子对抗技术提供依据。

导航对抗情报侦察通常需要对同一导航系统进行反复侦察,而且要求具有即时的与长期的分析和反应能力,跟踪和证实已掌握的信号,着眼于新的不常见的信号,及时了解其变化情况。

2. 导航对抗支援侦察

导航对抗支援侦察属于战术侦察,是根据电子情报侦察所提供的情报在战区进行实时侦察,以迅速判明导航卫星的工作状态、技术参数、在轨位置和覆盖范围,尤其是对新出现的信号、应急启用的备份导航系统,以及进入战区的移动台和增强台等,由于使用的突然性带来侦察的困难,但其意义也在于此。对导航台分布、机动台载体的运动态势进行侦察显示;对增强台、应急导航台进行测向定位;战时对应急导航台、应急导航信号的实时获取和快速处理。及时、快速的电子支援侦察可为及时实施电子干扰、电子反干扰、引导和控制杀伤武器等提供所需的信息。对电子支援侦察的主要要求是快速反应能力、高的截获概率,以及实时的分析和处理能力。

对卫星导航信号的侦察一般需要建设地面固定侦察站,采用大口径天线利用空域滤波的方法实现对微弱卫星导航信号的侦收。

3.2 侦察接收设备的基本组成和工作原理

信号截获是电子对抗侦察设备需要具有的基本功能,电子对抗侦察是非预定(合作)接收者对辐射源信号的接收。也就是说,电子侦察系统对于所处电磁信号环境中的辐射源的信息是未知的,因此要实现对辐射源的侦察,首先应当具备截获未知频率或方位的辐射源信号的能力,体现为具有频率搜索测定和方位搜索测定能力。

电子对抗侦察设备包括侦察接收设备和无线电测向设备,前者的主要功能是检测信号的有无、多少、频率、强度等,后者主要功能是测定辐射源的方位或位置。

3.2.1　侦察接收设备

侦察接收设备的基本组成一般包括侦察接收天线、接收机、终端设备和控制装置,如图 3.1 所示。

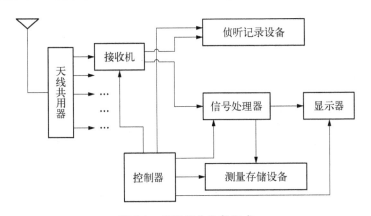

图 3.1　侦察接收设备组成

天线是不可缺少的,而天线共用器需视情况而定,当由多部侦察接收机设备组成侦察站时,通常需要共用天线,必须配置天线共用器。

接收机是侦察接收设备的核心,它与侦察天线组成侦察前端,用于对信号的选择、放大、变频、滤波、解调等处理。侦察记录设备、测量存储设备、显示器、信号处理器都归终端设备之列,现代侦察接收设备一般都配备这些终端设备。通常,侦察接收设备也称为侦察接收机。

要实现信号截获,必须满足几个条件,即侦察前端在时域、频域和空域上同时截获(对准)辐射源信号,且辐射源信号具备足够的信号强度。

（1）时域截获：即辐射源正在辐射信号的时间内,侦察前端处于接收状态。

（2）频域截获：即辐射源信号频谱正好落入侦察前端的瞬时带宽内,且满足对信号的测频条件。

（3）空域截获：一般指侦察天线的波束覆盖辐射源。而辐射源发射波束与侦察接收机天线的关系有两种情况，一种情况是仅在辐射源发射天线主波束覆盖侦察接收机天线时，方可检测到该辐射源信号，称为主瓣截获；另一种情况是只需辐射源的发射波束旁瓣覆盖侦察天线，侦察接收机即可检测到信号，称为旁瓣截获。

（4）足够的信号强度：即辐射信号到达侦察天线的信号幅度（功率）大于侦察前端可实现的最小检测幅度（功率）。

对侦察接收机而言，辐射源信号是未知的且非合作的，因此信号截获具有不确定性，是一个概率事件，我们将接收机截获到信号的概率称为截获概率。通常认为信号的能量足够大，就可以被侦察接收机截获到，即当条件4满足时，检测概率近似为1，虚警率很小。由此，截获能力是相对于时间而言的，即截获概率是指在给定的时间间隔内至少发生一次截获的概率，反过来，可以定义截获时间为获得给定的截获概率所需要的时间。

3.2.2　无线电测向设备

无线电测向设备通常由测向天线、测向信道接收机、测向终端处理机三大部分组成，如图3.2所示。

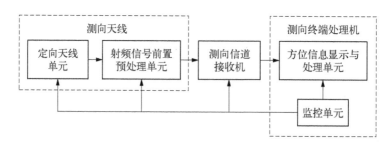

图3.2　测向设备基本组成

截获无线电信号，进而确定辐射源的方向，称为无线电测向。测向是电子对抗侦察的重要任务之一，其主要作用一是为辐射源分选识别提供可靠的依据，二是为电子干扰和摧毁攻击提供引导，三是为作战人员提供威胁告警，四是为辐射源定位提供参数。按照测向机能够完成的功能，有测向设备、侦察测向设备、测向定位设备、侦察测向定位设备等，其中，包含侦察的测向系统也被称为侦测一体化系统。

3.2.3　卫星导航信号侦察接收系统

对卫星导航信号的侦察比较特殊,由于卫星导航信号到达地面时功率非常微弱,信号被噪声所覆盖,难以满足码序列分析及对信号进行时域、频域等深层次分析的信噪比要求,因此必须借助高增益天线接收信号以提高信号信噪比。需要采用大口径天线利用空域滤波的方法实现对微弱卫星信号的侦收。

在对单一卫星进行信号分析时,其余卫星信号相当于是目标卫星信号的干扰信号,因此为了尽可能减少干扰信号,天线系统必须保持对目标卫星的持续跟踪和信号接收。导航卫星均位于中高地球轨道,为了保证对卫星的锁定跟踪,在跟踪接收卫星信号时首先需要下载卫星在轨道的运行数据输入到天线伺服系统,使伺服系统根据卫星运行轨道控制天线保持对卫星的动态跟踪。

因此侦察系统的必要组成部分包括射频前端(天线、伺服及接收设备)、监测接收、信号采集、数据回放、信号分析及时频设备等,具体设备结构与连接关系如图 3.3 所示。

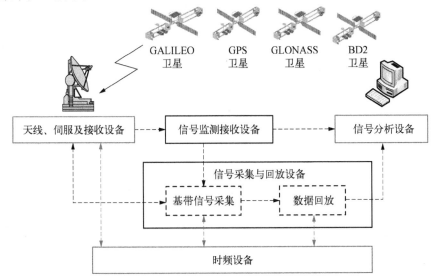

图 3.3　卫星信号侦察系统设备结构关系框图

电子对抗侦察信号常用的采样技术包括:中频实信号采样、基带复信号采样。其中中频实信号采样的实现结构如图 3.4 所示。射频信号经过带通滤波器、低噪声放大器后,经过和模拟本振信号混频,输出模拟中频信号,并使用带通滤波器滤除混频产生的和频分量,最后再经过 A/D 采样即得到数字中频实信号。

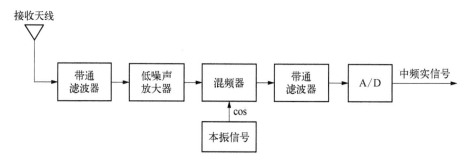

图3.4　中频实信号采样的实现结构图

　　基带复信号采样的实现结构如图3.5所示。射频信号经过带通滤波器、低噪声放大器后,经过和模拟本振信号混频,输出模拟基带复信号,并使用低通滤波器滤除混频产生的和频分量,再经过 A/D 采样即可得数字基带复信号。

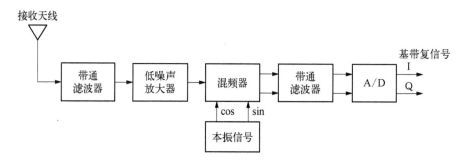

图3.5　基带复信号采样的实现结构图

　　对于卫星导航信号,尤其是带宽更宽、高阶调制的授权码信号,基带复信号采样的劣势相比中频实信号采样的劣势尤为突出,因此对卫星导航信号一般采用中频实信号采样的技术。以 GPS 为例,假设接收机处理的 M 码中频信号为

$$s(t) = AD(t)c(t)\cos[2\pi(f_{IF} + f_D)t + \theta] + n(t) \qquad (3.2.1)$$

其中,$c(t)$表示 BOC(10,5)伪随机码;A 表示信号的幅度;$D(t)$表示导航电文数据;$C(t)$表示扩频码;f_{IF}表示中频频率;f_D表示多普勒频率;θ 表示载波的初始

相位;$n(t)$表示双边功率谱密度为$N_0/2$的加性带限高斯噪声,则信号的载噪比 $C/N_0 = A^2/2N_0$。通过分析计算可得接收机完成相关累积后输出的信号功率为

$$V = \frac{A^2}{4}M^2\mathrm{sinc}^2(\pi f_d T_b)R_{\mathrm{BOC}}^2(\tau) + n(t) \tag{3.2.2}$$

其中,$R_{\mathrm{BOC}}(\cdot)$表示 BOC 调制信号的自相关函数。上式表明 M 码的 BOC (10,5)调制只影响时域的搜索过程,而对频域的搜索则没有影响。图 3.6 是无限带宽的$\mathrm{BOC}_s(10,5)$和 BPSK(5)调制的自相关函数的平方。由该图可见, $\mathrm{BOC}_s(10,5)$的自相关函数的平方存在多个零点,这对捕获是非常不利的,很有可能导致漏检。

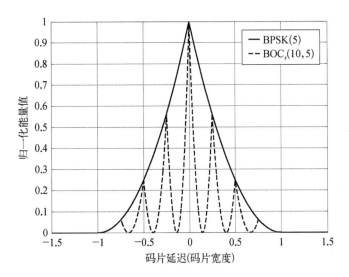

图 3.6　无限带宽的 $\mathbf{BOC}_s(\mathbf{10,5})$ 和 BPSK(5)调制自相关函数的平方

如果假定自相关函数的平方值大于门限 Th 时(由于自相关函数由多个分段函数组成,为了计算的简便,这里假定只有对主相关峰进行采样时,才有可能超过捕获门限,也即 $Th>9/16$)即可捕获到信号,则在相同采样率条件下,BOC_s (10,5)和 BPSK(5)的捕获概率的比例为

$$\frac{P_{\mathrm{BOC}_s}}{P_{\mathrm{BPSK}}} = \frac{m\{\tau \mid (1-7\tau)^2 > Th, \mid \tau \mid \leqslant 1\}}{m\{\tau \mid (1-\tau)^2 > Th, \mid \tau \mid \leqslant 1\}} = \frac{1}{7} \tag{3.2.3}$$

其中,mF 表示集合 F 的测度。上式另一种等效的表述为:为了保证相同的捕

获概率,$BOC_s(10,5)$所需的采样率是 $BPSK(5)$ 所需的采样率的 7 倍。如果对这两种信号都进行中频实信号采样,根据带通采样定理,$BPSK(5)$ 信号所需的采样率约为 20 MHz。所以为了保证相同的捕获概率,$BOC_s(10,5)$ 所需的最佳采样率为 140 MHz 左右,这远大于带通采样定理所要求的约 48 MHz 的采样率。对授权信号的监测分析需要长时间对信号进行分析,因此是以离线分析的模式为主,离线信号分析也需要监测系统具有较高的采样率以满足长时间连续分析的要求。

3.3　卫星导航系统侦察计算模型

3.3.1　卫星导航信号侦察概述

全球卫星导航系统(GNSS,包括 GPS、GALILEO、GLONASS 和我国 BDS 等系统)满足了导航与定位在全球覆盖的需求和全世界范围内良好几何分布的需求。因此,即使对单一系统,在任何一个地区一般能够同时接收到至少 5~11 颗卫星信号,而且任何一颗卫星都会飞越该地区上空,卫星运行是有规律的。

考虑到卫星运行与分布的规律性,一般侦察站选择在一个固定的地点就可以;侦察阵地原则上可以选择在任何地点,但要求该地点一定范围内没有高山、高层建筑等的遮挡,没有大的电磁干扰。

卫星导航对抗侦察引导站完成信号的截获、分析及载频、码速和码型等参数的测量工作,为实施有效的导航干扰提供有力保证。侦察引导站需要从噪声背景中实现对微弱信号的侦收,技术要求比较高,设备相对复杂,多为地面设备。而且一个侦察引导站可以通过无线或有线方式将相关信息传向周围各地,引导多个干扰机工作,这样干扰机的设置就可以非常机动灵活。

由于卫星导航信号是广播式的,具有全天候、空域开放等特点,通过建设导航信号侦收系统,可以为开展研究工作提供支持。

3.3.2　卫星导航系统侦察计算模型

1. 卫星可见性与可侦察时间

如前所述,卫星环绕地球运行,在任何一个地区,一般都能观测到某些导航卫星,并对卫星的辐射信号进行侦收,因此我们主要以在某固定地点对卫星的可观测性与观测时间计算作为侦察计算要素。

当卫星(space vehicle, SV)位于地面站天线所在地平面之上时,地面天线和卫星之间是可以建立视距接触的(图3.7)。根据 SV 位置矢量信息及地面位置矢量信息,我们可以得到地心坐标系中 SV 与地面连线矢量与地面位置矢量之间夹角为

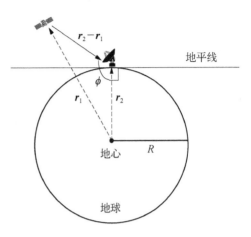

图 3.7 地面天线和卫星可见性的示意图

$$\phi = \cos^{-1}\left(\frac{(r_2 - r_1) \cdot r_2}{|r_2 - r_1| \cdot |r_2|}\right) \tag{3.3.1}$$

当 SV 位于地面站天线所在的地平面上之时,显然有

$$\phi \geqslant 90° \tag{3.3.2}$$

因此,可见函数为

$$\varphi = \phi - 90° \tag{3.3.3}$$

对于导航星而言,当考虑到其从地平线上升起时,导航信号受大气层影响较大,一般均待卫星升起 10°以后才用它进行导航定位测量。即仰角不低于 α,则上式修正为

$$\varphi = \phi - 90° - \alpha \tag{3.3.4}$$

只要 φ 为正就表示地面天线和卫星之间是可见的,即可以进行通信;否则就表示不可见。

设卫星的轨道高度为 h,则卫星上升穿越地面站天线所在地平面与下降穿过地面站天线所在地平面的运行时间是卫星的极限可观测时间。

设卫星环绕地球的运行周期为 T,不妨简化假设卫星匀速运行,则卫星的可观测时间 t 可简化估算为

$$t = \frac{\theta}{360} \cdot T \tag{3.3.5}$$

其中,θ 是以地心为起始点,卫星穿越地平面的两个位置矢量的夹角,可以依据卫星的轨道高度和地球半径求出。图3.8 为卫星可观测时间计算示意图。

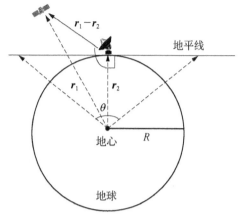

图 3.8　卫星可观测时间计算示意图

这里没有考虑卫星高度角对观测的影响,卫星的高度角为观测站至卫星的位置向量 $r_1 - r_2$ 与地平面的夹角;在对星观测中,为了屏蔽遮挡物或克服多径影响,一般会设定跟踪卫星的高度角,低于此角度的可视空域卫星不予跟踪,这个角度一般设为 15°。

2. 对卫星导航信号的侦察接收特性分析

要对卫星导航信号实现有效的截获,还要考虑信号的特性及由于卫星运动带来的多普勒频偏。

1) 弱信号

卫星导航信号都是弱信号,一般标称电平为 -130 dBm 左右,在复杂环境中尤其严重。假定天线温度为 180 K,那么相应的噪声基底大约是 -176 dBm/Hz。假设接收机前端的噪声系数为 2 dB,这样,总的噪声基底为 -174 dBm/Hz 或 -114 dBm/MHz。简单起见,我们的讨论以这个噪声基底为基础并约定四个术语:输入功率电平,以输入带宽为参考的输入信噪比 S/N,以 1 kHz 为参考的信噪比 S/N 和以 1 Hz 为参考的信噪比 S/N(它通常表示为 C/N_0)。比如 GPS 的 C/A 码接收机的输入带宽大约是 2.046 MHz,相应的噪声基底大约是 -111 dBm。以这个输入带宽为参考,表 3.1 给出了这些关系。

表 3.1　不同带宽的输入功率和 S/N

输入功率/dBm	（输入 S/N）/(dB/2 MHz)	(S/N)/(dB/1 kHz)	(C/N_0)/(dB/Hz)
-130	-19 dB	14 dB	44 dB
-140	-29 dB	4 dB	34 dB
-150	-39 dB	-6 dB	24 dB

在常规条件下,接收机输入端的 S/N 大约是 -19 dB,这个信号太微弱以至于无法检测到。为了检测到这样的弱信号,必须采取措施来提高信噪比 S/N。由于卫星导航信号是扩频信号,普通导航定位接收机可以用处理增益来获得合

适的信噪比 S/N。但经过解扩处理的信号只剩下信码部分,无法获取测距码特性,因此需要采用大口径抛物面天线定向侦收。

将大口径天线安装在伺服系统上,通过对卫星导航电文的分析,获取卫星运行的先验知识,以此预先计算某地可观测卫星的运行规律,控制伺服系统缓慢转动,保证天线中心方向始终对准目标卫星。侦察到几颗卫星的运行规律,通过卫星分布规律和卫星星历,就可以推算出其他卫星此刻所处的位置。对每颗卫星的信号特征、码规律及导航电文结构的侦察则通过长时间的积累、分析获得。

截获信号最重要的参数是载波频率,虽然卫星导航信号的载波频率是公开的,但卫星运动会引起多普勒频移,对频率偏移的正确估计,可以帮助信号的截获;另外是否存在新的频率应用也是导航对抗侦察需要即时发现的。

2）卫星多普勒频移及变化

由于卫星的运动,引起在载频和测距码上的多普勒频移,这个多普勒信息对于卫星信号的捕获和跟踪来说是非常重要的。

由于 GPS 导航是现阶段导航干扰的主要作战对象,下面我们以 GPS 卫星的运行参数来计算卫星运行可能引起的最大多普勒频移。

GPS 卫星的平均角速度 $\mathrm{d}\theta/\mathrm{d}t$ 和卫星的平均速度 v_s 可由卫星轨道的近似半径计算出来:

$$\frac{\mathrm{d}\theta}{\mathrm{d}t} = \frac{2\pi}{11 \times 3\,600 + 58 \times 60 + 2.05} \approx 1.458 \times 10^{-4}\ \mathrm{rad/s},$$

$$v_s = \frac{r_s \mathrm{d}\theta}{\mathrm{d}t} \approx 26\,560 \times 1.458 \times 10^{-4} \approx 3\,874\ \mathrm{m/s} \tag{3.3.6}$$

其中,r_s 是卫星轨道的平均半径。视太阳日和恒星日相差的 3 min 55.91 s 的时间内,卫星运行大约 914 km($3\,874$ m/s×235.91 s)。参照卫星在天顶方向时,该距离相应的角度大约为 0.045 rad(914/20.192)或 2.6°,如果卫星接近地平线,相应的角度近似 0.035 rad 或 2°。因此,我们可以认为每天的同一时间相对于地球表面的某一点卫星位置变化 2°~2.6°。在图 3.9 中,卫星位置为 S,地面侦察站的位置为 A。引起多普勒频移的卫星相对于地面侦察站的径向速率分量 v_d 为

$$v_d = v_s \sin\beta \tag{3.3.7}$$

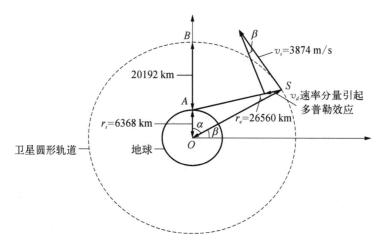

图 3.9　卫星移动引起的多普勒频移

现在求出用角度 θ 表示的速率。对三角形 OAS 运用余弦定理,结果为

$$AS^2 = r_e^2 + r_s^2 - 2r_e r_s \cos\alpha = r_e^2 + r_s^2 - 2r_e r_s \sin\theta \tag{3.3.8}$$

因为 $\alpha+\theta=\pi/2$,在同一个三角形中,采用正弦定理,结果为

$$\frac{\sin\beta}{\sin\alpha} = \frac{\sin\beta}{\cos\theta} = \frac{r_e}{AS} \tag{3.3.9}$$

将这些结果代入(3.3.7)式,得

$$v_d = \frac{v_s r_e \cos\theta}{AS} = \frac{v_s r_e \cos\theta}{\sqrt{r_e^2 + r_s^2 - 2r_e r_s \sin\theta}} \tag{3.3.10}$$

速率能表示成 θ 的函数,如图 3.10 所示。

于是,当 $\theta=\pi/2$ 时,多普勒速率为零。通过对 v_d 求 θ 的导数并令其结果为零,可得到多普勒速率的最大值。结果为

$$\frac{\mathrm{d}v_d}{\mathrm{d}\theta} = \frac{vr_e\left[r_e r_s \sin^2\theta - (r_e^2 + r_s^2)\sin\theta + r_e r_s\right]}{(r_e^2 + r_s^2 - 2r_e r_s \sin\theta)^{3/2}} = 0 \tag{3.3.11}$$

这样可以解出 $\sin\theta$ 为

$$\sin\theta = \frac{r_e}{r_s} \text{ 或者 } \theta = \sin^{-1}\left(\frac{r_e}{r_s}\right) \approx 0.242 \text{ rad} \tag{3.3.12}$$

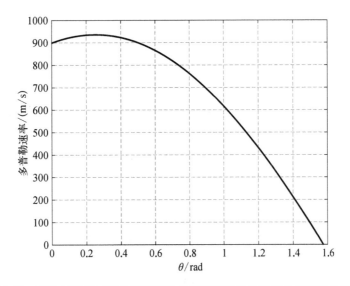

图 3.10　GPS 卫星相对于地面侦察站的多普勒速率分量和角度变化曲线图

这个角度 θ 是以地面侦察站的位置作为参考点，卫星在侦察站所在地平面上。直观地，我们期望当卫星在地平线位置时多普勒速率最大，而这里的计算也证明了这一点。根据轨道速率，能计算出最大多普勒速率 v_{dm}，沿地平线方向：

$$v_{dm} = \frac{v_s r_e}{r_s} = \frac{3\,874 \times 6\,368}{26\,560} \approx 929 \text{ m/s} \tag{3.3.13}$$

这个速度和高速军用飞机的速度相当。对于 L1 频率（$f = 1\,575.42$ MHz），调制后的 C/A 信号，最大的多普勒频移为

$$f_{dr} = \frac{f_r v_{dm}}{c} = \frac{1\,575.42 \times 929}{3 \times 10^8} \approx 4.9 \text{ kHz} \tag{3.3.14}$$

其中，c 是光速。因此，对于固定的侦察站来说，最大的多普勒频移大约在 ±5 kHz 范围内。

由于 C/A 码的频率很低，在 C/A 码上产生的多普勒频移相当小。C/A 码频率为 1.023 MHz，它比载频低了 1 540（1 575.42/1.023）倍。多普勒频移为

$$f_{dc} = \frac{f_c v_h}{c} = \frac{1.023 \times 10^6 \times 929}{3 \times 10^8} \approx 3.2 \text{ Hz} \tag{3.3.15}$$

多普勒频率的变化速率对跟踪程序来说也是重要信息,如果能计算出多普勒频率的变化速率,就可以预测在跟踪时的频率修正率。有两种方法用于计算多普勒频率的变化速率,一个简单的方法是估计多普勒频率变化的平均速率,另一种则是如上所述,找到多普勒频率变化的最大速率。

在图 3.10 中,多普勒频率从最大值变化到零,变化角度约为 1.329 弧度($\pi/2-\theta=\pi/2-0.242$)。卫星运行 2π 的角度需要 11 小时 58 分钟 2.05 秒,所以覆盖 1.329 弧度所需时间为

$$t = (11 \times 3\,600 + 58 \times 60 + 2.05)\,\frac{1.329}{2\pi} = 9\,113\ \text{s} \qquad (3.3.16)$$

在此时间内多普勒频率从 4.9 kHz 变到 0,因此就可以简单地求出多普勒频率的平均变化速率 δf_{dr}:

$$\delta f_{dr} = \frac{4\,900}{9\,113} \approx 0.54\ \text{Hz/s} \qquad (3.3.17)$$

这是个非常低的频率变化速率,依据这个值,如果跟踪环的频率精度的量级假设为 1 Hz,那么跟踪程序可以数秒钟修正一次。

前面估算了多普勒频率的平均变化速率;然而,在这段时间内,变化速率并不是一个常数。现在来计算最大的变化速率。一个简便的方法是直接画出的图像,这个方程的结果显示在图 3.11 中,频率的最大变化速率发生在 $\theta=\pi/2$ 时。

$$\frac{\mathrm{d}v_d}{\mathrm{d}\theta} = \frac{vr_e[r_e r_s \sin^2\theta - (r_e^2 + r_s^2)\sin\theta + r_e r_s]}{(r_e^2 + r_s^2 - 2r_e r_s \sin\theta)^{3/2}} \qquad (3.3.18)$$

相应速度的最大变化速率为

$$\left.\frac{\mathrm{d}v_d}{\mathrm{d}t}\right|_{\max} = \left.\frac{vr_e \mathrm{d}\theta/\mathrm{d}t}{\sqrt{r_e^2 + r_x^2 - 2r_e r_x}}\right|_{\theta=\pi/2} \approx 0.178\ \text{m/s}^2 \qquad (3.3.19)$$

在这个方程中,我们感兴趣的仅仅是量值,符号可以忽略。相应的多普勒频率的最大变化速率为

$$\delta f_{dr}\big|_{\max} = \frac{\mathrm{d}v_d}{\mathrm{d}t}\frac{f_r}{c} = \frac{0.178 \times 1\,575.42 \times 10^6}{3 \times 10^8} = 0.936\ \text{Hz/s} \qquad (3.3.20)$$

这个值也非常小。如果假定跟踪程序的频率测量精度在 1 Hz 量级,那么即使在最大多普勒频率变化速率时,修正速率大约也只是 1 秒。

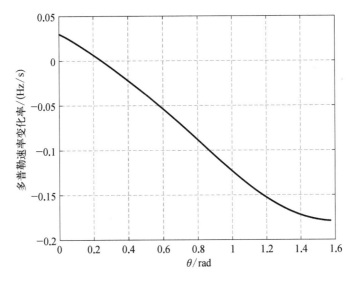

图 3.11 随着角度改变多普勒速率变化率曲线

3.3.3 对卫星导航增强台的侦察

常规卫星导航系统的侦察,可以利用建设地面侦察固定站的方式进行。大口径天线利用伺服系统跟踪目标系统的可见星,侦察接收微弱的卫星导航信号,采用侦察手段和信号处理技术进行信号侦收与参数提取,进一步完成星座分析、伪码分析等,24 小时不间断地获取全球卫星导航系统的星座运行和信号特征,这是一项长期的工作。

而目前,卫星导航已经开展地基和空基伪卫星技术,利用陆基或空基的导航增强台,克服特殊地形对卫星导航信号接收的影响,缓解对卫星导航战术干扰带来的影响,提高导航定位精度。因此,对地面或空域增强信号的截获、分析及载频、码速甚至码型等参数的侦收分析工作,也成为卫星导航对抗侦察的重要内容之一,为有效引导干扰提供有力保证[8]。

1. 侦察区域计算

全球卫星导航 GNSS 的地基增强系统(ground-based augmentation systems, GBAS)通过差分算法提高卫星导航的精度,同时根据信号完好性算法,计算导航信号的完好性信息,从而提高卫星导航信号的完好性、可用性和连续性。地基增强系统能够为机场及其附近区域提供高精度的导航服务,引导飞机进行精密进近和着陆,形成卫星导航着陆系统(GBAS landing system,GLS),在不久的将来甚至可以代替精密仪表着陆系统(instrument landing system,ILS)。

目前世界上主要的 GPS 地基增强系统为美国开发的区域增强系统(local area augmentation system,LAAS),已经建成并开始提供民用航空的导航服务。LAAS 系统工作在 108.00~117.95 MHz 范围内,以 25 kHz 为间隔的载波频带上,即具有 25 kHz 的信道带宽。地基增强系统由 3 部分组成:导航卫星子系统、地面子系统和机载子系统。

其中地面子系统功能主要是通过 VHF 向飞机广播发送差分修正信息及系统完整性信息,地面处理站接收 GNSS 信号并计算每个可见卫星的伪距差分修正,利用 VHF 向机载 GBAS 设备广播修正数据。地面基站向飞机提供甚高频数据广播(VHF data broadcast,VDB):可见卫星的完好性情况、最终进近段(final approach segment,FAS)数据以及数据源可用性预测信息。数据广播的字符率为 10 500 bit/s,每个字符为 3 bit 二进制编码,即 31 500 bit/s 的标称比特率。图 3.12 为地基增强系统结构图。

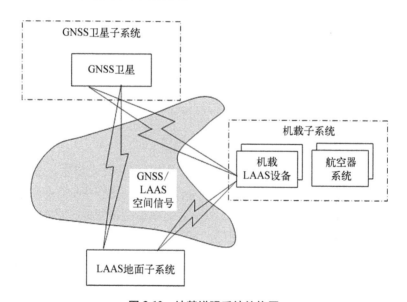

图 3.12　地基增强系统结构图

对卫星导航地基增强系统侦察区域的计算模型依据电子对抗侦察方程建立,侦察作用距离计算模型同陆基导航系统的最大侦察距离计算公式。

$$R_{\max} = \frac{1}{1\ 000} \left[\frac{P_t G_t G_r \lambda^2}{(4\pi)^2 P_{r\min} \cdot L} \right]^{1/2} \text{km} \qquad (3.3.21)$$

式中，P_t为地面基站的发射功率（W）；$P_{r\min}$为侦察设备接收灵敏度（W），即最小可检测信号功率（W）；G_t为地面基站发射天线增益；G_r为导航侦察设备接收天线增益；λ为波长（m）。当收发天线增益为 0 dB，即当 $G_t = G_r = 1$ 时，侦察距离计算方程简化为

$$R_{\max} = \frac{1}{1\ 000} \left[\frac{P_t \lambda^2}{(4\pi)^2 P_{r\min} \cdot L} \right]^{1/2} \text{km} \qquad (3.3.22)$$

一般而言，接收机的极限灵敏度为

$$P_{s\min} = -174 + 10\lg B_{IF} + N_F \qquad (3.3.23)$$

B_{IF}为接收机中频带宽；N_F为接收机内部噪声。由于接收机噪声系数 N_F 大小决定了可检测到的具有 SNR（信噪比）的信号，在特定的 N_F 下，接收机输出端要达到所要求的 SNR 时，天线输入端所需要的信号强度为

$$S_{\text{dBm}} = -174 + \text{SNR} + 10 \cdot \lg B_{IF} + N_F + L_r \qquad (3.3.24)$$

L_r 为接收机天线与接收机前端的损耗。该信号强度称为接收机的工作灵敏度，简称灵敏度。

2. 对卫星导航增强信号的截获

基于卫星导航的地基增强系统为 GNSS 测距信号提供本地信息、修正信息及完好性信息，其地面设备工作频率属于 VHF 频段，工作在108.00～117.95 MHz 范围内。

因此，在对地基增强系统进行侦察截获时，首先需对地面设备的工作频率或所在方位进行搜索。按侦察频率区分信号时，使用带通滤波器、谐振器和振荡回路；按侦察方位区分信号时则使用定向天线。两者区别主要是输出信号功率（电压）与频率或方向有关，工作原理相似。

3. 对卫星导航陆、空基增强台的测向定位

对卫星导航增强信号，在其导航信号没有突变或加密时，平时侦察中侦察接收机可利用合作接收来进行测距或测向，这一方法对陆基无线电导航台同样适用。侦察站的接收机侦测到信号后，提取其中的数据信息，按照测向或测距原理，根据不同的估计算法可以求得侦察接收机与增强台的方位或距离 L。

若增强台在陆地，结合地球椭球方程，二个或三个侦察站（点）的联合测向或测距则可实现对增强台的定位；若增强台在空间机动，则需要三个或四个侦

察站(点)的联合测向或测距才能实现对增强台的定位。

若导航台信号发生变化,无法进行合作接收,这时,就采用非合作信号的测向定位方法,方法与通信台测向定位类似,这里不再赘述。

3.4　卫星导航信号的检测分析

接收卫星导航信号后,为了对其基本信号特点进行分析掌握,需要首先完成对信号基本参数的测量,进而从调制域、码序列等方面对导航信号进行分析。

3.4.1　卫星导航信号实测分析方法

卫星导航信号实测分析的必要组成部分包括射频接收、基带信号采集、数据回放、信号分析部分,具体的一般性设备组成如图 3.13 所示。

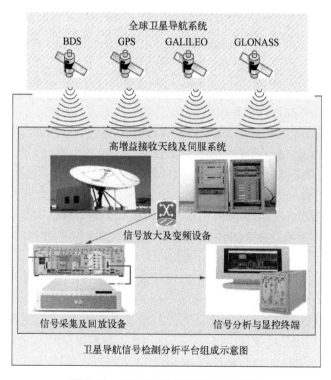

图 3.13　卫星导航信号检测实现框图

　　其中,卫星导航信号采集的基本方法包括直接射频和下变频后中频采样方式。直接射频采样由于不需要中频模拟下变频和带通滤波等环节,因此其通道特性相比中频采样更加理想,这更有利于分离出通道对信号造成的畸变影响。但射频采样所需的采样率很高,这需要更多的硬件资源和更高的系统功耗。射频采样单元完成射频信号的滤波、放大与采样,功能组成框图如图 3.14所示。

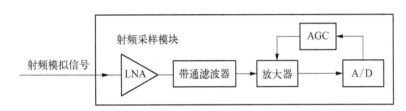

图 3.14　直接射频采样方法实现框图

　　中频采样方式受到卫星导航信号接收设备的幅频响应、群时延响应等通道非理想特性及时频信号相位噪声的影响,为避免信号失真,需采用精确可控的数字处理通道的滤波器,由标准下变频仪器对射频进行下变频,且标准仪器具有带宽大于导航信号带宽的滤波器,故可大大降低模拟射频通道对信号质量的影响,实现对导航信号低失真的接收。

　　完成采样和下变频后的数字低中频信号经数字正交变换获得基带 IQ 正交信号;该信号送至多路并行的处理通道,进行相位旋转、相关累加、数据预处理等操作,其输出结果经过信号的捕获、跟踪、锁定检测、数据恢复、测量处理及军码加解密等操作,获得导航电文、伪距测量值、控制参数等信息,这一信号检测过程实现的具体流程如图 3.15 所示。

　　而信息采集与回放主要通过数据存储控制、磁盘阵列存储、数据回放的方法完成,可为卫星导航信号成分分析提供信号回溯数据,具体流程与实现方法如图 3.16 所示。

　　卫星导航信号的频率和带宽由信号的设计特性决定,由于卫星运动产生的多普勒频移也可以预先估计,因此,在对卫星的常规技术参数测量中,可以通过星历参数获取和频率跟踪来实现测频,带宽在功率谱分析中测定,下面,先考虑对信号时域波形的侦测。

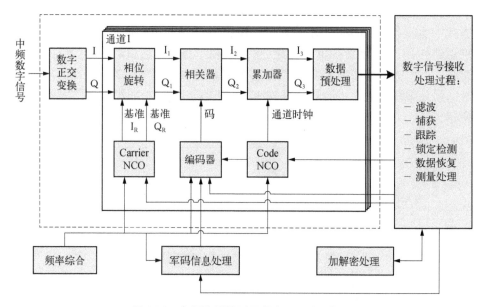

图 3.15　中频信号检测及数字处理实现框图

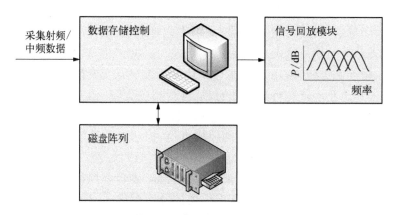

图 3.16　信号采集存储与数据回放实现框图

3.4.2　时域波形及电平统计

　　卫星信号的时域波形,能够反映导航信号在发射传输过程中的特性,显示出同相支路与正交支路中不同伪随机码的特点,也是进行码序列分析的第一步。利用高增益天线接收导航信号,经过解调后可以获得一定的信噪比,从而能够较为清晰地看出同相支路与正交支路上调制的不同伪随机码序列。

为了更好地说明卫星导航信号的伪随机码序列特征,还需要选取合适的坐标。以下分析来自对 GPS 四号卫星的接收采集数据。

图 3.17 以 M 码码片长度为横坐标,对解调后的同相与正交支路时域波形图进行描述,可见正交支路码元变化速度明显慢于同相支路码元变化速度,证明了正交支路上所调制的伪随机码为 C/A 码与 M 码,码元变化速度慢是因为 C/A 码与 M 码、P 码相比码速率更低。

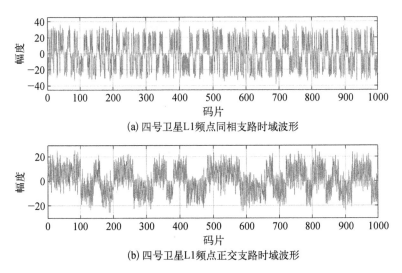

(a) 四号卫星L1频点同相支路时域波形

(b) 四号卫星L1频点正交支路时域波形

图 3.17 GPS 四号卫星 L1 频点信号时域波形图

在同相支路与正交支路中,不同的伪随机码序列按照各自功率大小及码元速率进行叠加,不同伪随机序列的码元取值不同,因此会叠加生成不同的电平值,进而可以利用不同的电平取值求解出不同码序列的幅度对比值。

对 GPS 信号,M 码到达地面最小接收功率为−158 dBW,P 码到达地面的最小接收功率为−161.5 dBW,M 码信号的功率大于 P 码信号功率,且理论上应为 P 码功率的 2.24 倍。在实际接收信号的电平柱状图中,在 P 码取值与 M 码信号码元符号相同时可以取得最大电平值,而两者码元符号相反时可以求出最小的电平值。由图 3.18 可看出电平幅度最大值和最小值之比约为 4∶1,由此能够计算出 M 码信号与 P 码信号的实际幅度比 m 约为 1.66。可以利用 P 码与 M 码的幅度关系进行对 M 码的盲识别。

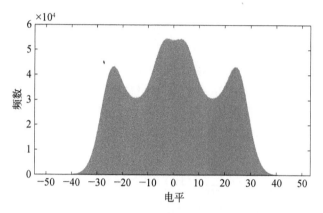

图 3.18　GPS 四号卫星 L1 频点同相支路电平统计图

图 3.19 为 GPS 四号卫星 L1 频点正交支路电平统计图。

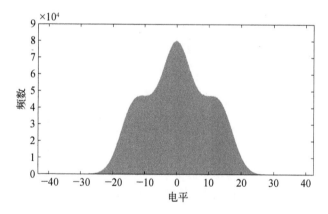

图 3.19　GPS 四号卫星 L1 频点正交支路电平统计图

3.4.3　对直接序列扩频信号(DSSS)码序列的估计

在获得卫星导航信号的时域波形后,可依据其伪码调制将 0 和 1 实际映射为+1 和-1 对其时域波形进行整形,从而得到比较整齐的伪码时域序列。卫星导航信号通常采用直接序列扩频调制,因此这里给出码序列估计的方法。码序列的估计是指估计出信息码序列的组成和扩频码的码型结构。

1. 信息码元速率 R_b 的测量

数字信号的码元速率 R_b 和码元宽度 T_b 二者之间的关系为：$R_b = 1/T_b$，因此，只要测量其中一个参数就可以确定另外一个参数。

测量码元速率目前都是用微机实现自动测量。利用解调后的数字基带信号测量码速难度较小，可以用不同的方法实现，这决定于采用的硬件和对软件的设计。下面介绍一种利用数字基带信号进行码速测量的大致思路。

（1）对数字基带信号采样，得到长度为 N 的数字序列 $x(n)$（图 3.20）。

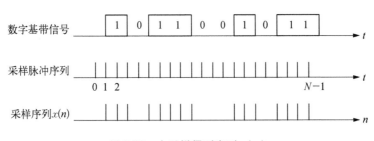

图 3.20　由采样得到序列 $x(n)$

（2）对采样序列进行分析处理。分析处理的方法决定于软件的设计。例如，对"1"码的长度进行统计分析，可以用"1"码长度直方图来表示，统计各个"1"码（单个"1"码或多个连"1"码）长度和出现的次数。当采样时间包含许多个码元时，统计结果有以下特点：单个"1"码会多次出现，码长基本等于码元宽度 T_b；多个连"1"码的长度基本等于码元宽度 T_b 的整倍数，一般会多次出现；在开始和结束采样时，如果不是在"1"码的边沿上，所得到的"1"码长度不是 T_b 的整倍数，并且出现的次数很少（0~2 次），这样的码元可以去除。根据上述特点，可以统计出全部有效"1"码的总长度和包含单个"1"码的个数，由此可以计算出码元速率 R_b。

（3）进行码速归类。实际码元速率决定于通信系统中采用的数字终端设备。终端设备一般都是在一些规定的码速上工作，例如短波通信数字终端的码速标称值有：50、75、100、125、150 波特等。测量得到的码元速率一般都存在或大或小的误差，通常是把测量的码速归类到相近的码速标称值上。

码元速率也可以利用中频采样信号进行测量，但比基带测量复杂很多。利用中频采样信号测量时，一般的做法是，先把采样序列 $x(n)$ 进行数字处理，得到以"0"码和"1"码表示的基带数字序列，然后对基带数字序列进行分析处理，根据分析处理的结果计算出码元速率,并进行码元速率的归类。具体测量方法不再详细讨论。

在采样数字序列长度相同的情况下,由于基带采样频率一般比中频采样频率低得多,使得基带采样序列包含的码元数比中频采样序列大得多,或者说前者的采样时间比后者长得多。因此,在基带测量码元速率的实时性比在中频测量差,但前者的测量精度高于后者。

2. 信息码序列的估计

为了得到信息码序列,可以在获得 DS 信号的载频、扩频码速率和信息码元宽度的基础上,采用自相关方法来估计信息码序列 $m(t)$。现以一个信息码元的截获为例,设每个信息码元内的采样点数为 N,则

$$R_x(M) = \sum_{k=0}^{N-1} x(k) \cdot x(k+MN) \tag{3.4.1}$$

其中,M 为信息码的序号;$R_x(M)$ 为第一个信息码与第 M 个信息码之间的相关值。由于一个 DS 信号中采用的扩频码型是一定的,若信息码元为"1"时,扩频码为正码,那么当信息码元为"0"时,扩频码则为反码,因此,通过自相关运算可以对信息码序列进行估计。若 $R_x(M) > 0$,则表示第 M 个信息码与第一个信息码相同;若 $R_x(M) < 0$,则表示第 M 个信息码与第一个信息码相反。不过这样估计出的信息码序列,有可能是 DS 信号中信息码序列的反码。

3. 扩频码序列的估计

扩频码序列估计的一种方法为比特延迟相关法,其原理方框图如图 3.21 所示。

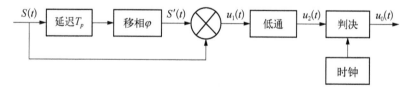

图 3.21　比特延迟相关法原理图

比特延迟相关法是在已知扩频码宽度 T_p 和码元速率 R_p 的基础上进行的。设 DS 信号为

$$S(t) = A_c \cdot m(t) \cdot p(t) \cdot \cos(\omega_c t + \theta) \tag{3.4.2}$$

用 $d(t) = m(t) \cdot p(t)$ 代入上式,显然 $d(t)$ 的码元宽度和码元速率与扩频码

$p(t)$ 是相同的。

$$S(t) = A_c \cdot d(t) \cdot \cos(\omega_c t + \theta) \tag{3.4.3}$$

$S(t)$ 经过一个码元的时延和相移后,得

$$S'(t) = A_c \cdot d(t - T_p) \cdot \cos\left[\omega_c(t - T_p) + \theta - \varphi\right] \tag{3.4.4}$$

经过相乘器和低通后,输出为

$$u_2(t) = A_c^2 \cdot d(t) \cdot d(t - T_p) \cdot \cos(\omega_c T_p + \varphi) \tag{3.4.5}$$

调整相移 φ,使得 $\omega_c T_p + \varphi = n\pi$ (n 为整数),此时 $u_2(t)$ 具有最大值,即

$$u_2(t) = A_c^2 \cdot d(t) \cdot d(t - T_p) \tag{3.4.6}$$

用等于扩频码元速率的时钟进行采样判决,得到码元规则的输出序列:

$$u_0(t) = d(t) \cdot d(t - T_p) \tag{3.4.7}$$

由于 $d(t) = m(t) \cdot p(t)$,所以 $d(t)$ 序列是由扩频码的正码和反码构成的基带码元序列,它可以看作是一个隐周期序列。$u_0(t)$ 则是由 $d(t)$ 和 $d(t-T_p)$ 构成的一个差分码元序列,图 3.22 以 5 位扩频码(11010)为例,列出了 $d(t)$、$d(t-T_p)$ 和 $u_0(t)$ 的一段码序列组成,可以看出,差分码序列基本是一个周期序列,周期长度与扩频码相同,在每一个周期中,除最后一位(对应相邻信息码元的转换处)或 "1" 或 "0" 不确定外,其他各位都是相同的,因此,差分码序列可以看作是准周期序列,这是差分码序列的重要特点。

		$p(t)$ 正码					$p(t)$ 正码					$p(t)$ 反码				反码	
$d(t)$	1	1	0	1	0	1	1	0	1	0	0	0	1	0	1	0	···
$d(t-T_p)$		1	1	0	1	0	1	1	0	1	0	0	0	1	0	1	···
$u_0(t)$		1	0	0	0	0	1	0	0	0	1	1	0	0	0	0	···

周期1　　　　　　　周期2　　　　　　　周期3

图 3.22　差分码组成举例

根据所得到的差分码序列组成特点,参照扩频码的生成方法,采用适当的算法,对差分码序列进行分析,则可估计出扩频码的组成。具体估计方法,这里

不再讨论。

估计扩频码序列的另一条途径是用互相关法,在已知载频 f_c 和获得信息码序列的基础上,用 $m(k) \cdot \cos(\omega_c k + \theta)$ 与 DS 信号的采样序列进行时域互相关,在二者同步的情况下,可以对扩频码序列进行估计。

3.4.4　调制域分析

在 2.2 节和 2.3 节中对导航信号的复用方式进行了介绍,下面将对导航信号调制模式进行分析。为了提高频谱利用率从而容纳更多的信号[16],卫星导航信号一般使用 IQ 调制将不同的信号分别调制到同相支路与正交支路上,并在正交调制的基础上使用加权投票的方式将多路信号进行复用;星座图能够较为直观地反映出卫星信号的调制样式及信号质量。

相较于传统卫星导航信号使用的恒包络调制,新型卫星导航信号为了更好地利用卫星的有限资源,同时为了解决非恒包络调制带来的幅度与相位失真问题,采用了非恒包络调制;信号复用效率更高[17],且可以单独增强授权码,在系统性抗干扰能力提升上预留了空间。新一代导航卫星可能采用了新型技术改进了卫星功率放大器的线性程度,使得在非恒包络复用下也能够削弱功率放大器所带来的非线性失真[18]。

仍旧以对 GPS 四号卫星的接收采集数据为例,图 3.23 显示了合路信号中各信号分量的复用情况,可以看出星座图的条带是由 M 码信号组成,同相支路上的分布由 P 码与 L1C 信号复用后的信号决定,正交支路上的分布由 C/A 码决定。

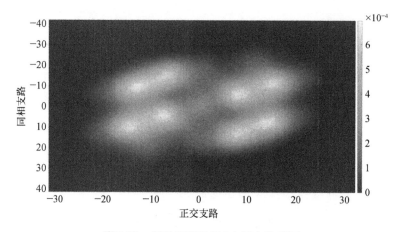

图 3.23　GPS 四号卫星 L1 频点星座图

从图 3.23 中可以看出,GPS–Ⅲ四号卫星 L1 频点合路信号的星座点并未分布在圆周上,因此并不属于恒包络调制。将合路信号通过带宽为 16.368 MHz 的低通滤波器可以滤除 M 码信号,从图 3.24 可以看出滤除 M 码信号之后正交支路上的 C/A 码信号与同相支路上 L1C 和 P 码信号复用后的信号共同形成了非平衡四相相移键控(UQPSK)调制[24],UQPSK 与 QPSK 相比区别只在于同相支路与正交支路的幅度不同,仍然是恒包络调制。M 码的正负只影响了 UQPSK 星座图的斜移方向[19]。因此对于不使用 M 码信号的非授权用户而言,新一代 GPS 卫星的信号依然是恒包络调制。

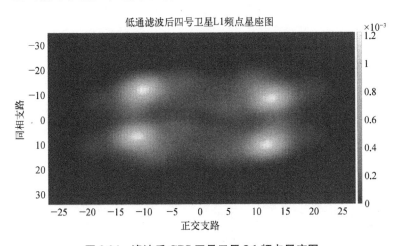

图 3.24　滤波后 GPS 四号卫星 L1 频点星座图

通过以上分析得到的信号复用方式的优点在于实现了授权信号与民用信号的分离,对于民用信号而言保证了信号的恒包络复用方式,进而降低了信号经过功率放大器后的失真程度,而授权的 M 码信号则使用独立的天线系统进行传输,一方面更方便对授权信号进行功率增强以应对干扰信号,另一方面也保证了授权信号不受民用信号互复用生成的互调信号的影响。

3.4.5　功率谱估计

对于功率谱的分析分为直接法与间接法两种方法,直接法又称周期图法,直接对数据进行傅里叶变化得到频谱,再求得频谱与频谱共轭的乘积从而得到功率谱,其分辨率随着样本数据的长度增加而增加。间接法则是首先对数据进行自相关估计得到自相关函数,然后根据维纳-辛钦定理再对自相关函数进行傅里叶变换得到功率谱。

Welch 算法是在平均周期图算法上改进而来的谱估计算法,为了解决平均周期图法估计功率谱分辨率低、频谱泄露等问题,Welch 法采用信号重叠分段,序列加非矩形窗等方法,平衡了谱估计方差与谱分辨率的矛盾,提高了谱分辨率并使得估计谱曲线更加平滑[20]。在 Welch 法中,首先将待分析的长度为 N 的信号序列 $X(i)(i=0,\cdots,N-1)$ 分为长度为 K 的 L 段序列,则相邻各段重叠长度为 $K-D$,即分割重叠后第 j 段信号为 $X_j(i) = X[i + (L - 1)D]$,可以得到其对应傅里叶变换为

$$F_j(n) = \frac{1}{K} \sum_{i=1}^{K-1} X_j(i) W(i) e^{-j\frac{2\pi in}{L}} \tag{3.4.8}$$

其中, $W(i)$ 为对各段数据加入的窗函数。为了确保谱估计始终为非负值,在 Welch 法中对窗函数进一步进行了归一化,归一化因子 U 满足:

$$U = \frac{1}{L} \sum_{i=0}^{K-1} W^2(i) \tag{3.4.9}$$

因此对应的信号序列的 Welch 功率谱为

$$P(f_n) = \frac{N}{UL} \sum_{j=1}^{L} |F_j(n)|^2 \tag{3.4.10}$$

其中, $f_n = \frac{n}{K}, n = 0, \cdots, \frac{2}{K}$。

采用 Welch 算法对上述实测的 GPS 信号的功率谱进行估计。图 3.25、图 3.26 为使用 Welch 算法对上述 GPS 信号的同相支路与正交支路分别进行的功率谱估计,其中 Welch 算法参数设置窗函数为汉明窗,每个信号分段点重叠 15 000 个点,进行 2 048 点的离散傅里叶变换。

由同相支路和正交支路的功率谱图分析可以看出,在 L1 频点中,M 码与 C/A 码一起调制在正交支路上,M 码与 P 码一起调制在同相支路上。在同相支路频谱中,频谱中心频率处的信号出现了两个窄峰,可以分辨出这是采用了 BOC(1,1)调制方式的 L1C 信号。距离中心频点 10 MHz 的地方出现的是采取了 BOC(10,5)调制方式的 M 码信号。在正交支路中同样可以观测到 M 码信号以及频点中心处的 C/A 码信号。

按照 GPS 现代化推进过程,目前 GPSL1 频点在原有 C/A 码和 P 码的基础上又增加了 M 码信号和 L1C 民用信号,为了提高频谱利用率,GPS 采取正交调制,将信号分别调制在同相支路和正交支路。在新一代 GPS 导航卫星上,P(Y)码

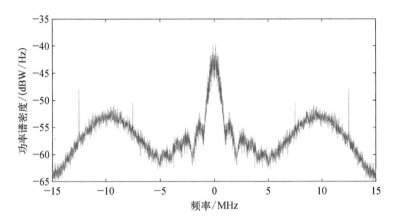

图 3.25 GPS 四号卫星 L1 频点正交支路功率谱

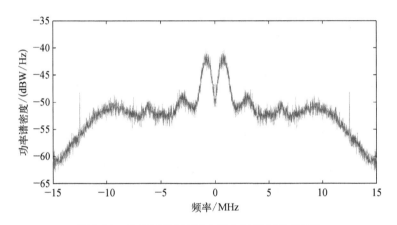

图 3.26 GPS 四号卫星 L1 频点同相支路功率谱

信号与 L1CP、L1CD 信号使用了加权投票的复用方式在同相支路上进行组合。

3.5 在轨 GPS 卫星信号实测分析

以上介绍了对导航信号的分析方法,本节利用上述分析方法对多频点的 GPS 卫星信号进行实测分析,获取其时域、调制域和功率谱特征。

GPS 卫星均为中圆轨道卫星(MEO),因此,在采集特定高速运动下的 GPS 卫星前,首先需下载 IGS 等跟踪网络提供的卫星轨道数据,然后通过天线伺服系统控制高增益转台天线,保持对动态卫星信号的连续跟踪和信号接收。侦察接收天线系统应具备 35~38 dB 天线增益和 50 dB 低噪放增益,保证 GPS 信号高于白噪声,满足对信号全域特性分析的载噪比需求。

　　信号采集与回放主要是对 GPS 射频信号进行下变频、采集、存储等,IQ 存储格式下的 GPS 基带采样数据包含同一频点多路信号,利用处理算法对其进行捕获、跟踪处理后,可分析 GPS 信号时域、频域、调制域特性,下面以实际侦收的第三代 GPS 信号为例说明分析的内容和方法[9]。

3.5.1　GPS‑Ⅲ L1 频点信号分析

　　L1 频点是 GPS 卫星最早使用的频点,其中心频率为 1 575.42 GHz,现代化以前的 L1 频点仅调制有民用C/A码和军用 P 码信号,现代化后的 Block Ⅱ R‑M 卫星在该频点增发了新型授权 M 码信号,而 Block Ⅲ卫星进一步增发了新型民用 C 码信号,也是目前信号资源最为丰富的频点。利用图 3.13 所示方法于 2019 年 3 月 22 日采集并分析了首颗 Block Ⅲ卫星(SVN‑4)信号,时频域、调制域分析结果如图 3.27、图 3.28。

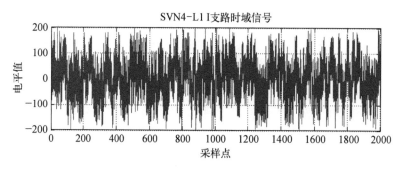

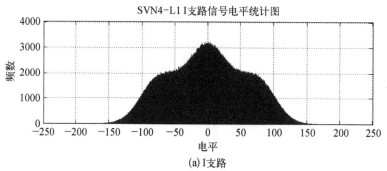

(a) I 支路

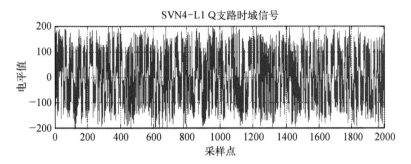

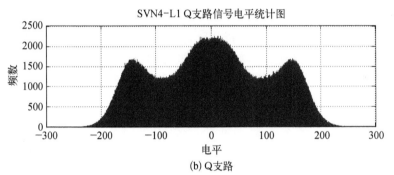

(b) Q 支路

图 3.27 Block Ⅲ卫星(SVN−4)L1 时域信号及电平统计图

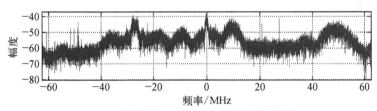

(a) SVN4-L1 频点复合调制信号功率谱

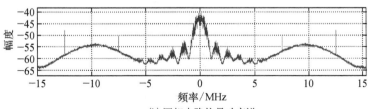

(b) 同相支路信号功率谱

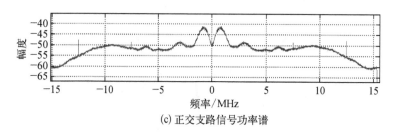

(c) 正交支路信号功率谱

图 3.28　Block Ⅲ卫星(SVN-4)L1 频域功率谱

由 SVN-4 卫星的时频域分析结果可知,Block Ⅲ卫星信号在同相支路(I支路)调制有 C/A 码和 M 码信号分量,正交支路(Q 支路)则包含 P(Y)、L1Cp、L1Cd 和 M 码信号分量。考虑到 Block Ⅲ卫星在组网完成前将主要依赖 Block ⅡR-M 和ⅡF 卫星提供现代化信号体制下的导航定位服务,进一步采集分析了 Block Ⅱ卫星(SVN-15),结果如图 3.29、图 3.30 所示。

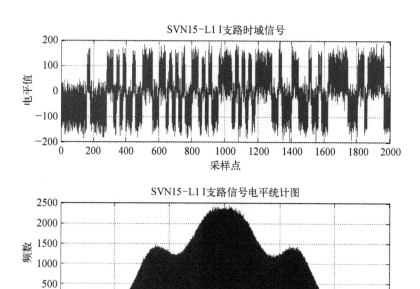

(a) I支路

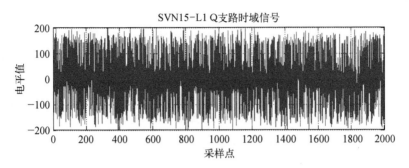

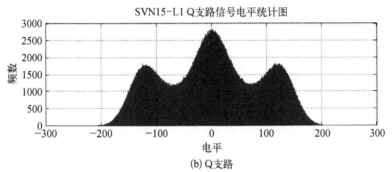

(b) Q支路

图 3.29　Block Ⅱ 卫星(SVN‑15)L1 时域信号及电平统计图

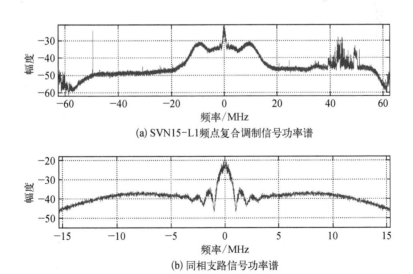

(a) SVN15-L1频点复合调制信号功率谱

(b) 同相支路信号功率谱

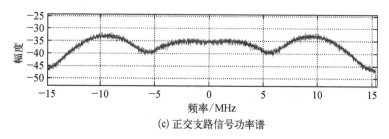

(c) 正交支路信号功率谱

图 3.30　Block Ⅱ卫星(SVN-15)L1 频域功率谱

　　比较 SVN-15 和 SVN-4 卫星 L1 频点信号可知,Block Ⅱ卫星未在 1 575.42 MHz 频点调制 L1C 信号,且同相支路不存在 M 码信号分量。GPS 各信号分量均为双极性信号,可在图 3.27、3.29 电平统计图中得到幅度比粗略值。忽略信号失真引入的相关功率损失,通过跟踪状态下的即时支路输出结果精确分析信号分量的功率占比,Block Ⅲ卫星中 C/A 码和 P(Y)码的功率配比大幅度减小,M 码信号功率分配和总体复用效率差别不大。以 M 码信号功率为单位 1,各信号分量的功率分配情况如表 3.2 所示,Block Ⅲ卫星信号功率占比关系为 L1M>L1C>L1C/A>L1P(Y),其中 L1C 包含数据通道 L1Cd(L1C data)和导频通道 L1Cp(L1C pilot)两路信号。

表 3.2　Block Ⅱ和 Block Ⅲ卫星 L1 频点各信号分量功率占比

信 号 分 量	GPS-Ⅱ	GPS-Ⅲ
L1M	1	1
L1P(Y)	0.60	0.32
L1C/A	1.02	0.58
L1C	0	0.93

　　一般地,卫星导航信号各支路相位近似正交,而星座图可以直观反应信号分量大小、复用方式及相位对应关系,因此进一步通过对信号星座图的绘制比较现代化以后的两代 GPS 信号调制域特性。图 3.31(a)绘制了 SVN-4 卫星 L1 频点信号星座图,图 3.31(b)为 SVN-15 星座图。比较可知 SVN-4 卫星信号星座点未分布在圆周上,而采用恒包络复用方式的 SVN-15 信号星座点全部分布在圆周上,非恒包络复用调制信号在通过功放后造成的失真对定位影响小。

　　对于 Block Ⅱ卫星的 L1 频点,M 码和 P 码调制在正交支路,C/A 信号和互

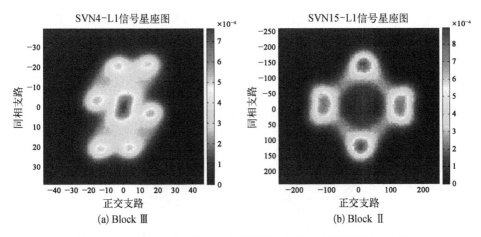

图 3.31　**Block Ⅲ/ Block Ⅱ 卫星(SVN-4/15) L1 频点信号星座图**

调项(IM)调制在同相支路。对于接收终端,CASM 多路复用下的信号可表示为如下形式:

$$s(t) = \left[\sqrt{A_Q} s_C(t) \cos(m) - \sqrt{A_I} \mathrm{IM}(t) \sin(m) \right] \cdot \cos(2\pi f_0 t + \theta)$$
$$- \left[\sqrt{A_I} s_P(t) \cos(m) + \sqrt{A_Q} s_M(t) \sin(m) \right] \cdot \sin(2\pi f_0 t + \theta)\mathrm{j} + N(t)$$

$$(3.5.1)$$

式中,$\mathrm{IM}(t)$ 是为了实现恒包络复用而增加的交调分量,$\mathrm{IM}(t) = S_P(t) \cdot S_M(t) \cdot S_C(t)$;$\theta$ 为初始相位;A_I 和 A_Q 分别是 L1 频点上卫星信号在同相正交支路上的发射功率;f_0 表示载波中心频率;$N(t)$ 代表信号中的高斯白噪声。$m = \arctan(\sqrt{P_M/P_C})$ 是调制系数,其中,$A_M = A_Q \sin^2(m)$ 为 M 码信号分量的功率,$A_C = A_Q \cos^2(m)$ 为 C/A 码的功率,而 P 码信号分量功率为 $A_P = A_I \cos^2(m)$,交调分量功率为 $A_{\mathrm{IM}} = A_I \sin^2(m)$,Block Ⅱ 卫星 L1 频点调制系数为 $m = 0.9$。

　　采用恒包络调制主要是为了降低卫星发射功放的非线性造成的失真程度,根据 2.3 节 CASM 调制原理,为了获得最大的复用效率,最大功率的信号分量须和互调项分配在同一个支路,而 Block Ⅱ 的 L1 频点将 C/A 信号和互调项分配在同相支路,采用这种信号组合方式的原因可能是考虑了与 Block Ⅱ R-M 以前的信号兼容,需要 C/A 信号与 P(Y)信号正交,但这也导致了整个合路信号的复用效率(有效信号能量与全部信号能量的比值)偏低,根据式(2.3.19)计算可得复用效率 η 约为 70%。鉴于此,Block Ⅲ 卫星并未采用原有的恒包络调制方式,而是通过新技术使得功放线性程度提升,削弱非恒包络调制带来的幅度失真和相位失真影响[21]。从图 3.28 中功率谱特征可以看出,正交和同相支路都有 M 码分量,为分析其他码型的调制方式,这里采用 10.23 MHz 低通滤波器将 M 码主瓣信号滤除,滤波后的信号星座图如图 3.32。

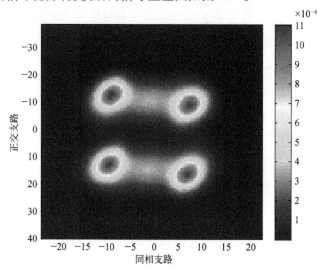

**图 3.32　采用 10.23 MHz 低通滤波后的 Block Ⅲ
卫星(SVN4)L1 频点信号星座图**

从星座图可知,滤除 M 码后的 Block Ⅲ信号在同相支路与正交支路共同形成了非平衡四相相移键控(UQPSK)调制,C/A 码与 L1C 和 P(Y)的组合成正交关系。UQPSK 是非均衡 QPSK 信号,两者的区别在于两路正交信号幅度不同,反映在星座图上就是四个星座点靠近纵轴,而 M 码的正负性反映在星座图上是 UQPSK 星座的不同斜移方向,且 M 码相位独立于其他信号分量。

3.5.2　GPS-Ⅲ L2 频点信号分析

为消除电离层误差、快速求解相位模糊度,GPS 接收机一般采用双频方式同时接收 L1、L2 频点,L2 频点的中心频率为 1 227.6 MHz。现代化以前的 L2 频点仅有 P(Y)码信号,随着民用用户对双频需求的日益增长,GPS 在 Block ⅡR-M 以后的 L2 频点增发了现代化的民用 C 码信号。图 3.33 为 Block Ⅲ卫星(SVN-4) L2 时域信号及电平统计图。下面仍以 2019 年 3 月 22 日采集的首颗 Block Ⅲ卫星(SVN-4)信号为例,对 L2 频点特性进行分析。

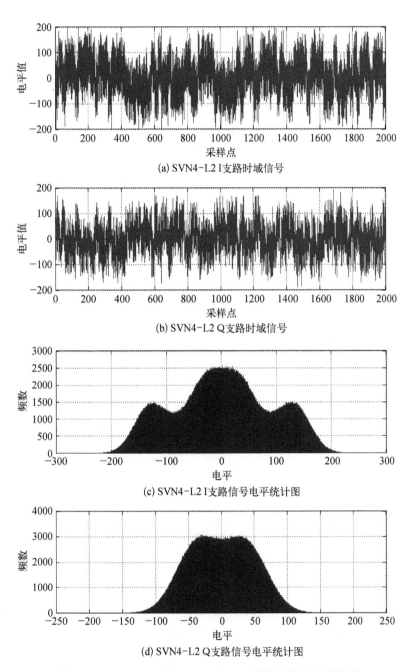

(a) SVN4-L2 I 支路时域信号

(b) SVN4-L2 Q 支路时域信号

(c) SVN4-L2 I 支路信号电平统计图

(d) SVN4-L2 Q 支路信号电平统计图

图 3.33　Block Ⅲ 卫星(SVN－4)L2 时域信号及电平统计图

由 SVN-4 卫星 L2 频点的时频域分析结果可知,Block Ⅲ卫星信号在同相支路上调制有新型民用 C 码和军用 M 码分量,正交支路则包含 P(Y)码和 M 码信号。在图 3.34 的复合调制信号功率谱中可以看到中心频点附近还有多个宽带信号,这主要是由于 L2 频点附近集中了北斗 B2(中心频率 1 207.14 MHz)、B3(中心频率 1 268.52 MHz)等多个 GNSS 信号频点,在采集时刻某颗卫星信号方位角和俯仰角正好与 SVN-4 卫星相近。此外,同样考虑到 Block Ⅲ卫星将长期与 Block ⅡR-M、ⅡF 卫星共同提供导航定位服务,引入第二代卫星(SVN-24)L2 频点信号进行分析比较,结果如图 3.35 所示。

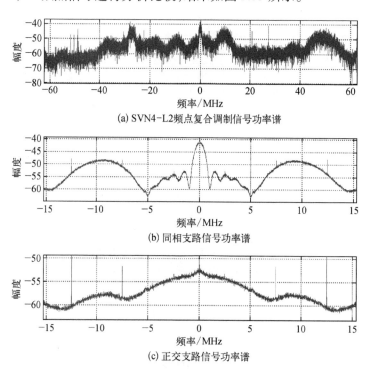

(a) SVN4-L2频点复合调制信号功率谱

(b) 同相支路信号功率谱

(c) 正交支路信号功率谱

图 3.34 Block Ⅲ卫星(SVN-4)L2 频域功率谱

比较两代 GPS 卫星 L2 频点信号功率谱图可知,M 码信号分量原来仅调制在正交支路上,且信号功率较小,进一步对信号功率占比进行统计分析可知,当设定 M 码信号功率为单位 1 时,各信号分量的功率分配情况如下表 3.3 所示。Block Ⅲ卫星信号功率占比关系为 L2-M>L2-C>L2-P(Y),其中 L2C 包含数据通道 L2CM 和无数据通道 L2CL 两路信号。

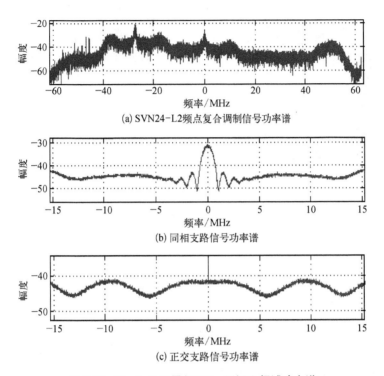

(a) SVN24-L2 频点复合调制信号功率谱

(b) 同相支路信号功率谱

(c) 正交支路信号功率谱

图 3.35 Block Ⅱ 卫星(SVN‑24)L2 频域功率谱

表 3.3 第二代和第三代 GPS 卫星 L2 频点各信号分量功率占比

信 号 分 量	GPS‑Ⅱ	GPS‑Ⅲ
L2‑M	1	1
L2‑P(Y)	1.05	0.35
L2‑C	1	0.69
	0.52	

　　图 3.36 通过绘制星座图对 Block Ⅲ 和 Block Ⅱ 卫星 L2 频点的调制域特性进行比较,其中图 3.36(a)绘制了 SVN‑4 卫星 L2 频点信号星座图,图 3.36(b)为 SVN‑24 卫星 L2 频点信号星座图。与 L1 频点一样,Block Ⅲ 卫星信号在 L2 频点也未采用恒包络调制,星座点没有全部分布在圆周上。

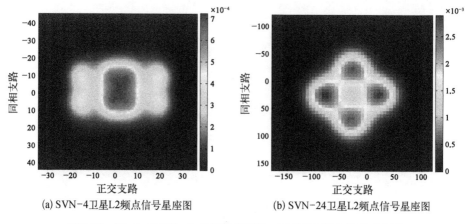

(a) SVN-4卫星L2频点信号星座图　　(b) SVN-24卫星L2频点信号星座图

图 3.36　Block Ⅲ/ Block Ⅱ卫星(SVN-4/24)L2 频点信号星座图

3.5.3　GPS-Ⅲ L5 频点信号分析

现代化后的 GPS-Ⅲ系统还增加了第三个主要用于提供生命安全保障服务的 L5 频点,该频率属于航空航天无线电导航服务(aeronautical radio navigation service,ARNS)频段,并与美军联合战术信息分配系统(joint taetical information distribution system,JTIDS)、测距导航系统(distance measuring equipment,DME)兼容。

目前 Block ⅡF 卫星和 Block Ⅲ卫星均播发该频点信号[22],其中心频率为 1 176.45 MHz,由于 L5 频点只有一个民用信号,所以两代信号特性完全相同,本小节将给出 Block Ⅲ卫星(SVN-4)L5 频点时域、频域和调制域特性分析结果。图 3.37 为 Block Ⅲ卫星(SVN-4)L5 时域信号及电平统计图。

由 SVN-4 卫星 L5 频点的时频域分析结果可知,L5 信号由两路幅度相等、相位正交的分量构成,分别为数据通道和导频通道,信号表达式为

$$s_{L5}(t) = \sqrt{A_{L5}} \big[d_{L5}(t) c_I(t) n_I(t) \cos(2\pi f_0 t + \theta)$$
$$+ j c_Q(t) n_Q(t) \sin(2\pi f_0 t + \theta) \big] + N(t) \qquad (3.5.2)$$

其中,A_{L5} 为 L5 信号功率,I、Q 支路功率分配相同;d_{L5} 为 I 支路调制的电文数据,而 Q 支路无数据调制;c_I 和 c_Q 分别为两个不相关伪码序列;θ 为载波初始相位;n_I 和 n_Q 是长度分别为 10 和 20 个基码的同步 NH 码;$N(t)$ 代表信号中的高斯白噪声。

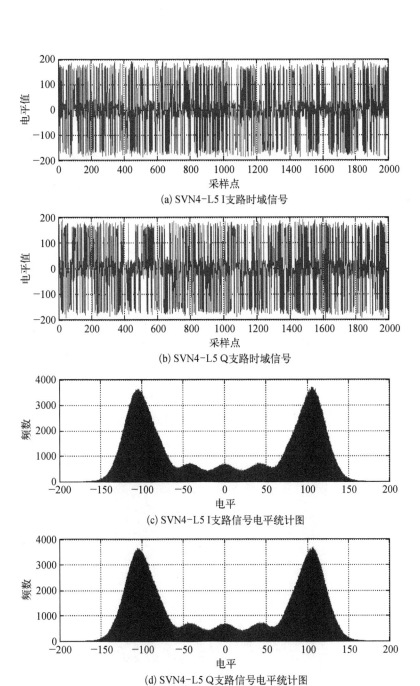

(a) SVN4-L5 I 支路时域信号

(b) SVN4-L5 Q 支路时域信号

(c) SVN4-L5 I 支路信号电平统计图

(d) SVN4-L5 Q 支路信号电平统计图

图 3.37 Block Ⅲ卫星(SVN－4)L5 时域信号及电平统计图

　　此外,在图 3.38 的复合调制信号功率谱中可以看到中心频点附近有其他宽带调制信号,根据频谱判断可能是受到北斗 B2a 或 GALILEO 系统 E5b 信号的干扰。图 3.39 为 L5 频点信号星座图,由图中可以看出星座图中包含四个点,相邻点之

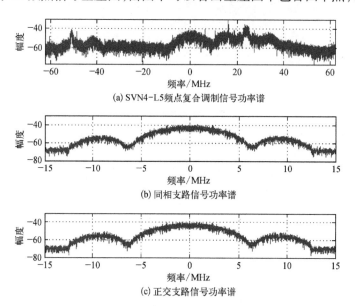

(a) SVN4-L5频点复合调制信号功率谱

(b) 同相支路信号功率谱

(c) 正交支路信号功率谱

图 3.38　SVN－4 卫星 L5 频域功率谱

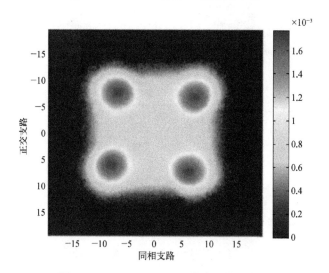

图 3.39　SVN－4 卫星 L5 频点信号星座图

间相位相差 90°、幅度相同,第三代卫星信号沿用了第二代 QPSK 调制方式。

3.6　GPSM 码序列盲分离和盲识别算法研究

3.6.1　M 码序列盲分离理论性能分析

GPS 信号接收端的最佳检测器将接收的 GPS 信号经过接收端的匹配滤波器后进行抽样判决,以 BPSK 信号为例,定义输入信号 $s(t)$ 为

$$s(t) = A \times \sum_{n=-\infty}^{\infty} a_n \mu(t - nT_b) \tag{3.6.1}$$

其中, a_n 为取值为 ±1 的 PRN 序列; $\mu(t)$ 为信号的调制脉冲; T_b 为伪码码宽; $n(t)$ 是方差为 δ_n^2 的加性高斯白噪声; A 为接收信号的幅度。匹配滤波器的冲击响应为

$$h(t) = s(T_b - t) \tag{3.6.2}$$

通过匹配滤波器后的输出 $y(t)$ 为

$$
\begin{aligned}
y(t) &= \int_0^t \left[s(t) + n(t) \right] h(t - \tau) \mathrm{d}\tau \\
&= \int_0^t \left[s(\tau) + n(\tau) \right] s(T_b - t + \tau) \mathrm{d}\tau
\end{aligned}
\tag{3.6.3}
$$

以 T_b 为采样间隔对 $y(t)$ 进行采样,得

$$y(T_b) = \int_0^{T_b} \left[s(\tau) + n(\tau) \right] s(\tau) \mathrm{d}\tau = E_b + Z \tag{3.6.4}$$

其中, E_b 为比特能量; Z 为噪声能量。因此 $y(T_b)$ 服从均值为 E_b,方差为 δ_n^2 的高斯分布。信号的误码率为

$$p_e = \frac{1}{2} \mathrm{erfc} \left(\sqrt{\frac{E_b}{\delta_n^2}} \right) \tag{3.6.5}$$

在卫星通信系统中,通常使用载噪比衡量信号质量,载噪比与接收机的噪声带宽无关,因此能够更加直观地比较不同接收机的性能。用载噪比表示的误码率为

$$p_e = \frac{1}{2}\mathrm{erfc}(\sqrt{C/N_0 \times R_c}) \tag{3.6.6}$$

从图 3.40 中可以看出 PRN 码的码速率越高,达到同一水平的 CER 就需要更大的载噪比。这是因为码速率越高,可用于估计的能量就越少,这将导致 CER 的降低,在载噪比最差的情况下,由于只能随机对 PRN 码片进行猜测,因此 CER 最高为 50%。

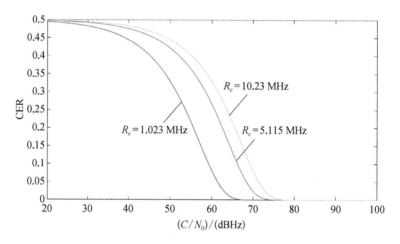

图 3.40   不同码速率 BPSK 信号误码率分析

为了保证对码序列进行正确判决,通常需要保证 CER 优于 10%,因此对于 L1 频点上的 C/A 信号而言,需要保证载噪比大于 59 dB·Hz,对于 P 码信号而言,则需要保证信噪比大于 69 dB·Hz[23]。

考虑到噪声对 M 码序列识别的影响,在天线接收端需要足够大的信号增益才能保证 M 码序列不被噪声覆盖。按照温度为 290 K,接收机带宽为 20 MHz 的条件计算,在此带宽之内的噪声功率为

$$N = kTB_N = 1.38 \times 10^{-23} \times 290 \times 20 \times 10^6 = -131 \text{ dBW} \tag{3.6.7}$$

其中,k 为玻尔兹曼常数;T 为噪声温度;B_N 为单位为赫兹的噪声带宽。按照 M 码到达地面时的最小接收功率为 -158 dBW 计算,环境热噪声高于 M 码信号 27 dB,且在本地无法生成 M 码的情况下无法进一步通过相关解扩获得扩频增益,因此只能依靠天线系统的高增益提高接收信号信噪比。高增益天线系统所具备的 37 dB 增益和增益达 50 dB 的低噪放大器足以使 GPS 信号很好地从噪声

中分离出来。

3.6.2 M 码序列盲分离与盲识别算法概述

如前所述,BOC$_s$(10,5)所需的最佳采样率为 140 MHz 左右,因此在对 GPS 信号经过下变频后以 125 MHz 的采样率进行采样。由于本地无法直接生成 M 码序列,接收机无法直接通过对码序列的二维搜索实现对 M 码信号的捕获跟踪,因此考虑采取其他信号辅助的方式实现对 M 码的捕获[25]。图 3.41 为 M 码信号盲识别算法流程图。

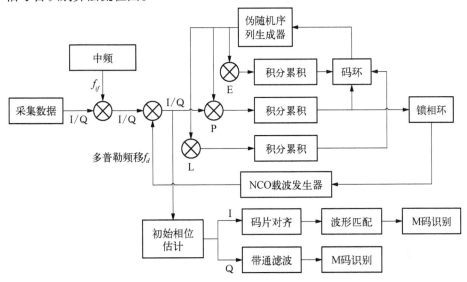

图 3.41 M 码信号盲识别算法流程图

M 码信号在 L1 波段上、L2 波段上分别与 C/A 码信号、P 码信号一同播发,因此在同一波段具有相同的多普勒偏移量,可以使用 C/A 码对 M 码进行辅助捕获跟踪,在完成捕获及跟踪步骤后,M 码信号与其他信号一同被搬移到基带,再根据不同信号分路 M 码与其他信号的不同特性将辅助信号从中滤除即可得到基带的 M 码序列。

3.6.3 同相支路 M 码序列识别

同相支路基带信号的每个码片长度 T_p 内包含了一个 P 码码片和两个 M 码码片的组合,首先按照采样率与 P 码速率的关系及采样点的数值大小求出码片起始点位置,然后将采样数据按照 P 码采样率和 M 码采样率进行分块,以基带信号中信号的过零点跳变作为码元的起始点。在本书中对 GPS 四号卫星信号的采样率为 125 MHz,P 码速率为 10.23 MHz,M 码速率相当于 20.46 MHz,因此每 12 个采样点数据对应于一个 P 码码片,每 6 个采样点对应于一个 M 码码片。设 P 码信号幅度为 1,M 码信号幅度与 P 码信号幅度比为 m,由 3.4.2 节中电平统计可得 $m \approx 1.66$。

由上文中分析的码片取值的四种情况可知,两个 M 码码片对应的采样点数值正负号必然相反,如果第一个 M 码码片对应的采样点值为负,则说明 P 码与 M 码取值存在 $\{1, m(-1,1)\}$、$\{-1, m(-1,1)\}$ 两种可能,再比较第一个 M 码码片和第二个 M 码码片绝对值大小。在第一种情况中,两个 M 码码片对应的码片幅度分别为 $1-m$ 与 $1+m$,第二种情况中,两个码片对应的码片幅度分别为 $-1-m$ 和 $-1+m$。若第一个码片绝对值小于第二个码片,则说明 P 码取值为 1,两个 M 码分别取值为 $(-1,1)$。第一个 M 码码片值为负时同理。因此,利用 P 码和 M 码功率不同所导致的对应采样点取值的正负号不同即可同时识别出 M 码和 P 码的取值。图 3.42 为正交支路 M 码序列和 P(Y)码序列识别流程图。图 3.43 为从同相支路分离出的 M 码序列和 P(Y)码序列。

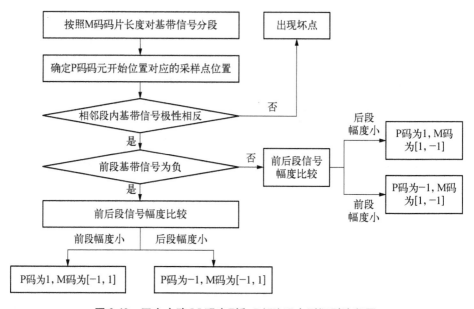

图 3.42 正交支路 M 码序列和 P(Y)码序列识别流程图

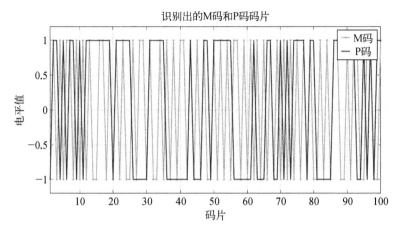

图 3.43　从同相支路分离出的 M 码序列和 P(Y)码序列

为了验证分离出的 P 码与 M 码信号是否正确,将获得的 P 码与 M 码序列按照功率比 $m = 1.6$ 进行叠加后与原始采样的 Q 路信号进行对比,观察在信号波形上是否与原信号保持一致。从图 3.44 原始信号时域波形图与恢复信号按功率比进行叠加后的信号波形结果来看,信号波形基本吻合。

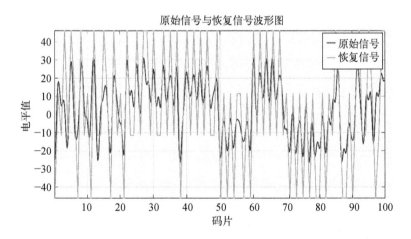

图 3.44　叠加的 M 码序列和 P(Y)码序列与原始信号序列

同时,M 码信号同时调制在同相支路与正交支路上,因此也可以利用从正交支路恢复出的 M 码序列与同相支路信号进行互相关运算,若有相关峰值出现,则说明从正交支路中恢复出的 M 码序列与同相支路中的 M 码序列一致,恢复出的序列是正确的。从图 3.45 可以看出同相支路中相关峰值的存在。

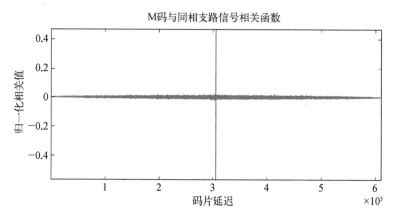

图 3.45　分离出的 M 码序列与同相支路信号相关函数

3.6.4　正交支路 M 码序列识别

在正交支路中,M 码与 C/A 码以线性组合的方式调制在一起,两种伪随机码对应的码速率不同,上文中的 M 码盲识别算法无法应用于这种情况,从图 3.25 中可以看出,C/A 码与 M 码信号所占据的频率不同,C/A 码中心频率位于 L1 频带中心,带宽为 2.026 MHz,而 M 码主瓣中心频率则距离 L1 频带中心10 MHz 处,带宽为 5 MHz,因此 M 码与 C/A 码信号在频谱上完全不存在混叠的问题,可以考虑使用滤波法将 C/A 码进行滤除后取符号函数实现对 M 码码序列的盲识别,正交支路信号的表达式为

$$S_Q(t) = \sqrt{P_{CA}} d_{CA}(t) c_{CA}(t) \cos(2\pi f_c t + \theta)$$
$$+ \sqrt{P_M} d_M(t) cM(t) \cos(2\pi f_c t + \theta') + n(t) \qquad (3.6.8)$$

其中,P_{CA} 为正交支路的 C/A 码功率;$d_{CA}(t)$ 为导航电文;$c_{CA}(t)$ 为 C/A 码序列;θ 和 θ' 分别表示 C/A 码和 M 码的初相位。正交支路中 M 码序列的盲识别同样需要借助 C/A 码信号进行捕获跟踪以去除多普勒频率,得到不含有多普勒频率的基带信号,再将基带信号通过通带频率为 2~20 MHz 的带通滤波器以滤

除 C/A 码信号,滤波后的同相支路信号不再包含速率为 1.023 MHz 的 C/A 码信号,最后对滤波后信号取符号函数即可实现对 M 码序列的盲识别,识别流程如图 3.46 所示。

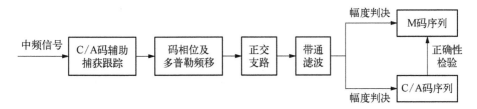

图 3.46　正交支路 M 码序列识别流程图

图 3.47 显示了从正交支路中通过带通滤波及幅度判断方式分离出的 M 码和 C/A 码码序列,由于 C/A 码码速率为 M 码码速率的 1/20,所以在一个 C/A 码的码片中会对应由 20 个 M 码的码片。

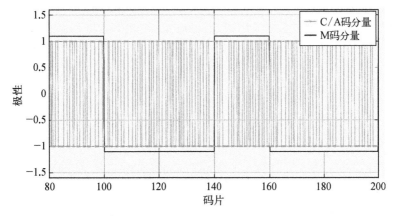

图 3.47　正交支路识别出的 M 码序列和 C/A 码序列

如图 3.48 所示,将分离出的 M 码序列和 C/A 码序列按照 M 码与 C/A 码的幅度比为 0.9 进行叠加,可以得到恢复出的正交支路码序列,与原始正交支路信号进行对比可以发现两者在波形上匹配较好。

通过滤波的方法,在得到 M 码的同时也可以得到 C/A 码信号,因此可以通过本地生成的 C/A 码信号进行检验,通过检查本地生成的 C/A 码序列和从四

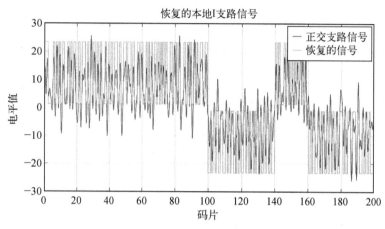

图 3.48　M 码与 C/A 码叠加后的信号与正交支路信号波形

号卫星信号中分离出的 C/A 码是否一致判断 M 码序列的识别是否正确。

从图 3.49 及图 3.50 中可以看出通过滤波法分离出的 C/A 码信号与按照 IS－GPS－200J 生成的本地 C/A 码完全一致,相关值达到 1,说明从正交支路中提取出的 C/A 码序列是正确的,能够说明 C/A 码和 M 码成功地实现了信号的分离。

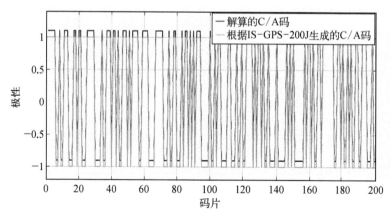

图 3.49　分离出的 M 码序列与同相支路信号相关函数

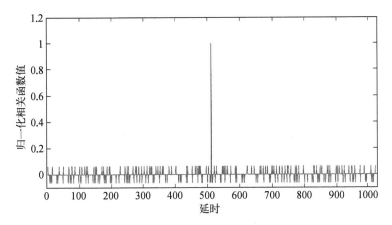

图 3.50 同相支路 C/A 码与本地生成 C/A 码归一化相关值

第4章　卫星导航电子干扰原理

4.1　卫星导航干扰概述

在前面的章节中,我们对全球卫星导航系统的信号模型和调制特征进行了分析,介绍了导航对抗侦察的主要内容;对抗的另一个方面就是对导航定位系统实施干扰。卫星导航系统最初的研制目标是为广域动态用户提供全天候、实时、高精度的位置信息,出于覆盖优化的考虑,导航卫星一般选择中高轨道卫星,以便用较少的卫星数量就可以实现全球范围的导航服务,干扰环境下的工作能力并不是优先考虑的因素,因此,一段时间内,针对卫星导航终端应用的干扰比较突出。所谓导航干扰,就是要辐射或转发电磁能量,在信号层面削弱或破坏导航定位系统导航、定位、授时能力生成。

根据导航系统的构成,对导航系统干扰的对象包括地面或空中导航台、空间导航卫星、地面监控系统和测控链路,以及导航用户终端。由于对导航定位系统的攻击性硬摧毁不属于电子干扰的范畴,对空间卫星座及卫星测控链路的干扰与卫星对抗和通信对抗中的相关内容类似,因此本节所述的导航干扰主要指对导航接收机的电子干扰。导航干扰的对象主要是卫星导航用户终端接收机,或含导航接收系统的组合导航装备,干扰的目的和任务就是使使用导航接收机的平台、人员或制导系统错误接收或无法接收导航信号的定位信息和时统信息。

导航干扰属于电子对抗中的电子攻击部分,采用的是有源干扰方式。从干扰体制上来看,跟电子干扰的一般手段相同,分为压制式干扰和欺骗式干扰。采用压制式干扰的优点是比较容易实现,缺点是干扰所需的功率较大。欺骗式干扰则是发射和导航信号相同或相似的干扰信号,引导接收机偏离原来正确的导航和定位,但对长扩频码,特别是超长的授权码,存在时间窗问题。

1. 压制式电子干扰

对导航接收机的压制式干扰从干扰信号的产生方法考虑,有噪声调制干扰、单音和多音干扰、随机脉冲干扰、数字调制干扰、扫频干扰、梳状干扰等。

根据干扰信号带宽 B_J 与导航信号带宽 B_{GNSS} 的关系及频谱特征,将压制干扰方式又分为窄带干扰、宽带干扰、连续波干扰和匹配谱干扰,具体定义如下。

（1）窄带干扰（narrowband interference,NBI）:相对于导航信号带宽,干扰信号频谱占用较少,即 $B_J \ll B_{GNSS}$。

（2）宽带干扰（wideband interference,WBI）:干扰信号频谱占用与导航信号相当,即 $B_J \approx B_{GNSS}$。

（3）连续波干扰（continuous wave,CWI）:是 NBI 的极限情况,在频域中表现为单音信号,即 $B_J \to 0$。

（4）匹配谱干扰（matched spectrum interference,MSI）:具有和导航信号相同频谱特征的干扰信号,是 WBI 的一种特殊类型。

上述典型干扰技术在现有干扰设备中已经成熟运用,但愈发成熟的用户段抗干扰技术使得目前的干扰手段面临许多问题,比如压制干扰的有效性和灵巧性、欺骗干扰的可控性等问题。针对采用了抗干扰手段的授权用户接收机,传统的以噪声为主的大功率压制干扰手段不但能力有限,还存在易被测向与定位、易受反辐射武器攻击等一系列问题。因此,针对不断提升的抗干扰能力,具有信号时域相关性的相关干扰或配合战术运用的超自由度干扰成为当前的研究热点之一。

2. 欺骗式电子干扰

采用压制式干扰的优点是比较容易实现,缺点是干扰所需的功率较大。欺骗式干扰则是发射和目标电磁信号相同或相似的干扰信号,使敌方电子设备不能正常工作或获得错误的信息。欺骗式干扰包括产生式和转发式两种实现方法。

产生式干扰首先根据侦察得到的导航信号伪码结构,复现或产生与其相关性最大的伪随机码,然后在伪码上调制和导航信息格式完全相同的虚假导航信息。它的内容和真实的导航信息基本一样,只是在某些数据上作了一些修改,从而使接收机不仅得到错误的伪距,而且还得到了错误的导航信息,实现向特定方位的偏移或较大的定位偏差。

由于授权码需要授权认证或加密应用,产生式干扰对授权用户较难实现。

对导航接收机的转发式干扰是通过接收导航信号,处理后分通道给信号增加传播时延或调整信号时频特性后发射干扰,该类干扰信号是真实导航信号的复制或允许误差范围内的调整,易于影响干扰施放后开机的导航接收机。而对于跟踪状态的接收机,干扰信号进入接收环路的难度较大。

关于以上两种干扰方式,具体的分析将在后面详述。下面首先介绍电子干扰的基本理论。

4.2 电子干扰的基本理论

4.2.1 电子干扰概述

电子进攻可以分为软杀伤和硬杀伤两大类技术手段。软杀伤即通常所说的电子干扰。电子干扰是指利用辐射、散射、吸收电磁波或声波能量,来削弱或阻碍对方电子设备使用效能的战术技术措施。

电子干扰一般不会对干扰对象造成永久的损伤,仅在干扰行动持续时间内,使得干扰对象的作战能力部分或全部丧失,一旦干扰结束,干扰对象的作战能力可以恢复。

电子干扰的基本技术是制造电磁干扰信号,使其与有用信号同时进入电子设备的接收机。当干扰信号足够强时,接收机无法从接收到的信号中提取所需要的信息,电子干扰就奏效了。

电子干扰的手段:地面电子干扰台(站)、电子干扰飞机、投掷式电子干扰设备及星载干扰设备等。

电子干扰技术干扰的是接收机而非发射机。为了使干扰奏效,干扰信号必须能够进入被干扰的接收机——进入天线、滤波器、处理门限等。也就是说,在确定干扰方案时,必须考虑干扰信号发射机和通信、导航(或雷达)接收机之间的距离、方向,以及干扰信号样式对相关电子设备可能产生的效应等,才能保证干扰的有效性。

电子干扰的分类方法有多种,按照被干扰的信号类型,可以分为雷达干扰、通信干扰、光电干扰和导航干扰等;按照干扰的作用机理,可以分为压制干扰和欺骗干扰;按照干扰的战术使用目的和空间几何位置可以分为自卫干扰和支援干扰;按照干扰能量的来源,可以分为有源干扰和无源干扰。

雷达干扰(radar jamming)即利用雷达干扰设备或器材辐射、散射(反射)或吸收电磁能,破获或削弱敌方雷达对目标的探测和跟踪能力的电子干扰措施。常规雷达有发射机和接收机,以及收发共用的天线,接收机采用匹配滤波等处理手段接收并检测目标回波,判断目标的位置和速度,并跟踪目标。而雷达干扰机发射压制干扰或欺骗干扰信号,阻止敌方雷达对己方目标的探测和跟踪。

通信干扰(communication jamming)指的是利用通信干扰设备发射专门的干扰信号,破坏或扰乱敌方无线电通信设备正常工作能力的电子干扰措施。通信干扰通常是有源干扰,常采用噪声调制压制干扰方式干扰战术通信的 HF、VHF 和 UHF 信号,以及点对点的微波通信或远距离数据链路。被干扰的通信接收机在接收通信发射机发射的通信信号的同时,也接收干扰机发射的干扰信号,并且,干扰信号的功率足够强大,不仅能够进入接收机的方向性天线,而且进入接收处理系统,有效抑制期望信号,使传输的信息产生不同程度的损失或得到虚假的信息。

导航干扰(navigation jamming)是对无线电导航系统进行的干扰,主要针对导航信号传输链路,一般主要针对导航用户接收机,此外还包括对具有接收功能的陆基、舰载导航台,导航星测控链路、导航台地面监控链路等。干扰的方式包括压制式噪声干扰、相关干扰或欺骗干扰等,例如,用转发式干扰机发射假的导航信号,使对方导航错误或难以精确定位。

光电干扰(electrooptical jamming)是指利用辐射、散射或吸收红外光、激光、可见光使敌方光电系统失效。例如,利用高能效光束形成致盲干扰,使敌方光电系统的光电传感器阻塞或烧毁;或利用红外干扰弹、激光诱饵、光箔条等诱骗敌方光电制导武器,使其偏离目标;利用激光吸收材料、烟幕、涂料、红外辐射屏蔽等使光电系统难以探测目标。

4.2.2　电子干扰的一般过程及影响干扰的因素

为了更好地理解电子干扰的基本概念,本小节以通信(导航)干扰为例阐述电子干扰的过程及影响干扰的因素。

1. 无线电信号传输干扰的一般过程

为了理解无线电信号传输干扰的整个作用过程,我们将无线电通信系统的一般原理方框图及与它相对应的电子干扰系统的一般原理方框图示于图 4.1。

1) 发信设备

发信设备一般包括终端及基带设备、调制设备、高频功率放大设备、天线设备及电源等。发信者把要发送的消息 X,经过终端及基带设备变换成电信号 ξ,其中 ξ 有可能是经过编码、加密的电信号,通过调制设备使高频无线电振荡受调制,然后加以功率放大并通过天线设备向空间辐射调制后的高频无线电信号 S。

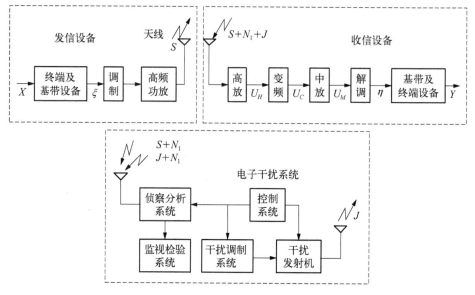

图 4.1　无线通信系统和电子干扰系统原理框图

2）传输通道

通信信号的传输通道就是广阔的空间，但传输路径随频率范围、通信设备所处地点及用途的不同而各不相同。如可能沿地面、水面，透过水面、地面，穿过大气对流层、电离层或在宇宙空间传播，或经电离层，大气对流层流星遗迹、人造电子云的反射、散射等。

3）收信设备

用户接收机由于通信系统发射信号的不同，差异较大，一般都包括：天线设备、高放、变频、中放、解调、基带及终端设备、电源设备等。

由上所述可以看出，传输通道是敌我双方都可以利用的环节。如果我们传输通道中插入无线电干扰，只要干扰的技术参数合适，就足以扰乱或压制对方收信设备的正常接收，从而达到破坏信息传输的目的。

设发信设备天线发射的高频信号为 S，电子干扰系统的侦察接收天线收到信号 S 和外部噪声 N_1，经过侦察分析和系统分析后，采用特殊调制的高频干扰信号，由干扰发射机通过发射天线发射出去，电磁信号 S 与干扰信号 J 在传输通道中合成为 $S+J$，在进入收信设备天线前还加上外部噪声 N_1，因此收信设备接收天线处的合成信号为

$$U_A = S + J + N_1 \qquad\qquad (4.2.1)$$

U_A 经过天线及高放系统后变换成信号 U_H：

$$U_H = (S + J + N_1)' + N_2 \qquad\qquad (4.2.2)$$

这里 $(S+J+N_1)'$ 表示 U_A 通过高放级的频率选择性系统及放大器后的信号，当过载时也可能有限幅作用，当电子器件工作在非线性范围时要产生交叉干扰；N_2 表示高放系统的等效内部噪声。

U_H 通过变频系统后又变换成信号 U_C，这里变频系统的内部噪声与 U_H 比较，一般要小得多，因而可忽略不计。由于变频系统是非线性的，同时又经过频谱搬移过程，因此变换后的信号 U_C 是比较复杂的。U_C 经中放后的信号为 U_M，U_M 通过解调级后，便变换成基带信号 η，显然，由于干扰作用的结果，基带信号 η 已经不同于发信端的基带信号 ξ。

最后，信号 η 通过基带及终端设备变换消息 Y 送给收信者。如果干扰效果良好，消息 Y 就不是发信者的消息 X，使收信者得不到消息或者得到完全错误的消息。

由上所述可知，无线电通信信息传输干扰的一般过程如下。

首先，侦察接收发信设备辐射的电磁信号，分析其技术参数，同时测定要干扰目标的方向和位置，从而确定合适的干扰样式和参数。然后根据电子战的计划和命令，向指定目标方向发射适当功率的高频干扰，这种干扰的技术参数由特殊的干扰调制系统形成。在干扰过程中还需要不断检验干扰效果，因此，电子干扰系统一般须配备监视检验系统。电磁信号的频率及信号参数的改变，由侦察站实时监控，并实时引导电子干扰系统施放干扰的工作参数，使干扰系统保持在效果最佳的参数上。

侦察监视设备可以跟干扰系统集成在一起，也可以分离，甚至在空间上完全分开。

2. 影响干扰效果的因素

由于无线电通信、导航及雷达系统的广泛应用，在这样的背景下，军事通信、导航、雷达的抗干扰措施就成为军事用户重要的保障举措。因此，电子干扰必然面临系统能力提升、抗干扰信号处理日益完善、用户终端抗干扰智能技术日益增进的复杂局面。总之，影响干扰效果的因素主要有：

1）干扰发射机的功率及天线的增益、效率和方向性对干扰效果的影响至关重要

在信号电平一定的情况下，干扰是否奏效主要取决于接收机输入端干扰功

率的大小。

干扰功率主要受干扰发射机输出功率、发射天线增益、天线方向性及电波传播损耗的影响。由于被干扰目标接收机的位置通常很难甚至是不可能确定的，所以干扰天线的方向性一般不宜很强。在干扰的作用目标位置不明确的情况下，采用弱方向性天线使干扰奏效的可能性反而会大一些。当然使用强方向性天线可以在天线的辐射方向上获得较高的天线增益，但一定要在明确了被干扰目标接收机的大致方位后进行，否则可能适得其反。

干扰电波的传播距离、传播路径、干扰信号波长、地理环境等都会对干扰带来不同的影响。在可能的条件下，应尽可能选择干扰电波传播损耗小的传播路径。

2) 干扰频率与目标信号频率的重合度对干扰效果的影响也是非常重要的

在复杂多变的信号环境中首先需要侦察、识别、确定出目标信号。一般电子干扰机都借助于引导接收机来确定目标信号，而导航干扰更倚重的是电子支援措施提供的支持。

明确了目标信号以后，要求发射的干扰信号与目标信号应该频谱一致，即二者实现频率重合；否则，干扰信号会受到目标接收机通带的抑制而导致干扰效果严重下降。一般二者频率重合度越高（即二者频差越小），干扰效果越好。在时间上，干扰与目标信号同时存在才能产生有效干扰，因此，从目标信号出现或变化到干扰作出反应的快慢也直接影响着干扰的效果。为了准确地瞄准目标信号，希望干扰机的反应速度越快越好。

3) 发射的干扰信号的样式及参数的影响主要表现在干扰效率上

不同的干扰样式压制同一目标信号所需要的压制系数不相同，为了提高干扰的效率，应尽可能地选择压制系数小的干扰样式。同时，干扰样式越多，将使得抗干扰更加困难。

丰富的干扰样式，对电子接收设备的抗干扰措施将构成潜在的威胁，因为很难有一种或有限的几种接收方式能同时对抗众多不同干扰样式的干扰。而单一、贫乏的干扰样式则很难保证在复杂多变的信号环境中对可能出现的所有目标信号进行有效的干扰。

4) 敌方接收机的形式及技术性能对干扰效果的影响也很大

在干扰样式和功率一定的条件下，接收机的抗干扰性能越完善，干扰效果越差。因此，干扰方应尽量对所干扰的电子接收设备的抗干扰性能有所了解，针对被干扰目标的抗干扰措施，有针对性地实施干扰将大大提高干扰的效果。

同时,被干扰目标接收机接收天线的方向性也会直接影响干扰效果。

5)传输路径不同对电磁波吸收与反射的影响

长波、中波、短波、超短波及微波等各波段无线电信号,传输路径及在传输过程中受到的影响不一样。例如:陆基无线电导航的工作频率、信号传输路径和卫星导航就很不一样,传输路径的影响也不一样;针对使用同一个导航定位系统的不同的作战目标,在研究和组织实施干扰时,也要考虑干扰信号至目标间的电波传播可能会遇到的遮蔽、反射等因素。

6)其他因素

从"物"的因素上看,还有如敌方天线系统的方向性、智能性,接收设备所用的基带及终端设备的性能、敌方在受干扰时的反干扰技术措施等。从"人"的因素上看,包括指挥员和设备操作人员的主观能动性、组织指挥能力、操作技术训练程度等因素。

由此看来,影响干扰效果的因素是很复杂的。

4.2.3　压制系数与干扰方程

1. 最佳干扰与绝对最佳干扰

干扰与抗干扰构成一个博弈过程。抗干扰设计只需了解各种干扰可能的原理,而没有必要了解干扰产生过程。作为抗干扰技术的研究,也只要重点关注干扰信号的形式和干扰实施的方法即可,在电子对抗中,前者被称为"干扰样式",后者被称为"干扰方式"。

对于不同的无线电电磁信号的调制方式,有着不同的最佳干扰样式,它的干扰效果也不一样,在研究干扰对各种无线电系统影响时,应充分考虑选择干扰样式,使之效果最佳。

为了描述干扰信号的参数与被干扰的接收机失真程度的关系,我们引出最佳干扰的概念。这里借用一下通信对抗的术语:给定所需干扰目标的信号形式和接收方式,能获得有效干扰而所需代价最小的那种干扰样式称为最佳干扰。但因为不太可能确知敌方接收系统设备的工作方式,特别是不能确知敌方使用了哪种抗干扰措施,所以,最佳干扰样式的确定往往是困难的。然而,对于任何给定的信号形式,一定会有一种干扰样式对各种可能的接收方式都有较好的(但不一定是最好的)干扰效果,通常就把这样一种干扰样式称为对给定信号的"绝对最佳干扰"。

所以,"最佳干扰"是针对具体的接收机体制的,而"绝对最佳干扰"是定义在信号层面的。对于已知的电磁信号,一般会存在相应的"绝对最佳干扰"。绝对最佳干扰样式就是已知对方电磁信号的形式,不考虑对方接收机形式,该干扰样式和其他干扰样式相比,对所有的接收方法都能起到较好的干扰效果,这种干扰称为对应于已知信号的绝对最佳干扰。所以"绝对最佳干扰"是定义在信号层面的。

所谓最佳干扰,就是被干扰地点(敌收信设备所在地)的干扰场强 E_j 和信号场强 E_s 之比(E_j/E_s)为一定时,使敌收信设备接收信号造成最大失真的干扰。与之相适应的,衡量最佳干扰的指标称为压制系数,它是根据收信设备信号接收被有效干扰时,被干扰的收信设备输入端所需的最小干扰功率与信号功率之比。

有效干扰是指在给定条件下,使接收设备的发现概率低于定值,或跟踪误差大于给定值,或差错率高于给定值时的一种电子干扰。

2. 压制系数与干扰方程

设发信设备辐射的信号功率为 P_s:

$$P_s = P_{sT} \cdot G_{sT} \tag{4.2.3}$$

式中,P_{sT} 是发射机输出的信号功率,G_{sT} 是发信设备指向收信设备方向的天线增益。设收信设备在信号来波方向的天线增益为 G_{sR},则进入收信设备的信号功率为

$$P_s = \frac{P_{sT} \cdot G_{sT} \cdot G_{sR}}{L_s} \tag{4.2.4}$$

L_s 是信号从发信设备到收信设备传输路径上的损耗,与频率和距离相关。同理,干扰机辐射的能量经传输路径到达收信设备的干扰信号功率为

$$P_j = \frac{P_{jT} \cdot G_{jT} \cdot G_{jR}}{L_j} F_b \tag{4.2.5}$$

式中,P_{jT}、G_{jT}、G_{jR}、L_j 分别是干扰机发射机输出的功率、干扰机指向收信设备方向的天线增益、收信设备在干扰信号来波方向的天线增益及干扰信号到达收信设备的传输路径损耗。F_b 为干扰信号进入收信设备的滤波损耗,由于干扰机和收信设备是非合作的,存在接收非协约、不匹配问题,以及时域、频域、空域或天线极化方式上的失配,这些都会造成进入收信设备的干扰功率的损失,降低干扰功率的利用率,影响干扰效果。

压制系数定义为

$$K_j = P_{ji\min}/P_s \tag{4.2.6}$$

式中，$P_{j\min}$ 为使敌方收信设备产生一定的信息损失时，进入接收机输入端通频带的最小干扰功率；P_s 为被干扰的收信设备输入端的信号功率。从上式中不难理解，压制系数 K_j 越小，说明我们可以用较小的功率，就能压制敌方的无线电通信。由压制系数的定义可知，当干扰有效时，进入被干扰的收信设备的干扰能量应满足：

$$P_j/P_s \geqslant K_j \tag{4.2.7}$$

即

$$\frac{P_j}{P_s} = \frac{P_{jT} \cdot G_{jT} \cdot G_{jR} \cdot L_s}{P_{sT} \cdot G_{sT} \cdot G_{sR} \cdot L_j} F_b \geqslant K_j \tag{4.2.8}$$

式（4.2.8）称为通信干扰方程，导航干扰方程可以类似构建，但雷达接收的是干扰信号和回波信号，雷达的干扰方程具有其特殊性，具体可以参看相关理论。

压制系数是反映干扰效率的重要指标，其大小与下列条件有关：

（1）频率重合度；

（2）电磁信号的结构和收信设备接收方法或接收设备的性能；

（3）压制敌信号接收的标准（如信息误差率要求、测距测向误差等）。

上述条件 1 和 2 不难理解，而条件 3 指的是干扰敌方电磁信号接收造成的信息误差率要求或测距、测向信号接收的误差，这要根据不同的功能样式和指挥员的作战要求来确定。

4.2.4　电子干扰的主要技术手段

所谓电子干扰，就是辐射或转发电磁能量，削弱或破坏对方电子系统的通信、定位或探测等能力的战术技术措施。电子干扰技术种类很多，从实现方法或干扰体制来看，主要区分为压制式干扰和欺骗式干扰。

1. 压制式电子干扰

压制干扰，又称遮蔽式干扰，是指发射强干扰信号，使敌方电子信息系统、电子设备的接收端信噪比严重降低，有用信号模糊不清或完全淹没在干扰信号之中而难以或无法判别的电子干扰措施。

根据其干扰信号频谱的宽度，压制性干扰又可分为瞄准式干扰和阻塞式干扰。瞄准式干扰是指干扰的载频（中心频率）与信号频率重合，或干扰信号的频谱宽度与目标信号的频谱宽度相同。瞄准式干扰的功率集中，干扰频带较窄，干扰能量几乎全部用于压制被干扰的信号，干扰功率利用率高，干扰效果好。

其缺点是一部干扰机只能干扰一个信号,并且需要精确的干扰频率引导,对干扰发射机的频率稳定度要求高。

阻塞式干扰也称拦阻式干扰,其干扰信号的频谱宽度远大于目标信号频谱宽度,甚至可以覆盖多个目标信道。阻塞式干扰不需要精确的频率引导,设备相对简单,可以同时对付多个信号。其缺点是干扰功率分散且效率不高。

1) 瞄准式干扰

用于干扰某一特定信道接收或通信的干扰是瞄准式干扰。瞄准式干扰是用干扰频率针对敌方工作频率实施瞄准的干扰,采用的是最佳干扰方法,作战中,瞄准式干扰是针对敌方某一重点工作频率而实施干扰,它的干扰频率仅覆盖被干扰的信号频谱,邻近的其他导航频率不会受到影响。这样,它不会干扰己方电子系统应用和己方对其他频率的侦察。由于瞄准式干扰的功率集中,每部干扰机的干扰功率可以减少,因此瞄准式干扰是干扰机的基本体制之一。

瞄准式干扰机的主要技术指标有工作频率范围、频率重合度、干扰样式、发射功率、反应时间、谐波与杂散抑制和收发控制等,这些性能又是相互联系和相互制约的。此外,还应重视价格方面的要求,只有性能价格比(亦称效费比)高,才能全面表明干扰机的质量指标好。

设计干扰机时进行的总体论证,就是根据战术上的要求和技术上的可能性进行全面的分析,找出主要矛盾,然后提出解决这些矛盾的方案。这也就是形成干扰机的构成方案的过程。下面我们对这些基本性能指标加以分析。

(1) 工作频率范围:指可实施瞄准式干扰的频率范围。随着现代电子系统的工作频段不断增加,瞄准式干扰机的工作频率范围也在不断扩大。对于干扰机来说,被干扰的目标信号频率一定要在干扰机的工作频率范围内。

(2) 频率重合度或称频率瞄准精度(误差):定义为干扰频率与被干扰目标信号频率之差,一般指干扰信号与信号频谱中心频率之差。二者频差越小,则频率重合度越高,要求瞄准式干扰的频率重合度满足最佳干扰时选择干扰参数的要求。希望干扰的频率重合度越高越好。

(3) 干扰样式:指实施瞄准式干扰时干扰机能够提供的干扰信号形式。一般希望干扰能够提供的干扰样式多一些,并且干扰信号的参数可以调整,以便实施干扰时灵活地选用各种不同的干扰信号。

(4) 发射功率:指干扰机输出到干扰天线上的功率。通常希望干扰机的发射功率大些。在干扰的组织与实施中,要注意干扰功率的合理使用及管理,尽可能充分发挥有限的干扰资源的作用。

（5）反应时间（或称反应速度）：从瞄准式干扰中的引导接收机截获到目标信号开始，到干扰机发射出干扰的这段时间，称为瞄准式干扰机的反应时间。希望干扰机的反应时间越短越好。有许多因素影响干扰机的反应时间，但主要的影响来自引导接收机的信号处理时间、干扰机频率合成器的转换时间和干扰发射机的调谐时间。

（6）谐波与杂散抑制：干扰机辐射的无用谐波和杂散频率分量，不仅浪费干扰功率而且会对非目标信道造成干扰，因此，希望谐波与杂散输出电平越低越好。一般要求谐波与杂散抑制不小于 40 dB。

（7）干扰控制：这项指标包括干扰控制方式、干扰信道预置数目、间断观察时间及保护信道、优先等级的预置等。

2）阻塞式干扰

瞄准式干扰是压制敌方一个确定信道的电子干扰，干扰频谱宽度仅占一个信道频宽，准确地与信号频谱重合，而不干扰其他信道的通信；阻塞式干扰是压制敌方在某一段频率范围内工作的全部信道的电子干扰，其单机干扰频谱宽，但干扰功率比较分散，因此，同样的干扰功率比瞄准式干扰的威力小。

但是对于工作在较宽频段多个频点的电子系统，比如跳频系统、多频点电子系统等，为了实现准确的瞄准干扰，压制一个敌方工作频段就至少要有一部干扰发射机。在这种情况下，有效准确的瞄准式干扰就显得力不从心，使用阻塞式干扰的优点就是在这种情况下可以减少装备数量，简化了干扰的指挥。

阻塞式干扰按其频谱可分为连续阻塞式干扰和梳状阻塞式干扰两种。

建立一种有效的阻塞式干扰有很多困难，这里主要的问题是如何在敌方接收机天线上建立足够的干扰功率，并使己方的接收不受我方所施放的阻塞式干扰的影响。

由于下面两种原因，阻塞式干扰必须使用很大的功率。

一方面，阻塞式干扰本身的效果比最佳瞄准式干扰要差。在形成宽频段干扰的过程中，由于多种原因，它们的结构与最佳干扰或多或少地存在着差别。虽然工作在给定频段上的信号形式和用户接收方法可能是已知的，但是由于技术上和经济上的原因，在这种情况下组成最佳结构的阻塞式干扰机，并不一定都是可能的或合适的。因此为压制电子系统的接收方，必须使通过接收机选择性系统的阻塞式干扰功率真正地超过信号功率。

另一方面，由于阻塞式干扰的功率分布在很宽的频带 Δf_j 上，而通过接收机系统的功率（图 4.2）只是与接收机通频带（B_s）相重合的那一部分功率。

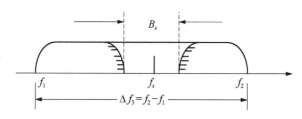

图 4.2 接收机系统的功率分布

如果对于准确的瞄准式干扰而言压制系数等于 K_j,那么为了压制电子系统接收,在接收机输入端必须建立的干扰功率 P_{ji} 就必须满足下面的条件:

$$P_{ji} > K_j P_{si} \tag{4.2.9}$$

式中,P_{si} 为接收机输入端的信号功率。

对于阻塞式干扰而言,压制系数大于准确的瞄准式干扰,因为它的结构不是最佳的。此外,作用于接收机的功率并不是阻塞式干扰的全部功率 P_{jb},而仅是它在接收机通带范围内的那一部分功率 P_{jib}。因此在阻塞式干扰的情况下,我们引入一个条件压制系数 K_{jy} 的概念,它等于进入接收机选择性电路的干扰功率与信号功率之比:

$$K_{jy} = \frac{P_{jib\min}}{P_{si}} \tag{4.2.10}$$

这个比值保证能压制无线电接收。显然,

$$P_{jib} = P_{jb} \cdot \frac{B_s}{\Delta f_j} \tag{4.2.11}$$

功率 P_{jib} 应该超过信号功率 K_{jy} 倍,由此压制条件可以写成如下形式:

$$P_{jb} \geqslant K_{jy} P_{si} \frac{\Delta f_j}{B_s} \tag{4.2.12}$$

比较式(4.2.9)和式(4.2.12)可以得出:在接收机的输入端以同样程度压制电子系统接收时,阻塞式和准确瞄准式干扰功率之比为

$$\frac{P_{jb}}{P_{ji}} = \frac{K_{jy}}{K_j} \cdot \frac{\Delta f_j}{B_s} \tag{4.2.13}$$

这个等式的右边部分显然大于1,其值随着阻塞式干扰所占频带 Δf_j 的加宽

和敌方接收机通带的减小而增大。

2. 欺骗式电子干扰

欺骗式电子干扰是利用干扰设备发射或转发与敌电磁信号相同(但相位不同或时间延迟)或相似的假信号,使敌方对其电子接收系统收到的信息作出错误的判断。欺骗式干扰有"产生式"和"转发式"两种体制。

转发式干扰就是利用信号的自然延时。将干扰机接收到的电磁信号,经过一定的延时放大后,直接发送出去。产生式干扰首先根据侦察得到的电磁信号结构,产生和其相关性最大的欺骗干扰信号,它的信号结构和调制信息与目标信号基本一样,只是在某些数据上作了一些修改,从而使接收机得到错误的信息,或处理提取出错误的数据。

下面以转发式干扰为例,介绍欺骗干扰的基本原理。

1)转发式干扰机的组成及工作原理

转发式干扰机的原理框图如图 4.3 所示。

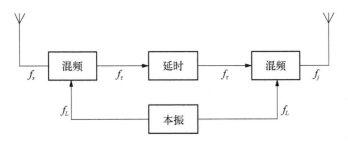

图 4.3 转发式干扰机原理框图

其基本原理是:一个频率为 f_s 的目标信号被截获后,送入混频器与频率为 f_L 的本振信号相混频,得到一个频率适宜延时的固定频率信号 f_τ:

$$f_\tau = f_L - f_s \tag{4.2.14}$$

将频率为 f_τ 的信号送入延时器,经延时后再与频率为 f_L 的本振信号混频,经放大后输出作为干扰信号,即

$$f_j = f_L - f_\tau = f_L - (f_L - f_s) = f_s \tag{4.2.15}$$

干扰频率 f_j 与目标信号频率 f_s 准确重合。

这种干扰技术相当于在目标接收机处模拟一个延迟时间较长的多径干扰。由于干扰就是信号本身(前一时刻的),所以与目标信号相关性很大,接收机无法对其进行抑制,干扰效果良好。

转发式干扰机一般由接收机、发射机、延时器、收发转换、频率恢复及干扰源等组成。转发式干扰机中接收与发射应采用同一本机振荡器,用以精确的频率恢复。延时器的线性要好,色散性要尽量小,常用的延时器有录放磁带、CCD延迟线,RAM 存储器延时等。转发式干扰机采用收、发交替工作的方法,转发式干扰的接收时间要稍长一些,以便建立相对稳定的信号。

2)转发式干扰的特点

(1)频率重合准确度高。频率重合准确度的影响主要来自两个方面。首先是目标信号或本振的频率漂移带来的重合误差。由于收、发是交替工作的,所以干扰机发射的干扰频率实质上是被干扰目标信号延时前的上一时刻的信号频率。若在延时后目标信号频率发生漂移,则干扰频率与信号频率之间就会产生频差,频差的大小取决于目标信号频率漂移的大小。由于转发式干扰一次收、发转换的循环周期较长,所以这种目标信号频率漂移给转发式干扰带来的影响较大。从提高频率重合准确度出发,希望收、发转换的循环周期尽量小一些,但是收、发转换的循环周期也不能太短。

干扰机本身本机振荡器频率的不稳也会给频率重合带来误差,这种误差与目标信号频率漂移带来的误差完全一样。由于现代无线电通信机及干扰机都采用了频率稳定度很高的频率合成器作为振荡器,所以这种因频率漂移带来的影响一般很小,常常可以忽略。

延时器不稳定性也会给频率重合准确度带来影响。比如采用录放磁带作为延时器的干扰机中,录音机的电动机转速不稳,会使所录信号的频率产生变化。如果录音的信号频率为 f,录音角速度为 ω_r,放音速度为 ω_p,则信号放音时产生的频差为

$$\Delta f = f \frac{|\omega_r - \omega_p|}{\omega_r} \tag{4.2.16}$$

同样的道理,其他延时器中时钟频率的不稳也会影响所延时或存贮信号的频率。由于频漂(相对极短时间内)及延时或存贮带来的频差非常小,所以转发式干扰机的频率重合度很高。

(2)接收机对信号的调谐准确度要求不高。转发式干扰机允许接收机接收目标信号时存在一定的失谐,只要失谐 Δf 在整机的通频带内,就不会影响频率重合的准确度。当有失谐 Δf_L 时:

$$f_\tau = (f_L + \Delta f_L) - f_s \qquad (4.2.17)$$

$$f_j = (f_L + \Delta f_L) - f_\tau = (f_L + \Delta f_L) - (f_L + \Delta f_L - f_s) = f_s \qquad (4.2.18)$$

干扰频率仍然等于信号频率。要注意失谐量一定要在通带内。因为失谐会降低信号的幅度,所以实际操作中要尽量保证准确调谐。

(3)在通带内,具有自动跟踪目标信号频率的能力。当目标信号的频率在干扰机带宽内发生漂移时,转发式干扰机经一次收、发转换后,可以自动跟踪目标信号频率。设在通带内信号频率偏移了 Δf_s,则频率偏移后的信号频率为 $f_s + \Delta f_s$,此时:

$$f_\tau = f_L - (f_s + \Delta f_s) = f_L - f_s - \Delta f_s \qquad (4.2.19)$$

$$f_j = f_L - f_\tau = f_L - (f_L - f_s - \Delta f_s) = f_s + \Delta f_s \qquad (4.2.20)$$

干扰频率等于频率偏移后的信号频率。

(4)由于转发式干扰全部或部分直接利用了目标信号,所以干扰信号与被干扰目标信号的频谱结构、时域波形统计结构都非常相似,即干扰信号与目标信号的相关性很强,目标接收机很难抑制这种干扰,干扰容易奏效。

(5)设备相对产生式干扰,更容易实现。

4.3 对直接序列扩频体制导航信号的干扰

4.3.1 对直接序列扩频体制导航信号的波形瞄准式干扰

目前卫星导航和战术通信导航均采用直接序列扩频调制,当导航信号采用扩频调制时候,干扰方法又有其特殊性。

通常对扩频体制的导航信号而言,由于各个扩频信号在频域上可以相互重叠,而各个信道的接收机是以扩频伪码图案的不同,来分别接收各自的导航通信信号,因此对其实施干扰不能仍以干扰频宽来分类。根据最佳干扰理论,最佳瞄准式干扰的扩频图案应和欲干扰的这个特定信道导航通信的扩频图案相同,这样它仅对这个特定信道导航通信实施有效干扰,不会对其他信道的导航通信产生有效干扰。

因此,对直扩信号干扰方而言,瞄准式干扰不仅需要掌握对方的工作频段,还需要掌握欲干扰的某直扩信号的特定伪码图案(序列)。干扰过程中采用此伪码图案调制的干扰信号对该导航信道实施瞄准式干扰,其在频域上,干扰载频和信号载频重合,干扰频宽和信号频宽吻合;在时域上,干扰的伪码速率和伪码序列与导航信号的伪码速率和伪码序列相同,即经伪码序列调制后的干扰的时域波形和直扩信号的时域波形相同。因此我们称这种瞄准式干扰为波形重合干扰或波形瞄准式干扰。

要实现波形瞄准式干扰,要求对直扩信号进行侦收和伪码图案的实时破译。我们知道,对保密信号信息的破译,是在截获到保密信息后进行的。这种实时信号载体侦收和破译,与信息破译相比,其技术难度要大得多。尤其在信号密集环境下,各信号混杂重叠在一起,信号载体实时破译难度更大。

根据最佳干扰理论,为达到有效干扰,干扰参数应满足下列条件。

(1) 干扰载频 f_{j1} 要瞄准信号载频 f_s。

$$f_{j1} \approx f_s, \ |\Delta f_{j1}| = |f_{j1} - f_s| < 0.1 B_m \tag{4.3.1}$$

(2) 干扰的噪声调制频宽 B_{m1} 约等于信号的信息频宽 B_m。

$$B_{m1} \approx B_m \tag{4.3.2}$$

(3) 在接收机输入端的干扰伪码序列 $P_1(t)$ 和接收机本振的伪码序列 $P_0(t)$ 相同且同步。

$$P_1(t) = P_0(t) \tag{4.3.3}$$

这样干扰能量可以和信号能量一样,能无抑制地通过接收机的窄带滤波器,即在解扩过程中对干扰不起抑制作用。此时为达到有效干扰,在接收机输入端干扰功率仅需等于信号功率,其压制系数 K_{j1}(干扰与信号功率比)约为1,$K_{j1} = P_{j1}/P_{s1} \approx 1$。

我们知道,直扩信号为了减少假同步的概率,常采用自相关性能良好的伪码序列。其自相关函数只有一个峰值,或者其自相关函数虽有旁瓣,但旁瓣的峰值远小于主瓣(时延为零处)的峰值。例如最大长度线性序列(m 序列)的自相关函数,仅有一个峰值。其时延为零时的自相关值等于伪码序列长度,$R(0) = M$。而当时延大于伪码宽度($|\tau| > T_p$)时,其自相关值仅为-1。这种伪码序列用于直扩通信,具有很强的抗波形瞄准式干扰的能力。当干扰伪码序列 $P_1(t)$ 与信号伪码序列 $P_0(t)$ 不同步时,设时延为 τ,$P_1(t-\tau) = P_0(t)$,则 $P_1(t) \neq P_0(t)$。此时 $P_1(t) \cdot P_0(t)$ 之积在时域上不是始终为+1,呈现时而为+1,时而为-1。这样干扰信号经混频后,其输出干扰的中频信号的频谱仍为宽带,而仅很小部分干

扰能量通过窄带滤波器，为此，导航接收机对这种不同步的相同伪码调制干扰，具有很高的处理增益。因此，欲对军事直扩导航通信实施有效的最佳瞄准式干扰，我们可以做以下分析：

当直扩导航通信信号已建立同步，开始传送信息时，对其实施有效干扰的概率是非常低的。通信的伪码序列长度 M 越长，其有效干扰概率 φ_j 越低，$\varphi_j = 1/M$。

在直扩导航通信的同步建立前，实施有效干扰，干扰方至少要使信号搜索、截获分选时间 T_1 与控制、激励、启动干扰时间 T_2 之和，再加上侦收路径 r_1 与干扰路程 r_2 之和减去导航信号传输路程 r_3 所需传输时间 T_3，要小于导航接收方的信号搜索同步时间 T_s。

$$T_1 + T_2 + T_3 < T_s \tag{4.3.4}$$

$$T_3 = \frac{(r_1 + r_2 - r_3)}{c} \tag{4.3.5}$$

式中，c 为电波传播速度。

直扩导航通信的通信频率等技术参数固定不变的情况下，宜实施超前干扰，即在接收机启动接收前，发出对该信道的波形瞄准式干扰，制定干扰策略。

由上分析可知，一般来说，对直扩信号的有效波形瞄准式干扰，其技术难度要大得多。当前这种波形瞄准式干扰尚处于探索研究阶段。并且我们要看到，导航方为了加强对波形瞄准式干扰的对抗，其直扩导航通信信号可以不定期地更换信号伪码样式，或改变信号载频，甚至和跳频技术结合，还可以进一步对信号的载体加密，如基钥量增加，伪码的非线性加强，直扩图案的伪码序列增长等，以增加干扰方对直扩信号搜索截获的技术难度和对信号伪码序列破译和分选的技术难度。但另一方面，在某种特殊情况下，例如对 GPS 干扰，由于其信号空域公开等因素，则有可能通过长时间的侦收以获取信息情报，在关键时刻对其实施有效波形瞄准式干扰，并且所需的干扰功率最小。

4.3.2 对直接序列扩频体制导航信号的相关阻塞式干扰

对扩频体制导航通信的最佳阻塞式干扰，其干扰图案要对各个信道的扩频通信都具有相同的最佳干扰效果。通常，对直接序列扩频（直扩）导航通信体制的阻塞式干扰可分为相关（伪码调制）干扰（部分阻塞式干扰）和均匀频谱宽带干扰。

干扰方无需掌握某特定信道直扩信号的伪码序列，仅需掌握某种系列直扩信号电台所采用的伪码序列产生器的类型，即伪码序列的类型，则可采用相关干扰。相关干扰采用伪码调制的干扰体制,其干扰载频要接近信号中心频率,干扰的伪码速率要和信号伪码速率相近,且干扰的伪码序列和信号的伪码序列间互相关程度要尽量增强。

设在接收机输入端的相关干扰为

$$j_2(t) = J_2 m_2(t) P_2(t) \cos 2\pi f_{j2} t \tag{4.3.6}$$

式中,J_2为干扰的振幅;$m_2(t)$为二元数字调制序列,$m_2(t) = +1$ 或-1;$P_2(t)$为二元快速伪码序列,$P_2(t) = +1$ 或-1;f_{j2}为干扰的载频。

设本振信号:

$$d(t) = D \cdot P_0(t) \cos 2\pi f_0 t \tag{4.3.7}$$

式中,D 为本振信号的振幅;$P_0(t)$为本振的伪码序列;f_0为本振的中心频率。

干扰与接收机本振信号相乘,其混频后的干扰中频信号(差频部分)为

$$j_{12}(t) = \frac{1}{2} J_2 D m_2(t) P_2(t) P_0(t) \cdot 2\cos 2\pi (f_0 - f_{j2}) t \tag{4.3.8}$$

由于信号和干扰伪码序列不相同,则 $P_2(t) \cdot P_0(t)$之积在时域上不是始终保持为+1,而有时呈现为+1,有时呈现为-1,则混频后的干扰频谱较宽。当相关性增大时,+1 与-1 间跳变次数减少,速率减慢,干扰中频信号的能量向中心频率集中,干扰频宽变窄,因而有较多干扰能量通过窄带滤波器。

干扰载频接近信号中心频率,则混频后干扰的中心频率(f_0-f_{j2})不会偏离窄带滤波器中心频率f_j太远,干扰能量通过窄带滤波器。

在实际直扩通信中,使用的伪码序列是很长的。现为分析简便,采用短伪码序列。设直扩通信接收机的本振采用 31 位的[5,3]最大线性伪码序列,其序列 $D(i)$为

1111100011011101010000100101100

而干扰采用 31 位的[5,2]最大线性伪码序列,其序列 $J_2(i)$ 为

1111100110100100001010111011000

[5,3]序列和[5,2]序列互为镜像。即其中一个序列在时序上相反运行,即为另一个序列。

两者的互相关函数为 $R(\tau) = \sum_{i=1}^{31} D(i) J_2(i - \tau)$。互相关函数随时间的变化见表4.1。

表 4.1 互相关函数随时间 τ 的变化

$\tau(T_P)$	0	1	2	3	4	5	6	7	8	9	10	11	12	13	14	15
$R(\tau)$	3	7	3	−9	3	7	−9	7	7	11	−1	−1	3	−1	−5	3
$\tau(T_P)$	16	17	18	19	20	21	22	23	24	25	26	27	28	29	30	
$R(\tau)$	−9	−1	−5	−5	3	3	3	−9	7	−1	3	−5	−9	−5	3	

各互相关值及其出现的概率见表 4.2。

表 4.2 互相关函数值及出现的概率

$R(\tau)$	−9	−5	−1	3	7	11
概　率	5/31	5/31	5/31	10/31	5/31	1/31
百分率/%	16	16	16	32	16	4

相关干扰用二元的数字序列 $m_2(t)$ 调制，$m_2(t)$ 时而为+1，时而为−1，则干扰伪码序列时而为[5,2]序列，时而为[5,2]序列的反值。这样其与[5,3]序列的互相关值及其出现的概率见表 4.3。

表 4.3 干扰码序列与[5,3]序列的互相关值及出现概率

$R(\tau)$	−11	−9	−7	−5	−3	−1	1	3	5	7	9	11
百分率/%	2	8	8	8	16	8	8	16	8	8	8	2

互相关值相当于干扰经相关接收后输出的干扰能量，对其取平均值：

$$R_0 = \sum_{\tau=0}^{30} R(\tau)/31 = 4.9 \tag{4.3.9}$$

则输出平均干扰功率相当于 4.9。而信号输出功率为 31，则输出干扰功率约为信号输出功率的 4.9/31（约 1/6）。为达到有效干扰，接收机输入端干扰功率要等于信号功率的 6 倍，即压制系数为 6。

以上的分析，是假设每个信息码元长度等于伪码序列长度，$N = M$。而通常直扩通信是采用长伪码序列，每个信息码元长度远小于伪码序列长度，$N \ll M$。

现为分析简便,设接收机本振仍采用31位的[5,3]最大线性伪码序列,而干扰也仍采用31位伪码码元。在相关接收时,在每个信息码元长度(即5个伪码码元)的干扰能量积累过程中,可以看出,有时干扰状态可达全相关,即在一个信息码元内,两序列的图案相同,干扰能量为5,和信号能量相同;有时干扰状态为部分相关,如干扰能量为3;有时不相关,干扰能量为1。我们知道,两序列的时延固定后,可出现31种干扰状态(相当于本振序列任意相邻5位的图案和干扰序列对应的相邻5位的图案的相关状态),而两序列又有31种时延状态。例如表4.4中所列为不同时延的某相应组的31种干扰状态。

表 4.4 信息码元与伪码序列在不同时间的互相关值

$\tau(T_P)$	0	1	2	3	4	5	6	7	8	9	10	11	12	13	14
$R(\tau)$	1	−1	1	−1	−3	−3	1	5	−1	−3	1	3	−3	−1	−1
$\tau(T_P)$	15	16	17	18	19	20	21	22	23	24	25	26	27	28	29
$R(\tau)$	1	1	−1	1	−1	3	3	−3	1	1	−1	3	1	−5	−1

对大量的干扰状态的互相关值统计,其输出平均干扰功率约相当于2,为信号输出功率的2/5,约相当于12/31,而优于4.9/31。由此看来,在采用相关干扰时,对 $N>M$ 的直扩导航、通信的干扰,其干扰效能要优于对 $N=M$ 的直扩导航、通信的干扰。统计分析表明:当直扩导航通信采用最大线性序列时,且 $N<M$,对其实施相关干扰,其压制系数最低可约为 $\sqrt{N}$。

对干扰方而言,为实施最佳相关干扰,要研究与信号伪码序列能产生最大互相关值的干扰伪码序列。序列的互相关性越大,其干扰效能越佳,为达到有效干扰,其所需的干扰功率越小。

这种相关干扰属于阻塞式干扰,因为其伪码序列是和某种系列的直扩导航台的各个伪码序列都相关的。它可以对这种系列的各个直扩导航、通信实施相关干扰。当这种系列的多个信道直扩导航、通信在同一地域、同一载频实现码分多址通信时,单部干扰机采用这种相关干扰,可同时对所有这些直扩导航、通信实施有效的阻塞式干扰。

4.3.3 对直接序列扩频体制导航信号的单频(或窄带)阻塞式干扰

直扩信号阻塞式干扰是在实施干扰过程中,对某频段内所有的直扩信号都实施干扰,但不影响在此干扰频段内的其他导航信号。我们知道定频或跳频信号的瞬时频带是窄的,而直扩信号的瞬时频带较宽,故可以利用这种瞬时频带的差异,实现对直扩信号的阻塞式干扰。

单频(或窄带)干扰,对常规定频导航属于瞄准式干扰;而对直扩信号,属于上述的直扩信号阻塞式干扰。

干扰机发出单频(等幅正弦波)干扰或窄带(噪声)干扰,它仅影响一个或几个频道的定频导航,而不影响其他频道的定频导航。在实施干扰过程中,干扰机可选在某频道无定频通信情况下对该频道实施强功率干扰,这样不会影响在某频段内所有出现的定频导航。即使此干扰频道是战术跳频导航通信中某一跳频频道,由于仅干扰一个或几个跳频频道,所以是基本上不会影响其正常导航通信的。但强功率的单频干扰或窄带干扰,当其干扰频率落入直扩信号的很宽的瞬时频带内时,可以对各直扩信号实施有效干扰。

设接收机的输入端的音频干扰,即等幅正弦波干扰为

$$j_3(t) = J_s \cos 2\pi f_{j3} t \tag{4.3.10}$$

单频干扰进入导航接收机,在混频器与接收机本振信号相乘,其输出干扰中频信号(差频部分)为

$$j_{i3}(t) = \frac{1}{2} J_3 D \cdot p_0(t) \cos 2\pi (f_0 - f_{j3}) t \tag{4.3.11}$$

此单频干扰信号经混频后受本振快速伪码序列调制,而变为宽带干扰信号,其频宽相当于本振频宽 B_s,其能量频谱呈 $(\sin x/x)^2$ 分布。现为分析简便起见,设干扰信号的能量频谱是均匀分布的。因混频后的窄带滤波器的带宽为 B_m,当采用长伪码序列 $M \gg N$ 时,则通过窄带滤波器的干扰能量 P'_{jo} 仅为总干扰能量 P_{ji} 的 B_m/B_s。

为达有效干扰,其压制系数:

$$K'_{j3} = N = B_s/B_m \tag{4.3.12}$$

实际上干扰的能量频谱是按 $(\sin x/x)^2$ 分布的,其中心部分的能量密度要高出均匀频谱能量密度,而为其 2 倍。当干扰载频和信号中心频率相近时 $f_s \approx f_{j3}$,通过窄带滤波器的干扰能量 P_{jo} 等于 $2P_{ji}/N$,则其压制系数 $K_{j3} = N/2$,而随着载频差 $\Delta f_{j3} = |f_s - f_{j3}|$ 的增加,其压制系数也随之增加。

当为窄带干扰时,其分析与单频干扰相同。

单频干扰无需掌握敌方直扩导航通信的伪码序列或伪码序列的类型,也无需掌握信号伪码速率等技术参数,而仅需通过信号检测掌握敌方直扩导航通信的中心频率,因此单频干扰在技术上较易实现。在实施干扰过程中,当欲干扰的各信道直扩导航通信的中心频率相同或相近时,可以干扰载频瞄准信号的中心频率,这样为达到有效阻塞式干扰,所需干扰功率可小些。而当欲干扰的各信道直扩导航通信的中心频率有差异时,为达到均匀干扰效能,可设若干个单频(窄带)干扰,每个干扰的载频接近某几个中心频率相近的直扩信号的中心频率。

但单频(窄带)干扰对直扩导航通信来说,不是绝对最佳干扰,因为它不符合绝对最佳干扰原则,即干扰频宽应和信号频宽吻合。当直扩导航接收机利用信号和干扰的频域上的差异时,可采用自适应窄带干扰抵消技术、窄带隐波技术等措施,在接收机输入端有效抑制掉单频(或窄带)干扰,而使直扩导航通信仍正常工作。

4.3.4 对直接序列扩频体制导航信号的均匀频谱宽带阻塞式干扰

全面阻塞式干扰是在实施干扰过程中,对某频段内所含的全部直扩导航、定频导航、跳频导航和组合扩频导航等的导航信道都实施有效干扰。

均匀频谱宽带干扰属于全面阻塞式干扰,且为绝对最佳阻塞式干扰。

在频域上,其在干扰频宽内呈均匀的干扰频谱,以对各频道的定频导航实施同等强度的有效干扰,对各信道的直扩导航信号(不论其载频是否相同,不论其伪码速率和伪码序列长度是否相同)实施同等强度的有效干扰。均匀频谱宽带干扰在技术上最容易实现,无需掌握敌方直扩导航信号的有关技术参数,仅需使干扰频宽覆盖住信号频宽。

设接收机在定频工作时,接收带宽为 B_m,此时输入端的信号功率为 P_c,为达有效干扰,当要求输入端的干扰功率 P_{jc} 等于信号功率 $P_{jc} = P_c$ 时,则要求均匀频谱宽带干扰频宽 B_m 的有效干扰功率 $P_{ji} = P_{jc}$。

而当接收机在直扩导航通信工作时,接收带宽增为 B_s, $N = B_s/B_m$,设此时输入端的信号功率只和定频时的信号功率相同,为 $P_s = P_c$。而此时,由于均匀频谱宽带干扰的作用,输入端的干扰功率 $P_j = NP_{ji} = NP_s$。

此宽带干扰进入接收机,在混频器与接收机本振信号相乘,因两者不相关,则其输出仍为宽带干扰信号。

我们可以把输入的宽带干扰分成 N 个等强度的频宽 B_m 的窄带干扰,其与本振相乘后,各个输出干扰信号的差频部分为

$$J_k(t) = \frac{1}{2} \cdot \sqrt{2p_{ji}} \cdot D \cdot P_0(t) \cos\left[2\pi f_{ik} t + \varphi_{jk}(t)\right]$$ (4.3.13)

$$f_{ik} = f_0 - f_{jk}, k = 1, \cdots, N$$

这些输出干扰信号 $J_k(t)$ 的频宽都为 B_s,其能量频谱呈 $(\sin x/x)^2$ 分布。若每个输出宽带干扰信号的功率为 P'_j,而仅有很小一部分干扰能量 $P_{ko} \approx P'_{jk}/N$ 通过窄带滤波器,总的输出宽带干扰功率 $P'_j = NP'_{jk}$,而通过窄带滤波器的输出干扰功率 P_{jo} 则为这些干扰能量 P_{ko} 之和,仅为总的干扰功率的 $1/N$。

$$P_{jo} = \sum_{k=1}^{N} P_{ko} \approx N \cdot \frac{P'_{jk}}{N} = P'_{jk} = P'_j/N$$ (4.3.14)

信号经混频后,经窄带滤波器的输出功率 $P_{so} = kP_s$,而干扰经混频后,其经窄带滤波器的输出功率为 $P_{jo} = P'_j/N = kP_j/N = kP_s$,由此输出干扰功率 P_{jo} 等于输出信号功率 P_{so},而达到有效干扰。

通过上述分析得知,当有效干扰单一频道的定频导航需干扰功率 P_1 时,在导航台功率等有关条件相同情况下,对 N' 个频道的定频导航实施有效阻塞式干扰时,则需干扰功率 $P = N'P_1$。

对单个直扩导航接收机来说,为达到有效干扰,在接收机输入端的均匀频谱宽带干扰的功率,需为信号功率的 N 倍,即其压制系数为 N。

但从另一方面观察,当有足够阻塞式干扰功率时,均匀频谱宽带干扰对干扰频宽内的所有导航信号(不论其为定频导航信号还是扩频导航信号,不论其信号频带是宽或窄)都具有同样的有效干扰效能。这说明,当实施全面阻塞式干扰时,直扩导航信号的抗干扰能力并不优于常规导航信号的抗干扰能力。

均匀频谱宽带干扰适用于密集信号环境下的对抗,需干扰的敌导航节点越多,越适用全面阻塞式干扰。

下面对导航领域典型的干扰样式进行介绍。

4.4　卫星导航压制干扰与干扰信号样式

4.4.1　实施压制干扰的要素分析

卫星导航系统大多数是码分多址系统,只有 GLONASS 例外,叠加了频分多址,然而就单颗卫星信号来说,所有卫星导航系统都采用直接序列扩频(DS)体制,而且都可分解为二元数字相位调制信号(binary phase shift keying,BPSK)。

可以证明卫星导航接收机对全频带白噪声拦阻干扰的抗干扰性能与普通DS-CDMA(直接序列扩频—码分多址)系统的性能相近似,直扩系统一般以全频带白噪声为抗干扰性能的参考基准。因此,与直扩系统一样,卫星导航接收机也以全频带白噪声为抗干扰性能的参考基准。

1. 压制干扰概述

压制式干扰是通过辐射大功率的噪声和类噪声干扰信号,使卫星导航接收机接收到足以压制导航星信号的干扰能量,从而使得接收机不能捕获、跟踪卫星导航信号,以致无法完成定位解算。

卫星导航接收机是在噪声和干扰背景下进行信号检测的,当目标信号能量与噪声或干扰能量之比(S/N)低于检测门限时,导航接收机将会由于解调出的数据误码率过高而难以获得准确可靠的导航定位信息,从而失去作战效能。

对导航信号的压制方式包括噪声、相干等多种方式。

对卫星导航接收机进行噪声压制式干扰的原理示意图如图4.4所示:

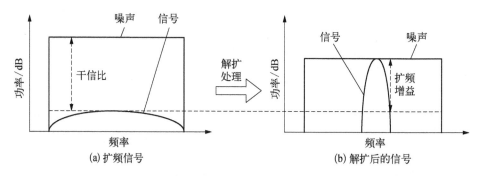

图 4.4   使用噪声进行压制性干扰的示意图

由图可以看出,只有当经过卫星导航接收机载频捕获和解扩处理之后,干扰信号强度仍然比导航信号的强度强时(即干扰的有效能量大于导航信号的能量),压制性干扰才能起到作用。在这种情况下干扰信号与卫星导航信号的干信比(在导航接收机输入端)需要大于接收机的抗干扰容限。以 GPS P(Y)码接收机为例,其扩频处理的增益约为 53 dB,考虑到相关损耗和最小检测信噪比(14 dB)的要求,其抗干扰容限为 39 dB,因此,噪声的强度在解扩前必须比信号高出 39 dB,干扰才可能有效。因此,采用一般的压制干扰,需要很大的干扰功率。

如果干扰信号采用某种特殊设计的波形时,就可能使得它在经过接收机的扩频处理后,也具有一定的增益,虽然这个增益比真正导航信号的增益要小,但有了它,就可以有效地减少干扰机的发射功率;而且一旦干扰机的发射功率降低了,卫星导航接收机的各种抗干扰措施(主要是针对强信号干扰)起到的作用也相对减弱。这种干扰样式的效果示意图如图 4.5 所示:

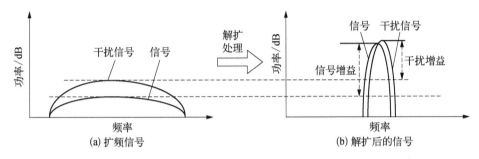

图 4.5　相关压制干扰时 S/I 功率变化图

采用这种相关压制的干扰方式,需要获得和导航伪码相关性较强的干扰波形,这一方面需要通过侦察的手段获得导航信号中伪码的结构信息,另一方面需要能够快速地获取或产生与伪码相关的信号。

2. 干扰样式分析

从直接序列扩频信号的频谱(以 GPS 为例,参见图 4.6)可以看出,越靠近中心频率,能量越集中,所以干扰信号集中在载频周围危害较大,到极限便是单音干扰。但单音干扰容易被消除,而且由于卫星的轨道不同、升降变化不同及用户的运动状态的不确定性等,则各卫星到达用户接收端的信号载频对于干扰方来说是分别地随机变化的。因此,在实施干扰时很难进行准确的频率跟踪瞄准,这样就会使单音干扰的效果受到不同程度的影响。故干扰方可能宜采用锯齿波扫频,产生宽带多音干扰。而且,适当的频率调制可以扰动接收机环路的工作特性。调频噪声的频谱较宽,干扰不容易被消除,而其干扰效果接近音调干扰;但白噪声的干扰效果不好,且不利于充分发挥功放的效率。

相关码干扰,也可以在一定条件下看成是压制干扰,用相关码干扰在一定条件可以起到较好的干扰效果,且当干扰序列同信号序列有一定的相关时,还可部分抵消接收机的处理增益,从而可以进一步节省干扰功率。相关序列干扰的时域和频域结构与卫星信号相类似,使得用户接收机很难抗拒。但卫星导航信号变化的载频会减轻其危害性,寻找合适的干扰序列也是一个难题。一般而言,压制干扰的主要样式有:

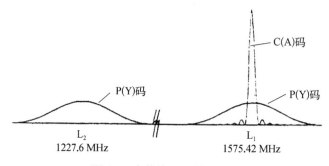

图 4.6 当前的 GPS 信号结构

1）噪声调幅（AM）干扰

噪声调幅干扰一般用于部分频带干扰。部分频带的窄带干扰比全频段拦阻干扰更有效率，且干扰功率相对可以节省 1/2。比较部分频带干扰还可以发现，单音（音调）干扰的效果是部分频带干扰所能达到的极限值。

2）噪声调频（FM）干扰

噪声调频干扰的效果不仅与干扰信号的带宽、位置有关，而且也与干扰信号频谱的形状、结构有关。对大多数所感兴趣的目标，调频噪声都是一个好的选择，而且调频噪声的频谱较宽，干扰不容易被消除，因此针对卫星导航接收机，噪声调频干扰也被认为是较好的干扰样式，并被普遍应用于干扰机信号设计中。

3）伪噪声序列干扰

伪噪声序列干扰的干扰序列与扩频序列同频、同速时，干扰效果最好。经实验可以发现，使系统达到同样的误码率时，序列干扰功率比宽带白噪声干扰节省1/4。这里假定干扰序列与扩频序列正交，实际上，干扰信号和本地参考信号之间任何显著的互相关都会损害系统的性能。

4）相关干扰

当干扰机有一定的检测手段，能够提供直扩信号（如卫星导航信号）的载频、伪码速率等参数时，就能对直扩信号实施"互相关干扰"（简称"相关干扰"或"相干干扰"）。相关干扰就是采用这样一种干扰序列进行干扰，该序列同导航伪码序列有较大的平均互相关特性，同时要求干扰载频接近信号载频。知道导航伪码序列的参数越多，越容易寻找相关干扰序列；干扰序列与信号伪码序列的相关性越大，干扰谱被展宽得越少，通过接收机窄带滤波器的干扰能量就越多，积分后达到的干扰幅度也越高。实际上，干扰序列与信号伪码序列的码速率不可能一致，故两序列之间的相对时延在不断变化，则互相关值也根据互相关函数作周期变化,此时接收机窄带滤波器中的干扰平均功率为该周期内所有互相关绝对值的统计平均。

对卫星导航的任何干扰信号都会在用户接收机形成比较大的干信比,即使欺骗信号被识别,欺骗干扰仍然起到压制干扰的效果,且由于有一定的相关性还使之成为比较好的压制干扰样式。

4.4.2　连续波扫频干扰

扫频干扰是一种时域和频域都分时的宽带干扰样式。它利用一个相对较窄的窄带信号在一定的周期内,重复扫描某个较宽的干扰频带。对于某个导航信道而言,干扰信号落在该信道中的时间和频率都是不连续的。

连续波窄带干扰能力有限,一般采用线性调频(linear frequency modulated,LFM)方式实现连续波扫频干扰,其一般表达式为

$$s(t) = A(t)\,\mathrm{e}^{j\left[2\pi\left(ft+\frac{1}{2}kt^2\right)\right]}$$

其中,f 和 k 分别是 LFM 信号的起始频率和调频斜率。记扫频起始频率与终止频率分别为 f_1 和 f_2,则扫频带宽 $B = |f_2 - f_1|$。$A(t)$ 为线性扫频矩形脉冲包络,如下式所示(T 为扫频持续时间):

$$A(t) = A\mathrm{rect}(t/T) = \begin{cases} A & |t| \leqslant T/2 \\ 0 & \text{其他} \end{cases}$$

图 4.7、图 4.8 分别显示了一个线性扫频信号的时域和频域图。该信号的幅度为 1,起始频率为 0,截止频率为 150 Hz,采样率为 1 000 Hz,采样点数为 2 001。

4.4.3　宽带干扰

宽带干扰是从带宽上相对窄带干扰而言,针对民用导航信号因其带宽很窄,利用单音、多音干扰、线性调频、窄带高斯干扰等窄带干扰即可实现频带压制。而宽带压制式干扰是指噪声和频谱类似于噪声的干扰信号,一般来说信号功率较大,因此导航信号接收终端会接收到很大的干扰能量,对导航信号实现压制,使导航信号接收终端不能捕获、跟踪导航信号,从而不能对位置进行正确计算。

对导航接收机进行宽带压制干扰的原理如图 4.4 所示。可以采用噪声调频或带限高斯噪声实现宽带干扰。

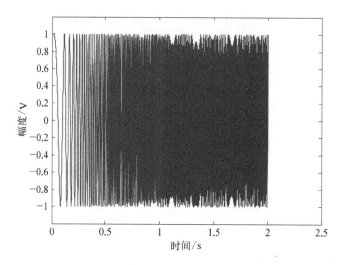

图 4.7　单分量线性扫频信号时域图

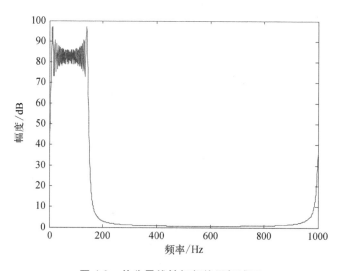

图 4.8　单分量线性扫频信号频域图

　　噪声调频干扰是一种典型的宽带压制干扰样式[26]，它是用噪声对载波进行调频后所形成的一种随机信号。通常，可将进入接收机前端的噪声调频干扰信号表示为

$$J_{NF}(t) = U_j\cos\left(\omega_j t + 2\pi K_{FM}\int_0^t u_n(t')\,\mathrm{d}t' + \varphi_n\right) \tag{4.4.1}$$

式中，$u_n(t)$ 表示基带调制噪声，是一个均值为 0、方差为 σ_n^2 的广义平稳随机过程；U_j、ω_j、K_{FM} 分别为噪声调频干扰的振幅、中心角频率和调频斜率；随机变量 φ_n 服从 $[0,2\pi]$ 均匀分布，且与 $u_n(t)$ 独立。

令 $f_{de} = K_{FM}\sigma_n$ 为有效调频带宽，$m_{fe} = \dfrac{K_{FM}\sigma_n}{\Delta F_n}$ 为有效调频指数（ΔF_n 是基带调制噪声的等效带宽），$m_{fe} \geq 1$ 时为宽带噪声调频信号，则此时噪声调频干扰的功率谱可表示为

$$G_{J_{NF}}(f) = \frac{U_j^2}{2}\frac{1}{\sqrt{2\pi}f_{de}}e^{-\frac{(f-f_j)^2}{2f_{de}^2}}$$

式中，f_j 为干扰的中心频率。

噪声调频信号的总功率等于调频载波的总功率，即

$$P_J = \frac{U_j^2}{2}$$

噪声调频干扰的半功率带宽为

$$\Delta f_j = 2\sqrt{2\ln 2}f_{de} = 2\sqrt{2\ln 2}K_{FM}\sigma_n$$

由上式可知，噪声调频干扰的带宽与基带噪声的带宽 ΔF_n 无关，而是取决于基带调制噪声的调频斜率 K_{FM} 和噪声功率 σ_n^2。

如图 4.9 所示为干扰功率一定时不同有效调频带宽的噪声调频干扰的功率谱，从图中可以看出，其功率谱形状呈钟形，有效调频带宽越大，功率谱越近似于噪声。

另外一种实现宽带干扰的方式为带限高斯噪声干扰，带限高斯噪声干扰容易产生，可使接收机 ADC 输入端的热噪声和干扰噪声的 RMS 幅度在较长的持续时间内维持在同一水平，不易被 AGC 电路检测到并进行消零。其归一化功率谱密度可以建模为

$$G_J(f) = \begin{cases} 1/\beta_J & f_J - \beta_J/2 \leq f \leq f_J + \beta_J/2 \\ 0 & 其他 \end{cases}$$

式中，β_J 和 f_J 分别是干扰信号的带宽和基带中心频率，宽带干扰条件下要使得 β_J 足够大，从而有 $1/\beta_J$ 远远小于码鉴别器积分时间。

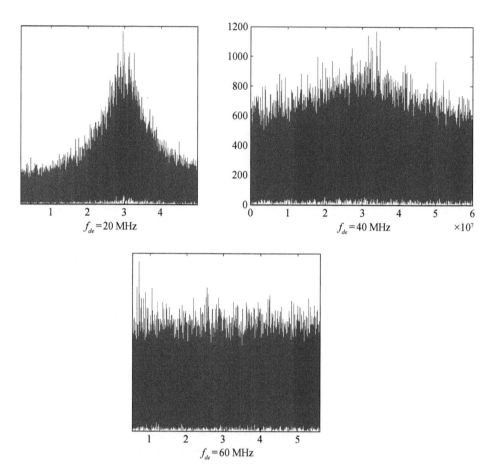

图 4.9   不同有效调频带宽的噪声调频信号功率谱

4.4.4   伪随机序列噪声干扰

伪随机序列噪声干扰是一种与目标导航信号同载频、同码速率、同调制方式的干扰样式,该种干扰方式在频域上可以形成对卫星导航信号的完全覆盖和压制性干扰。传统的卫星导航信号分别采用了码率不同的 BPSK 调制方式,而新一代 GPS-Ⅲ系统的信号采用了 BOC 及各种扩展型调制方式,以 BOC 调制信号为例,针对卫星导航信号的伪随机序列噪声干扰信号建模如下:

$$J_{\text{random}}(t) = \sum_{k=-\infty}^{\infty} C_k q_{T_c}(t - kT_c - t_0) \cos(2\pi f_0 t) \cdot Sc_{T_s}(t - t_\varphi - t_0) \quad (4.4.2)$$

式中，C_k 是通过线性寄存器产生的任意伪随机码，$C_k \in \{-1, +1\}$；$q_{T_c}(t)$ 是形状为矩形的扩频码片波形，幅值为 1；T_c 为码片宽度，与目标信号码片宽度相同；t_0 为初始时间；f_0 对准目标导航信号的载波中心频率；$S_{C_{T_s}}(t)$ 是方波副载波，周期为 $2T_s$，与目标信号的副载波周期一致；t_φ 为副载波相位时延，t_φ 可取 0 或 $T_s/2$。

当针对 BPSK 调制进行干扰时，可在式（4.4.2）中去除方波副载波 $S_{C_{T_s}}(t)$。图 4.10 为以 GPS 例的伪随机序列噪声干扰信号生成框图：

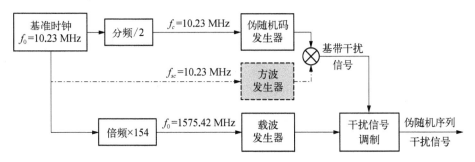

图 4.10 伪随机序列噪声干扰信号生成框图

伪随机序列噪声干扰信号的产生机理如图 4.10 所示。采用伪随机序列噪声干扰在频域上可以形成对卫星导航信号的匹配谱压制，但由于干扰信号的伪码是任意产生的，与目标接收机本地伪码并不相关，所以并不能完成伪码解扩，仍为宽带干扰。

4.4.5 基于信号检测的相关干扰

1. 卫星导航信号时域相关检测

卫星导航信号从时域结构上可分为载波、扩频码和导航电文三个层次，其中扩频码是卫星到用户距离测量的基础，均采用矩形码片：

$$W_C(t) = \begin{cases} 1 & 0 < t \leqslant T_c \\ 0 & \text{其他} \end{cases} \quad (4.4.3)$$

因此，可将采用伪随机方式生成的扩频码序列 $C(t)$ 表示为

$$C(t) = \sum_{i=0}^{L-1} c_i W_c(t - iT_c) \tag{4.4.4}$$

其中，c_i 表示扩频码的符号；L 是码元个数；i 表示第 i 个码片。对于 BPSK 体制信号，直接使用扩频码对导航电文进行调制，设电文宽度为 T_d，可将导航电文表示如下：

$$D(t) = \sum_{i=0}^{\infty} d_i W_d(t - iT_d) \tag{4.4.5}$$

$W_d(t)$ 为矩形窗函数：

$$W_d(t) = \begin{cases} 1 & 0 < t \leqslant T_d \\ 0 & 其他 \end{cases} \tag{4.4.6}$$

$D(t)C(t)$ 在频率为 f_c 的载波调制下生成卫星导航信号，其时域表达式如下：

$$s_{BPSK}(t) = \sqrt{A} \, D(t - \tau^s) C(t - \tau^s) \mathrm{e}^{j[2\pi(f_0 + f_D^s)t + \varphi^s]} \tag{4.4.7}$$

其中，f_0 是载波标称频率；f_D^s 是卫星运动引起的多普勒频移；φ^s 为初始相位；τ^s 是初始码相位偏移，$0 \leqslant \tau^s < T_d$。

对于采用 BOC 调制的新型卫星信号，实质上等同于 BPSK 调制和方波副载波的乘积，因此在式 (5.4.7) 基础上可将 BOC 调制信号的时域表达式记为

$$s_{BOC}(t) = \sqrt{A} \, D(t - \tau^s) C(t - \tau^s) \mathrm{sgn}\{\sin[2\pi f_{sc}(t - \tau^s) + \psi]\} \mathrm{e}^{j[2\pi(f_0 + f_D^s)t + \varphi^s]} \tag{4.4.8}$$

式中，方波副载波频率 $f_{sc} = m f_{co}$；ψ 为 BOC 调制的相位，ψ 分别取 0° 时为 BOC_s（正弦相位）调制，$\psi = 90°$ 时为 BOC_c（余弦相位）调制。

具体时域检测方法在第三章已阐明，下面在信号时域检测的基础上，介绍相关干扰的机理和作用。

2. 相关干扰

相关干扰针对的是卫星导航接收机解扩积分环节，或者说是相关峰形成环节。这里的相关干扰指的是互相关干扰。

由互信息的特性可知，传输信号和干扰信号之间的任何相关性，都将导致互信息的减少。但互信息减少到多少，信息论中并没有给出确定的答案，本书将采用相关函数进行分析。

所谓互相关干扰就是采用这样一种干扰序列进行干扰,该序列同卫星导航伪码序列有较大的平均互相关特性。知道卫星导航扩频序列的参数越多,越容易寻找相关干扰序列。

设在卫星导航接收机输入端的相关干扰为[2]

$$j(t) = JC_j(t)\cos(2\pi f_j t) \tag{4.4.9}$$

其中,J 为干扰的振幅;$C_j(t)$ 为干扰序列;f_j 为干扰载频。经过相关器,干扰与接收机本振信号的差频分量为

$$j_n(t) = 1/2 \cdot JDC_j(t)C_0(t)\cos(f_0 - f_j)t \tag{4.4.10}$$

其中,D 为信号幅度;$C_0(t)$ 为卫星导航伪码序列;f_0 干扰载频。这里 J 和 D 皆为常量。假设收到的信号在时间上与本地时间同步,对于任意干扰信号 $j(t)$,其自相关函数为

$$R_j(\tau) = \varepsilon\{j(t+\tau)j(t)\} \tag{4.4.11}$$

其中,$\varepsilon\{\ \}$ 表示期望函数,相应的谱密度 PSD 为

$$S_j(f) = \int_{-\infty}^{\infty} R_J(\tau)\exp(-2\pi f\tau)\,\mathrm{d}\tau \tag{4.4.12}$$

若 PN 序列用 $c(t)$ 表示,其自相关函数为

$$R_c(\tau) = \varepsilon\{c(t+\tau)c(t)\} \tag{4.4.13}$$

假设 $c(t)$ 为最大序列,因此

$$R_c(\tau) = \begin{cases} 1 - \dfrac{|\tau|}{T_c} & |\tau| \leqslant nT_c,n \text{ 为整数} \\ 0 & \text{其他} \end{cases} \tag{4.4.14}$$

解扩前的接收信号为

$$r(t) = As(t-t_d) + n(t) + j(t) \tag{4.4.15}$$

其中,$n(t)$ 是热噪声;A 表示传输信号 $s(t)$ 的信道衰减;t_d 是有限传输时间导致的信号延迟。A 和 t_d 都可以是随机变量或时间的确定性函数。假设,干扰信号远远大于热噪声,那么热噪声可以忽略。这样,解扩时本地码序列 $c(t)$ 乘以 $r(t)$,就产生了干扰机带来的分量:

$$n_J(t) = c(t)j(t) \tag{4.4.16}$$

该函数的自相关公式为

$$
\begin{aligned}
R_{n_J}(\tau) &= \varepsilon\{n_J(t+\tau)n_J(t)\} \\
&= \varepsilon\{c(t+\tau)j(t+\tau)c(t)j(t)\} \\
&= \varepsilon\{c(t+\tau)c(t)\}\varepsilon\{j(t+\tau)j(t)\} \\
&= R_c(\tau)R_J(\tau)
\end{aligned} \tag{4.4.17}
$$

根据线性系统理论, $n_J(t)$ 的谱密度为

$$S_{n_J}(f) = S_c(f) * S_J(f) \tag{4.4.18}$$

其中, $*$ 表示卷积。

$$S_c(f) * S_J(f) = \int_{-\infty}^{\infty} S_c(\varsigma)S_J(\varsigma - f)\mathrm{d}\varsigma \tag{4.4.19}$$

于是,

$$S_{n_J}(0) = \int_{-\infty}^{\infty} S_c(\varsigma)S_J(\varsigma)\mathrm{d}\varsigma \leqslant S_c(0)\int_{-\infty}^{\infty} S_J(\varsigma)\mathrm{d}\varsigma = S_c(0)P_J \tag{4.4.20}$$

因为,

$$\int_{-\infty}^{\infty} S_J(\varsigma)\mathrm{d}\varsigma = P_J \tag{4.4.21}$$

且

$$S_c(f) \leqslant S_c(0) \tag{4.4.22}$$

设 PN 序列是具有周期为 T_c 和长度为 L 的最长基码, PN 序列的功率谱为

$$S_c(f) = \frac{1}{L^2}\delta(f) + \frac{L-1}{L^2}\sum_{\substack{i=-\infty \\ i \neq 0}}^{\infty} \mathrm{sinc}^2\left(\frac{i}{L}\right)\delta\left(f - \frac{i}{LT_c}\right) \tag{4.4.23}$$

该函数曲线如图 4.11 所示。

这样解扩处理得到的干扰功率就分布在一个大带宽上, 且与信号不相关。可以看出, 该干扰信号具有与直接序列扩谱系统中的相加白高斯噪声(additive white Gaussian noise, AWGN)相同的特性。

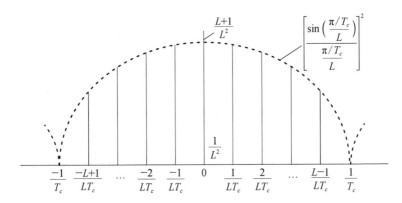

图 4.11　周期为 T，长度为 L 的 PN 序列的频谱

PN 序列和干扰机的谱密度可用图 4.12 所示的矩形函数近似地表示，其中 $A_J = P_J / W_J$，$C \approx 1/L$。图 4.12 也显示了这些谱密度的图形卷积。获得的信号为宽带信号，当 $W_J \ll W_{n_r}$ 时，带宽 $W_{n_r} \approx W_{ss}$，幅度为 $A_J C$。因此，解扩过程在相关器输出端产生一个类似噪声的频谱。

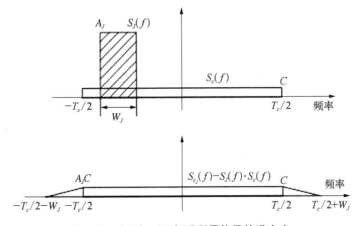

图 4.12　$j(t)$ 和 $c(t)$ 相乘所得信号的谱密度，它是 $S_J(f)$ 和 $S_c(f)$ 的卷积

直接序列扩谱系统利用的 PN 序列获得了干扰处理增益，它是系统对非相关能量在解扩处理中进行扩展，同时将相关能量压缩到原始带宽上所产生的效应。值得注意的是，这些效应与非相关能量是否为噪声无关，与非相关能量是

由无意干扰引起的,还是由像干扰机这样的有意干扰所引起的无关。它与干扰信号的类型也无关。干扰信号可以是宽带噪声、部分频段噪声、窄带噪声或多音调信号。

当干扰与 PN 序列存在相关能量时,决定干扰谱宽度的是 $C_j(t)$ 和 $C_0(t)$ 的相关程度。相关性越大,通过接收机窄带滤波器的干扰能量就越多,积分后达到的干扰幅度也越大。

4.4.6　窄脉冲干扰

脉冲干扰是利用窄脉冲序列组成的干扰信号,它的概念类似于部分频段噪声干扰。脉冲干扰只是总时间上的一部分,而部分频带干扰是总频谱上的一部分。脉冲干扰有两种形式,一种是采用无载波的极窄脉冲作为干扰信号,另一种是采用有载波的窄脉冲作为干扰信号。两种形式的脉冲干扰的原理是类似的,因此这里以无载波的窄脉冲序列为例讨论[27]。

设窄脉冲序列为矩形脉冲,其脉冲宽度为 τ,脉冲重复周期为 T_r,幅度为 A,则它可以表示为

$$J(t) = \sum_{n=-\infty}^{\infty} Ag(t - nT_r) \tag{4.4.24}$$

式中,$g(t)$ 是宽度 τ 为的矩形脉冲。该脉冲序列的频谱为

$$P_j(f) = \frac{A}{2T_r} \sum_{n=-\infty}^{\infty} G(f)\delta\left(f - \frac{n}{T_r}\right) \tag{4.4.25}$$

其中,$G(f)$ 是单个矩形脉冲的傅里叶变换:

$$G(f) = \frac{\sin(\pi f\tau)}{\pi f} = \tau \cdot Sa\left(\frac{\omega\tau}{2}\right) \tag{4.4.26}$$

即重复周期为 T_r 的脉冲干扰信号的频谱是离散谱,其包络是 $Sa(\ )$ 函数,离散谱的幅度为

$$a_n = \frac{A}{2T_r}G(n\omega_r) = \frac{A\tau}{2T_r}Sa\left(\frac{\tau}{2}n\omega_r\right) \tag{4.4.27}$$

窄脉冲干扰的频谱结构如图 4.13 所示。

窄脉冲干扰的两个重要的参数是占空比和重频,占空比定义为脉冲宽度与脉冲重复周期之比,即

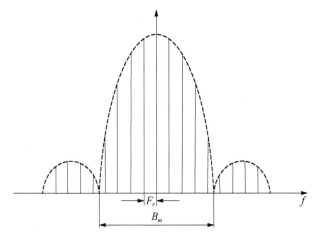

图 4.13　窄脉冲干扰的频谱

$$\eta = \frac{\tau}{T_r}$$

令 $\gamma = 1/\eta$，则其频谱的主瓣（Sa 函数的第一零点）宽度为

$$B_m = \frac{2}{\tau} = \frac{2\gamma}{T_r}$$

谱线间隔与脉冲重复频率相同，即

$$F_r = \frac{1}{T_r}$$

主瓣内的谱线个数为

$$k = \frac{2T_r}{\tau} - 1 = 2\gamma - 1$$

此时，主瓣内的所有谱线进入接收机带宽。但是当接收机带宽很窄，如 $B = 25\ \text{kHz}$，要求 $\tau \geqslant 80\ \mu\text{s}$，这样的脉冲已经不是窄脉冲了。

在应用脉冲干扰时，可以按照以下三种情况进行设计应用。

1. 利用周期窄脉冲实现单音干扰

这种情况，只考虑使 $n = 0$ 的中心谱线进入接收机，可以证明，用周期窄脉冲序列对窄带接收机进行有效干扰的条件为

$$\begin{cases} T_r B \leqslant 1 \\ P\tau^2 \geqslant P_0 T_r^2 \end{cases} \tag{4.4.28}$$

式中，τ 为干扰脉冲宽度；T_r 为干扰脉冲重复周期；B 为被干扰接收机带宽或者信道间隔；P_0 是连续波干扰时所需要的干扰功率；P 为脉冲干扰的干扰功率。式(4.4.28)说明，当干扰功率足够大时，用周期窄脉冲对窄带干扰进行有效干扰的唯一条件是干扰脉冲的重复周期要足够短，而与脉冲宽度无关；脉冲重复周期越小，干扰信号对接收机带宽的适应能力越强。

2. 利用周期窄脉冲实现单信道多音干扰

这种情况可以设计使多个谱线进入接收机带宽，以增加进入接收机的干扰能量，提高干扰效率。如果让 N 根谱线进入通信接收机，则需要满足以下条件：

$$N\frac{1}{T_r} = B \text{ 或 } T_r = \frac{N}{B} \tag{4.4.29}$$

此时，进入通信接收机的信号为 N 个谱线的合成，进入接收机的干扰功率为

$$P = \frac{A^2}{2}\left(\frac{\tau}{T_r}\right)^2\left[1 + 2\sum_{n=1}^{N/2} Sa\left(n\pi\frac{\tau}{T_r}\right)\right] \tag{4.4.30}$$

进入接收机的干扰信号相当于单信道多音干扰的效果。值得注意的是，N 值不能太大，N 值过大时，合成信号会变成脉冲信号，其峰值功率大但是平均功率低，干扰效果降低。

3. 利用周期窄脉冲实现独立多音干扰

这种情况可以设计使每个谱线正好进入一个信道，即使谱线间隔等于信道间隔，也可以实现独立多音干扰。如果让 N 根谱线进入 N 个信道，则需要满足以下条件：

$$F_r = \frac{1}{T_r} = B_{ch} \tag{4.4.31}$$

满足上述条件时，谱线间隔正好等于信道间隔 B_{ch}，每个信道中正好落入一根谱线。当然，为了覆盖较宽的频带，脉冲宽度必须很窄。

总之，合理地选择脉冲干扰参数，可以实现多音和多音干扰效果。脉冲干扰是一种新型干扰样式，针对导航系统不同的信号体制和信号样式，连续波干扰和脉冲干扰都是常用的干扰样式。

4.5　卫星导航欺骗干扰与干扰方式

4.5.1　卫星导航欺骗干扰原理

根据几何学原理,三个球面相交一点。

卫星导航用户通过比较接收到的卫星时钟信号和用户本地时钟信号,测得信号传播延时 τ 后,可以计算出卫星和用户之间的伪距离 $r(r=c\tau,c$ 为光的传播速度),从而得到空间上的一个球面方程。接收机就位于这样一个以卫星为中心,其半径等于所测得的距离的球面上。同时测得的到第二颗卫星的距离形成第二个球面,与第一个球面相交,生成一个相交区域,而接收机就位于这个区域。第三次测量形成三个球面相交于两点,一点位于空间,另一点则是接收机的地面位置。卫星导航定位原理如图 4.14 所示:

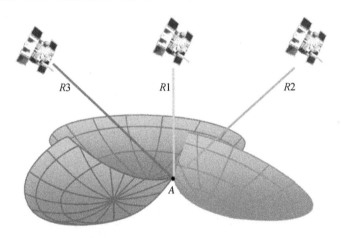

图 4.14　卫星导航定位原理

如前所述,实际上,测量到的 τ 值还包含着卫星时钟和用户时钟的钟差 Δt,因此,需要再测第四颗卫星的伪距以消除误差。用户在任何观测点至少可以观测到四颗卫星,多的时候可以达到十几颗。

从卫星导航定位原理知道,要确定空间某一点,必须确定三个球各自的球心位置和球半径。在卫星导航定位系统中,以卫星位置为球心,该位置由卫星发送的导航电文给出,球半径是卫星到用户接收点的距离,即通过测量卫星信号的传播时间得到的"伪距",所以对卫星导航接收机的欺骗式干扰可以有"产生式"和"转发式"两种体制。所谓的"产生式"(或称"生成式")是指由干扰机产生能被导航用户接收的高逼真的欺骗信号,也就是给出假的"球心位置"。产生式需要知道导航伪码码型及当时的卫星电文数据,这对干扰授权用户有非常大的困难。"转发式"干扰利用信号的自然延时,改变接收机测得的"伪距",也就是给出假的"球半径",可巧妙地实施欺骗,技术上也相对容易实现。下面分别对针对民码的产生式干扰和"转发式"欺骗干扰进行介绍。

4.5.2 针对民码的产生式干扰

GPS、BDS、GALILEO、GLONASS 导航定位系统是全世界当前最广泛应用的卫星导航系统,越来越多的具有潜在威胁的装置系统依赖于导航定位系统来实现控制,例如黑飞无人机等。

为了对抗此类系统装置,可对此类系统装置的导航接收机进行产生式卫星导航信号诱导欺骗[28];产生式欺骗干扰方式由于其生成的干扰信号与真实导航信号完全一致,欺骗信号被接收机接收到后,其定位的经纬度随预定经纬度坐标位置信息逐渐变化,最终被欺骗至预定位置,干扰成功率较高。具体实现步骤如下:

(1)获取欺骗目标的经纬度,将该经纬度偏移至预定经纬度:在欺骗目标的经纬度与预定经纬度之间设置有临时经纬度,将欺骗目标的经纬度首先偏移至临时经纬度,然后通过临时经纬度逐步偏移至预定经纬度,临时经纬度的数量为若干个;也可以将欺骗目标的经纬度直接偏移至预定经纬度;

(2)读取预存储的星历 RENIX 数据,根据时间判断卫星的运动状态,根据偏移轨迹上的经纬度实时计算所在位置的可见星,并记录可见卫星的伪随机噪声码即 PRN 码;

(3)根据步骤(2)得到的可见星,计算可见星和其对应的经纬度之间的距离和光时间,并根据距离和光时间计算可见星的码相位和载波相位参数;

(4)根据 RINEX 星历数据、可见星的 PRN 码和导航系统的测距码结构,生成导航系统的测距码,并根据步骤三得到的码相位对测距码的相位进行调整,具体示意图可参照图 2,按照导航电文结构,根据调整后的测距码结合载波相位参数生成可被导航信号接收机接受的导航电文格式数据;

(5)对步骤(4)得到的每个可见星的导航电文分配通信信道,生成基带信号,并将基带信号生成 IQ 数据文件进行存储;

(6)发射机读取 IQ 数据文件,并将其转换为射频信号进行放大发射。

通过选择地图上任意变化位置的经纬度坐标,并将该经纬度坐标逐步偏移至预定的经纬度,也可以将欺骗目标的经纬度直接偏移至预定经纬度,根据欺预定的经纬度坐标生成诱导欺骗导航信号,当接收机接收到生成的欺骗导航干扰信号后,接收机定位的经纬度随预定的经纬度坐标位置信息变化。

由于所发射的欺骗导航信号与真实导航信号体制的信号完全一致,动态导航欺骗信号选定经纬度坐标从接收机位置开始逐渐变化至预定的经纬度,不易被接收机本身防干扰所剔除,干扰成功率高。

GLONASS L1 频段、GALILEO L1 频段、北斗 B1 频段三种导航信号和 GPS 导航 L1 频段信号结构类似,可通过以上方法同样进行诱导欺骗干扰。动态导航欺骗信号经过可调增益放大器放大,由于导航信号接收机一般首先接收较大功率的信号,导航信号接收机率先接收到干扰信号的概率较大,而且进行定位跟踪则会引起定位结果错误,从而成功欺骗导航信号接收机偏向预定的轨迹。

与压制式干扰和转发式干扰技术相比,该干扰方法产生的动态欺骗导航信号与 GPS、GALILEO、GLONASS、北斗导航信号的真实信号格式一致,理论上也有可观的处理增益,不必像压制式干扰方法那样发射大功率信号,发射功率较小,隐蔽性好。

4.5.3　转发式欺骗干扰

转发式干扰机又称为反馈欺骗干扰机,利用受控的高增益天线阵来跟踪视野内的所有卫星,对卫星信号进行接收,然后对准目标接收机重新播发放大了的信号。

其中又分为一站同时转发多颗卫星信号和布阵实施干扰,如果转发信号被捕获,最终作用在目标接收机上的是反馈欺骗干扰机天线阵相位中心的位置和速度,其上带有时间偏差,包括欺骗机和受骗接收机的共视距离。如果所有欺骗信号从同一方向到达,可以通过调零天线技术进行抗干扰,因此转发通常采用空间分集技术,多颗转发站布阵构成伪星座实施转发式欺骗干扰。

1. 转发式欺骗干扰原理

卫星信号经过干扰机转发后,增加了传播时延,使导航接收机测得的伪距离发生变化。从几何学原理可以知道,若分别处理各个卫星信号的传播时延,则可使被干扰的卫星导航接收机测得的位置发生各种变化。"转发式"干扰对信号传播时延处理的等效示意图如图 4.15 所示[10]。

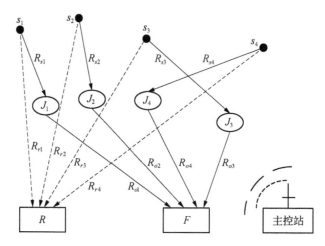

图 4.15 转发式干扰示意图

导航接收机接收到的导航信号,经多路时延后,传输路径等效如图 4.15 实折线所示。此时接收机测量的对卫星 S_j 的伪距为 $R_{sj} + R_{oj} + c\Delta t (j = 1,2,3,4)$,$c\Delta t$ 是伪距测量误差修正值。则定位方程变成:

$$\begin{cases} R_{s1} + R_{o1} + c\Delta t = \left[(X_1 - X)^2 + (Y_1 - Y)^2 + (Z_1 - Z)^2 \right]^{1/2} + c\Delta t_R \\ R_{s2} + R_{o2} + c\Delta t = \left[(X_2 - X)^2 + (Y_2 - Y)^2 + (Z_2 - Z)^2 \right]^{1/2} + c\Delta t_R \\ R_{s3} + R_{o3} + c\Delta t = \left[(X_3 - X)^2 + (Y_3 - Y)^2 + (Z_3 - Z)^2 \right]^{1/2} + c\Delta t_R \\ R_{s4} + R_{o4} + c\Delta t = \left[(X_4 - X)^2 + (Y_4 - Y)^2 + (Z_4 - Z)^2 \right]^{1/2} + c\Delta t_R \end{cases}$$

$$(4.5.1)$$

根据此错误的伪距定位方程组,GPS 接收机就会得到错误的定位信息。若时延控制等效为折线距离满足如下方程组:

$$\begin{cases} (R_{s1} + R_{o1}) - (R_{s2} + R_{o2}) = R_{r1} - R_{r2} \\ (R_{s2} + R_{o2}) - (R_{s3} + R_{o3}) = R_{r2} - R_{r3} \\ (R_{s3} + R_{o3}) - (R_{s4} + R_{o4}) = R_{r3} - R_{r4} \end{cases} \quad (4.5.2)$$

则由导航接收机在点 F 接收转发器转发来的导航信号而建立的定位方程,将与导航接收机在点 R,直接接收卫星导航信号而建立的伪距方程一致,于是就可使被干扰目标依据方程组错误地定位于点 R 处。

当卫星位置变化时,根据"伪距测量是靠卫星信号传输时间获得"的原理,可以在每路卫星信号上加上适当的时间延迟,可使接收机满足测量伪距条件,从而使系统实现更为简单,也保证了系统反应的实时性。地面主控站的作用就是通过对卫星位置变化的各种数据连续监测,计算 R_{r1}、R_{r2}、R_{r3}、R_{r4} 的值,根据欺骗干扰需要满足的条件,控制各路卫星信号转发的延迟 $\partial t_j (j = 1, 2, 3, 4)$,使

$$\begin{cases} (R_{s1} + R_{o1} + c\partial t_1) - (R_{s2} + R_{o2} + c\partial t_2) = R_{r1} - R_{r2} \\ (R_{s2} + R_{o2} + c\partial t_2) - (R_{s3} + R_{o3} + c\partial t_3) = R_{r2} - R_{r3} \\ (R_{s3} + R_{o3} + c\partial t_3) - (R_{s4} + R_{o4} + c\partial t_4) = R_{r3} - R_{r4} \end{cases} \quad (4.5.3)$$

就可实现在转发干扰器位置不变的情况下,映射的虚假目标点 F 的位置也不变。最终定位方程组(4.5.1)式变为

$$\begin{cases} R_{s1} + R_{o1} + c\partial t_1 + c\Delta t = \left[(X_1 - X)^2 + (Y_1 - Y)^2 + (Z_1 - Z)^2 \right]^{1/2} + c\Delta t_R \\ R_{s2} + R_{o2} + c\partial t_2 + c\Delta t = \left[(X_2 - X)^2 + (Y_2 - Y)^2 + (Z_2 - Z)^2 \right]^{1/2} + c\Delta t_R \\ R_{s3} + R_{o3} + c\partial t_3 + c\Delta t = \left[(X_3 - X)^2 + (Y_3 - Y)^2 + (Z_3 - Z)^2 \right]^{1/2} + c\Delta t_R \\ R_{s4} + R_{o4} + c\partial t_4 + c\Delta t = \left[(X_4 - X)^2 + (Y_4 - Y)^2 + (Z_4 - Z)^2 \right]^{1/2} + c\Delta t_R \end{cases}$$
$$(4.5.4)$$

2. 解的存在性

方程组(4.5.3)中 R_{r1}、R_{r2}、R_{r3}、R_{r4} 及 $R_{s1} \sim R_{s4}$,$R_{o1} \sim R_{o4}$ 都可以由地面控制站根据对卫星的监测和转发器的位置计算得到,要满足公式(4.5.3),需要调整 $\partial t_j (j = 1, 2, 3, 4)$。方程组(4.5.3)可改写为

$$\begin{pmatrix} 1 & -1 & 0 & 0 \\ 0 & 1 & -1 & 0 \\ 0 & 0 & 1 & -1 \end{pmatrix} \begin{pmatrix} \partial t_1 \\ \partial t_2 \\ \partial t_3 \\ \partial t_4 \end{pmatrix} = \begin{pmatrix} R_{r1} - R_{r2} + R_{s2} + R_{o2} - R_{s1} - R_{o1} \\ R_{r2} - R_{r3} + R_{s3} + R_{o3} - R_{s2} - R_{o2} \\ R_{r3} - R_{r4} + R_{s4} + R_{o4} - R_{s3} - R_{o3} \end{pmatrix}$$

其解为

$$\begin{cases} \partial t_1 = b_1 + b_2 + b_3 + \partial t_4 \\ \partial t_2 = b_2 + b_3 + \partial t_4 \\ \partial t_3 = b_3 + \partial t_4 \end{cases}$$

$$b_i = R_{ri} - R_{ri+1} + R_{si+1} + R_{oi+1} - R_{si} - R_{oi}$$

因此线性方程组(5.5.3)式一定有解。当然还要满足物理可实现条件:

$$\partial t_j \geq 0 (j = 1,2,3,4)$$

因为变量数比方程数多,这一条件总是可以满足的。

3. 仿真示例

下面是一个计算示例。已知地球平均半径为 6 370 km;设卫星分布在以地心为球心,半径 26 570 km 的球面上。图 4.16 为卫星与接收机位置示意图。

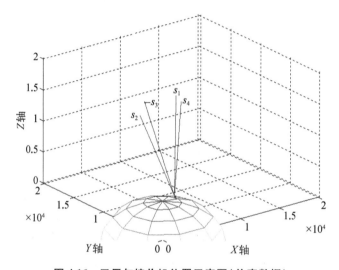

图 4.16 卫星与接收机位置示意图(仿真数据)

假设已知四颗星的坐标分别为

$$s_1(9\ 393.9\ km,9\ 393.9\ km,23\ 010\ km)$$

$$s_2(11\ 505\ km,19\ 928\ km,13\ 285\ km)$$

$$s_3(9\ 393.9\ km,16\ 271\ km,18\ 788\ km)$$

$$s_4(13\ 285\ km,13\ 285\ km,18\ 788\ km)$$

设接收机在地心坐标系的真实坐标为(2 992.9 km,2 095.7 km,5 218 km)。要使接收机错误定位在(2 758.3 km,1 592.5 km, 5 516.6 km)处,算出一组虚拟距离值:

$$R_{r1} = 2.027\ 1E + 004\ \text{km}, R_{r2} = 2.174\ 9E + 004\ \text{km}$$

$$R_{r3} = 2.087\ 1E + 004\ \text{km}, R_{r4} = 2.058\ 3E + 004\ \text{km}$$

假设 $\partial t_j (j = 1, 2, 3, 4)$ 都为 0,据此算出高度在 20 km 的干扰机位置为

$$J_1(3\ 007.9\ \text{km}, 2\ 106.2\ \text{km}, 5\ 229.6\ \text{km})$$

$$J_2(2\ 915.5\ \text{km}, 1\ 893.4\ \text{km}, 5\ 361.6\ \text{km})$$

$$J_3(2\ 947.1\ \text{km}, 1\ 950.6\ \text{km}, 5\ 323.7\ \text{km})$$

$$J_4(2\ 934.4\ \text{km}, 1\ 968.9\ \text{km}, 5\ 324.0\ \text{km})$$

当卫星位置坐标发生了变化,变为

$$s_1(9\ 396.75\ \text{km}, 9\ 396.75\ \text{km}, 23\ 007.97\ \text{km})$$

$$s_2(11\ 506.3\ \text{km}, 19\ 929.5\ \text{km}, 13\ 280.98\ \text{km})$$

$$s_3(9\ 395.55\ \text{km}, 16\ 273.5\ \text{km}, 18\ 784.55\ \text{km})$$

$$s_4(13\ 287.3\ \text{km}, 13\ 287.3\ \text{km}, 18\ 784.50\ \text{km})$$

此时如果接收机位置不变,我们要在干扰机不动的情况下使接收机仍旧错误定位到(2 758.3 km,1 592.5 km, 5 516.6 km)处,就要在每部干扰机转发时都加上一定时延,经计算可得

$$\partial t_1 = 7.208\ 9 \times 10^{-8}, \partial t_2 = 2.415\ 6 \times 10^{-6}$$

$$\partial t_3 = 1.444\ 9 \times 10^{-6}, \partial t_4 = 1.296\ 2 \times 10^{-6}$$

主控站把时延值注入干扰机,干扰机对卫星信号各延迟 $\partial t_j (j = 1, 2, 3, 4)$ 后转发,就能不改变自身位置实现对目标的成功诱导。计算机仿真实验和理论分析结果十分吻合。

因此,实际应用中,系统的工作过程可归纳如下:

(1) 确定欲保护的真实点和虚假点的位置坐标;

(2) 确定转发器的位置坐标,同时不间断地获取导航卫星的空间坐标,计算 $R_{r1} \sim R_{r4}$ 及 $R_{s1} \sim R_{s4}$,$R_{o1} \sim R_{o4}$;

(3) 根据公式(4.5.3)计算 $\partial t_j (j = 1, 2, 3, 4)$;

(4) 将 $\partial t_j (j = 1, 2, 3, 4)$ 通过无线传输注入转发器,控制各个转发器的时延;

(5) 重复以上过程,每隔 1 s 左右改变一次。

4.5.4　欺骗干扰的危害性

欺骗干扰针对的是卫星导航接收机伪距测量和导航定位环节。欺骗干扰的危害性是巨大的,很可能是抗干扰接收机最主要的威胁之一。

欺骗式干扰是采用与卫星导航相同或相近的信号进行干扰,这样的干扰具有隐蔽性,不易被受扰的接收机察觉,而难以采用干扰抵消措施,比如卫星导航与惯性导航的组合(GNSS/INS)等,而且设计良好的欺骗式干扰可以抵消直扩处理增益,大大节省干扰功率,使得调零天线和 FFT 等信号处理算法难以发挥作用。

1. 产生式欺骗干扰的危害性

产生式欺骗信号由于具有与原信号完全相同的码型,逐步拉偏的欺骗干扰还可以"骗过"完好性检测算法,因此,欺骗干扰可以形成假的位置、速度信息,使接收机要么被错误定位牵引,要么使输出的信息变得不可信。

2. 转发式欺骗干扰的危害性

观测到的卫星导航信号被卫星导航多通道接收系统接收后,经处理转发给区域内的导航接收机,设 ρ_i 为卫星到干扰机的伪距,ρ_i' 为干扰造成的欺骗伪距($i=1,2,3,4$)。从卫星导航的定位原理可以看出,卫星信号经过干扰机转发后,导航接收机测得的伪距发生变化,依据的定位方程变为

$$\begin{cases} \rho_1' = \left[(X^1 - x)^2 + (Y^1 - y)^2 + (Z^1 - z)^2 \right]^{1/2} + c\Delta t_R \\ \rho_2' = \left[(X^2 - x)^2 + (Y^2 - y)^2 + (Z^2 - z)^2 \right]^{1/2} + c\Delta t_R \\ \rho_3' = \left[(X^3 - x)^2 + (Y^3 - y)^2 + (Z^3 - z)^2 \right]^{1/2} + c\Delta t_R \\ \rho_4' = \left[(X^4 - x)^2 + (Y^4 - y)^2 + (Z^4 - z)^2 \right]^{1/2} + c\Delta t_R \end{cases} \quad (4.5.5)$$

使被干扰的导航接收机测得的位置发生了变化。

由远近效应可知,信号在某一点的强度与该点离信号源的距离的平方成反比。卫星导航系统空间卫星离地面的高度约为 20 000 km,假设干扰机距离地面 20 km,则干扰信号要比真实信号大 60 dB。所以说,转发式干扰不需要较大的功率,隐蔽性强。

转发式干扰信号是真实卫星信号在另一个时刻的重现,因而只是相位不同,但幅度更大。若转发式干扰信号在导航接收机开机之前或进入跟踪状态之前就已经存在,接收机的同步系统就无法判别真伪,将首先截获功率更大的干扰信号并转入同步跟踪状态,同时将直达的卫星信号抑制掉。

若在转发式干扰信号到达之前,接收机的某个信道已经同步于卫星信号,则干扰到达后,将在环路中形成极为复杂的误差函数,该函数与转发式干扰信号的调制、接收机信道的特性、可视卫星数目等多种因素有关。

在最简单的情况下,欺骗式干扰信号的到达改变了码跟踪环的工作特性(误差函数)。随着干扰功率的增大,其跟踪状态越来越不能稳定,并会出现多个跟踪点。同时载波环也会受到随机延时带来的随机频偏的干扰,影响接收机对信号的跟踪。因此,简单的欺骗式干扰可使环路的平均失锁时间(MTLL)显著增加,而一旦跟踪环路失锁,导航接收机将马上启动搜索电路,重新捕获所需信号。这时,功率相对较大的欺骗信号被优先锁定,从而达到干扰目的。

另外,因为干扰信号是卫星信号的复制品,它们之间的相互作用将使导航接收机的输入信号产生严重的衰落,环路的跟踪范围减小。由于卫星导航信号低于热噪声,导航接收机很难采用自动增益控制等方式来改善衰落性能。另一方面,由于干扰机与导航接收机之间距离的变化、各自时钟的漂移、相对运动造成的多普勒效应及人为地加入随机延时等,使干扰机产生的信号时延不断地随机或受控变化,从而使得干扰信号与本振序列的相对时延也不断变化。这样,干扰信号的主能量不断有机会落入接收机的环路带宽之内,扰乱跟踪环的工作特性(误差函数)。当干扰信号大于直达的卫星信号后,跟踪环路会选择幅度较大的干扰信号进行锁定跟踪。

4.5.5　转发欺骗干扰的限制

转发式干扰可利用自然传播延时进行欺骗,也可以人为地改变信号相位和时延,以满足不同场合的需要。欺骗干扰的原理是简单的,但工程实现难度较大,要解决众多的理论和工程问题。

欺骗式干扰首先要解决的是转发后信号的“保真”问题。涉及 L 波段微弱信号的接收、处理、匹配、放大等,要尽量减小信号畸变,提高输出信噪比。在某些场合下,收/发隔离也是一个严重的问题,需要采取一定的对消、隔离措施。

接收机前端热噪声为

$$N = 10\lg(KT_0) + 10\lg(B) \tag{4.5.6}$$

式中,$K = 1.38 \times 10^{-23}\,\text{J}/^\circ\text{K}$,接收机前端带宽为 2.046 MHz。$T_0$ 取 290°K 时,

$$N = -140.9\ \text{dBW} = -110.9\ \text{dBm} \tag{4.5.7}$$

卫星导航信号到达地面微弱。GPS 到达地面信号的额定功率为 $-160\,\text{dBW}$，C/A 码的最大功率为 $-153\,\text{dBW}$，P(Y)码的最大功率为 $-155\,\text{dBW}$，故一般 GPS 信号低于机内热噪声 $10\sim20\,\text{dB}$。要获得合适的信号，必须采取一些有效措施。接收机输入端的信噪比为

$$\frac{S}{N} = P_S + \frac{G}{T} - L - B + 228.6 \qquad (4.5.8)$$

式中，P_S 为卫星有效辐射功率；L 为路经损耗；B 为接收机等效带宽。这些参数都已相对确定，若要提高接收端信噪比，必须提高接收系统品质因素 G/T 值。因此，提高无源天线增益 G 可显著改善输入信噪比，该波段圆极化天线可获得 $20\,\text{dB}$ 以上的增益。

T 是接收系统总等效噪声温度：

$$T = \frac{T_a}{L_F} + \left(1 - \frac{1}{L_F}\right)T_1 + T_{er} \qquad (4.5.9)$$

T_{er} 为接收机的等效温度，主要决定于接收机前端低噪声放大器。目前 L 波段的低噪声放大器的等效噪声温度为数+K，并且有较高的放大倍数。T_1 为天线馈线的环境温度，因此馈线的衰减量 L_F 对系统噪声的影响也很明显，应尽量减小。

T_a 是等效天线噪声温度。L 波段的外部噪声较低，主要是大气中的水蒸气和氧气吸收带来的噪声。当天线仰角大于 $15°$ 后，一般低于 $10\,\text{K}$。

需要强调的是，转发式欺骗干扰起效的前提是导航接收机的两个环路（码环和载波环）退出原来锁定，转而锁定干扰信号。迫使传统 BPSK 调制的周期性伪码信号环路退锁的方法相对容易实现，对新型伪码接收机来说要难得多。

4.5.6　采用欺骗与压制相结合的干扰技术体制

采用了各种抗干扰措施之后的新一代卫星导航授权接收机将要求极大的干扰压制功率。如此大功率干扰机的研制有一定技术难度，需要进一步研究干扰样式、空间功率合成等相关技术，而且大功率的干扰机也容易被检测、定位甚至摧毁。

灵巧的干扰样式要抓住卫星导航信号的特点和弱点，设计专门的干扰信号，可以大大节省干扰功率，而且，这样的干扰样式还有部分欺骗效果。

　　欺骗式干扰的信号样式,是针对卫星导航采用的抗干扰措施和直接序列扩频体制的弱点提出的。比如 GNSS/INS 组合导航、自适应滤波和自适应调零天线等抗干扰措施的抗干扰能力都是以检测到干扰信号为基础的,欺骗式干扰的隐蔽性就可使这些抗干扰措施大大降低效率。欺骗式干扰还能破坏卫星导航接收机的相关特性,抵消其扩频增益带来的抗干扰能力。因此,与压制式干扰相比,对于新一代卫星导航授权接收机,欺骗式干扰有着明显的优势。

　　当然,欺骗式干扰在技术上的要求比较高,而且进行欺骗式干扰还需要应对反欺骗干扰模块,简单过时的欺骗式干扰很容易被接收机检测出来。然而,欺骗式干扰实质上是欺骗接收机的跟踪环路,因此,即便被检测出来也很难被消除,从而至少起到压制干扰的效果。反过来说,进行压制干扰时也可以采用部分欺骗式干扰技术以减轻功率压力。

第5章 卫星导航抗干扰技术及能力分析

如前所述,卫星导航信号自身先天具有传输距离远、辐射功率不高等特性,使该系统在军事应用中面临的安全问题非常突出。为了增强用户接收机在各种复杂电磁环境下的导航应用,卫星导航定位系统在整体能力提升方面实现了系统性能力增强,同时导航用户终端也引入多种抗干扰技术以提升综合抗干扰能力。

21 世纪以来,卫星导航系统整体建设和升级换代不断推进,更加注重系统的抗干扰应用,通过系统整体能力提升,特别是新型导航信号的设计和增强应用,大大改善了导航用户终端的抗干扰能力;此外,用户端的抗干扰性能还与接收机自身采用的抗干扰技术紧密相关,下面,我们将从系统级能力提升和用户接收机抗干扰技术应用两个方面,介绍卫星导航系统的抗干扰技术运用及能力。

5.1 卫星导航系统级抗干扰能力分析

系统性提升卫星导航系统的抗干扰应用能力,包括更新导航卫星,设计新型测距码和调制方式,同时增强星上辐射功率。

5.1.1 采用新型编码和调制方式

为了满足全球定位系统在日益复杂的干扰环境下正常使用的需要,作为第一代全球卫星导航系统的开发者,美国提出了代号为 GPS-Ⅲ 的 GPS 现代化计划,包括空间段、地面段与控制段三个方面的现代化升级改造,其中系统性能及抗干扰能力的提升主要来自空间段的升级改造。

受到卫星发射功率等因素影响,卫星导航信号到达地面时信号功率非常微弱,接收机容易遭受干扰。因为民用卫星导航接收机无法捕获、跟踪授权信号,所以对于民用用户来说,授权信号相当于噪声信号。为了避免对同频段上的民用信号造成干扰,授权信号的功率一般比民用信号更低。提高信号功率是改善抗干扰能力的基本举措,为了在增加收取信号功率的同时不降低民用接收机捕获与跟踪性能,实现授权信号与民用信号的频谱分离也就势在必行。

因此,以 GPS 系统的现代化方案为例,其首先是在 L2 频点增发民用信号,让民用信号的频谱位于频带中央的位置,带宽约为 2 MHz;其次是保留 L1 和 L2 上的 P(Y)码信号,实现 GPS 对现有的授权接收机的后向兼容,保证现有接收机能够正常工作;第三点也就是最关键的一点就是要在 L1 和 L2 频点上增发使用 BOC(10,5)调制的新型 M 码信号,通过 BOC 调制将 M 码信号在频谱上分裂为上下两个边带,使 M 码信号的大部分功率分布在靠近 L1 和 L2 频段的边缘处,在频谱上实现与民用信号的频谱分离。M 码与 C/A 码的互隔离系数与 P 码与 C/A 码的互隔离系数相比提高约 17 dB,这也使得 M 码发射功率能够大幅增强且不会对原有的 C/A 码及 P(Y)码造成干扰。发射功率的增强使得 M 码信号相比于 P 码抗干扰能力增强约 10 dB。

如前所述,卫星导航系统通常会采用多种伪码设计、信号调制方式和复用方式,满足不同用户的定位、导航和授时需求,新型伪码设计除了实现授权码与非授权码的频谱分离之外,还采用了长周期码甚至无周期序列;下一代导航技术卫星,计划采用可重编程的 PNT 载荷、电子扫描天线阵列等新技术,将进一步提高系统应用的抗干扰能力。

5.1.2　升级任务载荷加大授权信号功率

新的导航卫星,能力有明显提升,一是更长的寿命;二是数字化单元比例更高,具有更强的控制能力;三是星上天线技术的发展,使导航星具有了定向波束增强辐射能力。

1. 授权信号辐射控制能力

GPS-Ⅲ 卫星性能的提升,就包括卫星寿命延长至 15 年,是二代星使用寿命的 2 倍,精度较之前的二代卫星提高了 3 倍,抗干扰能力提高了 8 倍。星上任务载荷采用了 70%数字化设计的任务数据单元(mission data unit,MDU),连接原子钟、辐射加固计算机和强大的发射机。采用星上功率可调技术,可视情减小或关闭 C/A 码或 M 码,提升现役 P(Y)码信号强度。2020 年 2 月中旬,中东、西亚、中东欧等地区 P(Y)码信号增强,就被研判为通过调节星上功率分配,为特定区域增强军用信号的稳定性和精确度,增强军事行动导航对抗能力。但受星上散热条件及供电总量限制,功率提升幅度有限(最大不超过 10 dB)。

三代星可以依据需要,迅速关闭向特定地理位置的导航信号发送,一代星并不具备这种能力,二代星要关闭特定地区的导航信号也极为繁琐。

GPS-Ⅲ还增加了新的L1C民用信号,将首次实现同其他国际全球导航卫星系统的兼容互通。随着三代星的发射,美国将制定新的用户端接收机标准,新的接收机使用者将可通过欧洲的"GALILEO"系统及其他系统进行定位,进一步提高定位精准度。

2. 定向增强信号功率提升区域抗干扰能力

采用点波束技术,提升热点区域导航信号强度,其基本方法是视情关闭或降低其他方向辐射信号,将星上能量集中于某一波束,从而提高在特定区域的信号强度,功率可增强20~25 dB,抗干扰性能提高100~300倍。但该技术需要升级卫星天线、控制设备等,导致卫星质量、体积、功耗等明显增大,实现成本高,具有一定技术难度和复杂度。

最新一代导航卫星搭载的点波束增强天线,采用了灵活的功率重新分配策略,可同时增强2个指定区域的信号功率,保证授权导航接收模块能够接收卫星导航信号,且稳定性和精确度得到提升。

传统GPS P(Y)码的地面接收功率仅为-163 dBW,比C/A码功率还要低3 dB左右,而在点波束区域增强模式下,Block Ⅲ卫星具有将卫星最低等效辐射功率提高至282.16 W(L1频点)和171.32 W(L2频点)的能力。未来还可能通过2019年已启动论证的NTS-3(Navigation Technology Satellite-3)卫星研究计划进一步增强GPS星上放大器和天线辐射能力。将大大增加了干扰方功率要求、降低了干扰有效距离,对导航干扰提出新的挑战。

5.2 卫星导航用户段综合抗干扰能力分析

卫星导航的综合抗干扰能力取决于信号体制、接收机性能、星上的抗干扰技术,同时辅助手段的应用也会提升卫星导航系统综合抗干扰能力。

然而,无论是何种技术,其综合抗干扰能力最终都是体现在用户段对接收信号的处理能力上,所以本章主要从接收机角度对抗干扰能力进行分析。

5.2.1 卫星导航信号处理流程

卫星导航信号处理是导航信号接收通道的核心部分,这个部分包括卫星信号的搜索、捕获、跟踪和解调等工作,目的是提取各观测值及导航电文数据。

为提高卫星导航信号的抗噪声性能,导航信号采用了扩频调制体制。因此,卫星信号电平在到达卫星导航接收机时大约只有−160 dBW,而噪声电平为−140 dBW 左右,由于信号电平低于噪声电平,因此其基本上被噪声所覆盖。有用信号和噪声的混合信号进入天线后,要经过多级下变频和 A/D 采样,转换为中频数字信号进行后续处理。上述过程采集到的数字信号主要有两种形式,一种是通过单一通道采集的实数数据;另一种是通过同相通道和正交通道共同采集的复数数据。接下来主要通过相关运算对导航卫星信号完成二维搜索,即通过码相关完成对卫星信号的解扩和通过载波相关完成对卫星信号载波 Doppler频移的搜索,从而实现对信号的二维捕获。进而通过码跟踪环路和载波跟踪环路对捕获后的信号进行跟踪,提取各观测量,通过对卫星导航电文的解码,完成对 GPS 导航数据的提取,以完成接收机的后续导航解算工作。图 5.1 为卫星导航接收机信号处理的流程图。

图 5.1　接收机信号处理流程图

1. 捕获

卫星导航信号一般采用码分多址(code division multiple access, CDMA)技术,采用不同的伪随机码对不同卫星的导航数据进行扩频调制。为接收某一卫星的导航数据,就必须复现调制该导航数据的载波和伪随机码,将复现的载波和伪码同输入载波和伪码在不同相位误差上做相关运算,使二者同步,从而完成对导航数据的载波解调和伪码解扩。上述是对一颗卫星的捕获过程,实际上首先要寻找相对于接收机的可见卫星,所以导航信号捕获可以看成是一个三维搜索过程,并且利用了伪随机码良好的自相关性和互相关性。如果接收信号中不包含这颗卫星的信号,由于特定的伪随机码和其他卫星的伪随机码的互相关性几乎为零,因此不会出现相关峰值;如果接收信号包含这颗卫星的信号,由于伪随机码的强相关性,将出现明显的相关峰值,通过对相关峰值的检测来提取对应的码相位和载波频率,完成信号的捕获。

2. 跟踪

卫星导航接收机在完成信号捕获后,对载波频率估计精度为几百赫兹,对伪码相位估计精度为 ±0.5 个码片,这个精度不足以实现导航电文的解调。数据的解调要求本地复现的载波频率和伪码相位和接收信号中的载波频率和伪码相位高度一致,即载波和伪码实现高精度同步。随着卫星和接收机的相对运动,天线接收机收到信号的载波频率和伪码相位随着时间的推移会发生变化,接收机本地时钟的漂移和随机抖动也会影响对已捕获信号的锁定。因此要求接收机在信号捕获后不仅要进一步减小载波频率和伪码相位的偏差,还要在载波频率或伪码相位改变时检测到并及时调节本地复现的载波信号和伪码相位,保证信号的连续解调,而这些正是依靠信号跟踪回路来实现。信号跟踪实质上就是为了实现对信号的稳定跟踪而采取的一种对环路参数的动态调整策略。卫星导航接收机跟踪环路分为载波跟踪环路(简称载波环)和伪码跟踪环路(简称码环),对于伪码跟踪过程一般采用延迟锁定环(delay lock loop,DLL)来完成,对于载波过程一般采用经典的 Costas 锁相环。图 5.2 为接收机跟踪环路原理图。

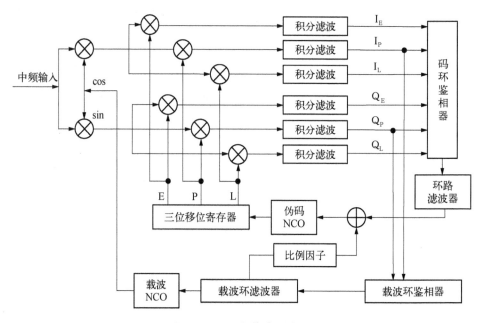

图 5.2　码环和载波跟踪环

伪码跟踪环的主要作用是从伪随机码序列中提取伪距观测值,同时对卫星信号进行解扩,以获得仅由导航电文调制的载波信号。延迟锁定环包括超前(early)、即时(prompt)和滞后(late)三个相关器,即数字下变频器所产生的同相(I)和正交(Q)两支路的信号送到 DLL 环,分别与本地的超前码、即时码和滞后码进行相关运算。相关值输入到延迟锁定环的鉴相器,鉴相器根据伪码的自相关特性获得即时码和接收码的相位差异,该相位差异经环路滤波器后控制本地伪码的数控振荡器(NCO)以驱动本地的伪码生成速率,形成闭合环路,直到相位锁定为止。

　　载波跟踪环的作用是对码跟踪环的输出信号进行解调,得到导航电文数据,同时得到 Doppler 频移观测量,用于对接收机进行高精度测速。同样载波环通过检测本地复制载波与接收载波之间的频率和相位差异,然后相应地调整复制载波的频率和相位,使两者最终的载波相位保持一致。用于载波跟踪的方法比较多,常用的有平方环和 Costas 环等。因为 BPSK、BOC 等卫星导航信号采用的调制机制可使接收信号的载波相位在数据比特电平跳变时发生 180°的相变,这对锁相环而言变现为相位差异的 180°跳变,所以载波跟踪环通常采用对信号180°相位翻转不敏感的 Costas 环。

　　当载波锁定之后,同相输出信号经低通滤波之后就得到纯净的导航电文数据,包括星历数据、历书数据、电离层和对流层延迟修正参数等信息。利用导航电文中的星历数据,根据卫星轨道理论可以通过计算得到卫星的位置信息。以 GPS C/A 码信号为例,导航电文主帧包含 5 子帧,每子帧包含 10 个字,每个字包含 30 bit 二进制数据,其中第 1~24 位是数据位,第 25~30 位为校验位,其校验矩阵为

$$H = \begin{bmatrix} 1 & 1 & 1 & 0 & 1 & 1 & 0 & 0 & 0 & 1 & 1 & 1 & 1 & 1 & 0 & 0 & 1 & 1 & 0 & 1 & 0 & 0 & 1 & 0 \\ 0 & 1 & 1 & 1 & 0 & 1 & 1 & 0 & 0 & 0 & 1 & 1 & 1 & 1 & 1 & 0 & 0 & 1 & 1 & 0 & 1 & 0 & 0 & 1 \\ 1 & 0 & 1 & 1 & 1 & 0 & 1 & 1 & 0 & 0 & 0 & 1 & 1 & 1 & 1 & 1 & 0 & 0 & 1 & 1 & 0 & 1 & 0 & 0 \\ 0 & 1 & 0 & 1 & 1 & 1 & 0 & 1 & 1 & 0 & 0 & 0 & 1 & 1 & 1 & 1 & 1 & 0 & 0 & 1 & 1 & 0 & 1 & 0 \\ 1 & 0 & 1 & 0 & 1 & 1 & 0 & 1 & 1 & 0 & 0 & 0 & 1 & 1 & 1 & 1 & 1 & 0 & 0 & 1 & 1 & 0 & 1 & 1 \\ 0 & 0 & 1 & 0 & 1 & 0 & 1 & 1 & 0 & 1 & 1 & 1 & 1 & 0 & 1 & 0 & 0 & 0 & 1 & 0 & 0 & 1 & 1 & 1 \end{bmatrix}$$

　　信息位经校验所得结果同校验位作比较,如相同则表明信息接收正确,可以使用;若不同则表明信息接收有误,需重新接收。在实际校验数据时,为保证数据接收正确,通常将待校验字上一字的最后两个 bit 数据也作为约束条件,参与校验。

5.2.2　捕获环路抗干扰性能分析

　　目前常用的捕获算法主要有三种,分别是串行搜索捕获、并行频率搜索捕

获和并行码相位搜索捕获算法,捕获算法的选择关系到捕获速度的快慢。假设接收机混频器的输入端信号可以表示为

$$i(t) = s(t) + n(t) + j(t) \tag{5.2.1}$$

式中,$s(t) = P_s D(t) \cos(2\pi f t + \theta)$ 为导航信号[其中信号平均功率设为 P_s;$D(t)$ 为伪码序列,取值为+1 或-1;θ 为伪码序列的载波初始相位];$n(t)$ 为高斯白噪声,其通过中频滤波器后的双边功率谱密度为 $N_0/2$;$j(t)$ 为干扰信号。

卫星导航系统采用了伪随机码扩频技术,属于典型扩频系统。对于扩频接收机,串行搜索捕获过程的虚警概率和检测概率分别为

$$P_f = \int_{V_T}^{\infty} \frac{1}{\sqrt{\pi}} \exp\left[\frac{-(x - \mu_0)^2}{2\sigma_0^2}\right] d\left(\frac{x}{\sqrt{2}\sigma_0}\right) = \frac{1}{2} - \frac{1}{2}\mathrm{erf}\left(\frac{V_T - \mu_0}{\sqrt{2}\sigma_0}\right) \tag{5.2.2}$$

$$P_d = \int_{V_T}^{\infty} \frac{1}{\sqrt{\pi}} \exp\left[\frac{-(x - \mu_1)^2}{2\sigma_1^2}\right] d\left(\frac{x}{\sqrt{2}\sigma_1}\right) = \frac{1}{2} - \frac{1}{2}\mathrm{erf}\left(\frac{V_T - \mu_1}{\sqrt{2}\sigma_1}\right) \tag{5.2.3}$$

式(5.2.2)中,μ_0 和 σ_0 分别是无信号情况下虚警概率的均值和标准差;式(5.2.3)中 μ_1 和 σ_1 分别是存在信号、干扰和噪声时检测概率的均值和标准差。根据信号梅图理论,可以得到接收信号伪码串行搜索捕获时的平均捕获时间为

$$T_{acq} = \frac{2 + (2 - P_d)(q - 1)(1 + kP_f)T_D}{2P_d} \tag{5.2.4}$$

式中,T_D 为积分时间;$q = 2N,N$ 为伪码周期长度;P_d、P_f 分别为检测概率和虚警概率。捕获时间方差也可以一定程度上反映干扰效果,其精确的表达式为

$$T_{var\,q} = T_D^2 \left\{ (1 + kP_f)^2 q^2 \left(\frac{1}{12} - \frac{1}{P_d} + \frac{1}{P_d^2}\right) + 6qk(k + 1)P_f(2P_d - P_d^2) \right\} \tag{5.2.5}$$

式中,k 为错误判决代价因子,表达式为

$$k = 1 + \frac{1 + (1 - P_f) + (1 - P_f)^2 + ... + (1 - P_f)^{n-1}}{(1 - P_f)^n} \tag{5.2.6}$$

其中,n 为连续正确判决的次数。

1. 抗宽带干扰能力

当 $j(t)$ 为宽带干扰时,假设其干扰带宽与伪码信号带宽相同,其在导航接收机的通带内均匀分布,可视为白噪声能量的增加,设宽带干扰的双边带功率谱密度为 $N_J/2$,同理可知宽带干扰和噪声经过中频滤波器的总的双边功率谱密度为 $N_0/2 + N_J/2$。推导可知宽带干扰下虚警概率和检测概率均值和方差各表达式为

$$\mu_0 = N_0 B + \frac{P_J}{N} \cdot B = N_0 B \left(1 + \frac{P_J}{N} \cdot \frac{B}{W} \right) \tag{5.2.7}$$

$$\delta_0 = \frac{\mu_0}{\sqrt{BT_D}} = N_0 B \frac{1 + \frac{P_J}{N} \cdot \frac{B}{W}}{\sqrt{BT_D}} \tag{5.2.8}$$

$$\mu_1 = \mu_0 + S_{C/A} = N_0 B \left(1 + \frac{P_J}{N} \cdot \frac{B}{W} + \frac{S}{N} \right) \tag{5.2.9}$$

$$\delta_1 = \frac{\sqrt{2 S_{C/A} \mu_0 + \mu_0{}^2}}{\sqrt{BT_D}} = N_0 B \frac{\sqrt{1 + \frac{P_J}{N} \cdot \frac{B}{W} + 2 \frac{S}{N}} \sqrt{1 + \frac{P_J}{N} \cdot \frac{B}{W}}}{\sqrt{BT_D}} \tag{5.2.10}$$

式中, W 为射频滤波器带宽($W = 2/T_c = 2\text{ MHz}$); B 为中频滤波器带宽; P_J/N 为干噪比; S/N 为中频信噪比; T_D 为积分时间。

下面以 GPS C/A 信号为例进行干扰仿真,首先要确定检测概率和虚警概率的门限值 V_T,可以通过设定一个虚警概率的值,然后把无干扰下的式(5.2.7)和式(5.2.8)代入式(5.2.5),继而根据 erf(x) 的反函数求得,再代入式(5.2.2)和式(5.2.3)求得检测概率和虚警概率,最后即可求出干扰下的捕获时间和方差。

图 5.3 和图 5.4 表示了 $T_D = 0.5\text{ ms}$、1 ms、5 ms 三种不同积分时间宽带干扰下的平均捕获时间和捕获时间方差的仿真曲线。可以看出,当积分时间增加时,捕获时间和捕获时间方差随之增加,即减少积分时间可以一定程度上改善接收机的捕获性能;且干噪比在 25 dB 之前时,捕获时间和方差几乎保持不变,这说明 GPS 接收机本身有一定的抗干扰能力,但随着干噪比继续增加,捕获时间和方差急剧增加,最终导致接收机捕获时间过长甚至无法捕获。

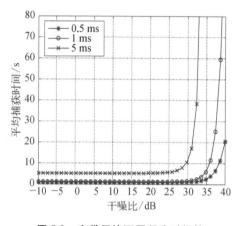

图 5.3 宽带干扰不同积分时间的平均捕获时间

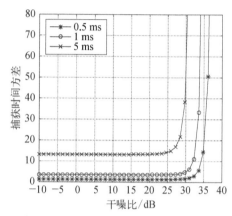

图 5.4 宽带干扰不同积分时间的捕获时间方差

2. 抗窄带干扰能力

当 $j(t)$ 为窄带干扰时,其干扰带宽 W_J 只占伪码信号带宽 W 的一部分,可知作用在干扰带宽 W_J 上总的谱密度为 $N_0 + P_J/W_J$,作用在其他部分的仅为噪声密度 N_0。假设 $\rho = W_J/W$,窄带干扰经过中频滤波器的双边功率谱密度为 $S_j(f) = \dfrac{P_J}{2W\rho}\int_{-\rho}^{\rho}\mathrm{sinc}^2 x\,\mathrm{d}x$,代入可得窄带干扰下的各参数表达式为

$$\mu_0 = N_0B + 2S_j(f) \cdot B = N_0B + \frac{P_J}{\rho}\frac{B}{W}\int_{-\rho}^{\rho}\mathrm{sinc}^2 x\,\mathrm{d}x$$

$$= N_0B\left[1 + \frac{P_J}{N}\frac{B}{W}\left(\frac{\int_{-\rho}^{\rho}\mathrm{sinc}^2 x\,\mathrm{d}x}{\rho}\right)\right] \tag{5.2.11}$$

$$\sigma_0 = \frac{\mu_0}{\sqrt{BT_D}} = \frac{N_0B\left(1 + \dfrac{P_J}{N}\dfrac{B}{W}\dfrac{1}{\rho}\displaystyle\int_{-\rho}^{\rho}\mathrm{sinc}^2 x\,\mathrm{d}x\right)}{\sqrt{BT_D}} \tag{5.2.12}$$

$$\mu_1 = \mu_0 + S_{C/A} = N_0B\left[1 + \frac{S}{N}\frac{P_J}{N}\frac{B}{W}\left(\frac{\int_{-\rho}^{\rho}\mathrm{sinc}^2 x\,\mathrm{d}x}{\rho}\right)\right] \tag{5.2.13}$$

$$\delta_1 = \frac{\sqrt{2S_{C/A}\mu_0 + \mu_0^2}}{\sqrt{BT_D}}$$

$$= N_0 B \frac{\sqrt{1 + \dfrac{P_J}{N}\dfrac{B}{W}\dfrac{1}{\rho}\int_{-\rho}^{\rho}\mathrm{sinc}^2 x\,\mathrm{d}x + 2\dfrac{S}{N}}\sqrt{1 + \dfrac{P_J}{N}\dfrac{B}{W}\dfrac{1}{\rho}\int_{-\rho}^{\rho}\mathrm{sinc}^2 x\,\mathrm{d}x}}{\sqrt{BT_D}}$$

$$(5.2.14)$$

仍以 GPS C/A 信号为例进行干扰仿真，同理可得不同积分时间和干信比下，窄带干扰平均捕获时间和捕获时间方差的仿真曲线。关于干扰功率和积分时间的结论与宽带干扰的结论相同，且与图 5.5、图 5.6 对比可知在不考虑其他抗干扰措施的情况下，抗窄带干扰比宽带干扰效果要小 3 dB 左右。

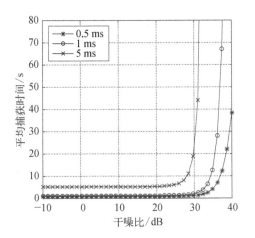

图 5.5　窄带干扰不同积分时间的
平均捕获时间

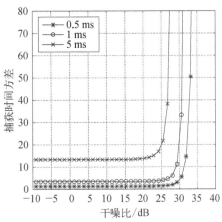

图 5.6　窄带干扰不同积分时间的
捕获时间方差

5.2.3　跟踪环路抗干扰性能分析

实际工作中的载波环路和伪码环路需要紧密耦合，伪码跟踪环需要相位同步的载波信号将中频信号变为基带信号，载波环同样需要相位对齐的伪码将输入扩频信号进行解扩。所以任何一个环路出现失锁，都会影响另一个环路的正常工作。

1. 抗宽带干扰能力

干扰对码跟踪的影响不同于其对信号捕获、载波跟踪和数据解调的影响，码跟踪依赖于超前减滞后的差分,而后三种则依赖于即时相关器输出端的 SINR。码跟踪环的主要误差源是干扰信号、热噪声码跟踪颤动和动态应力误差。宽带干扰对卫星导航接收机码跟踪环的影响同样等效为将高斯白噪声直接变为高斯白噪声与宽带干扰的功率谱密度相加,宽带干扰的码跟踪误差可利用热噪声码跟踪颤动的表达式如下:

$$
\delta_{\mathrm{DLL}} = \begin{cases}
\sqrt{\dfrac{B_n}{2C_s/N_0}D\left[1 + \dfrac{2}{TC_s/N_0(2-D)}\right]} & D \geqslant \dfrac{\pi R_c}{B_{fe}} \\[4mm]
\sqrt{\begin{aligned}&\dfrac{B_n}{2C_s/N_0}\left(\dfrac{1}{B_{fe}T_c} + \dfrac{B_{fe}T_c}{\pi} - 1\left(D - \dfrac{1}{B_{fe}T_c}\right)^2\right)\\ &\times\left[1 + \dfrac{2}{TC_s/N_0(2-D)}\right]\end{aligned}} & \dfrac{R_c}{B_{fe}} < D < \dfrac{\pi R_c}{B_{fe}} \quad (\text{码片数}) \\[6mm]
\sqrt{\dfrac{B_n}{2C_s/N_0}\left(\dfrac{1}{B_{fe}T_c}\right)\left[1 + \dfrac{2}{TC_s/N_0}\right]} & D \leqslant \dfrac{R_c}{B_{fe}}
\end{cases}
$$

$$(5.2.15)$$

式(5.2.15)是以码片数为单位,如要变为以米为单位,可将上式乘以 $c \cdot T_c$ (如对 GPS C/A 码是乘以 293.05 m/码片)。式中,B_n 为码环噪声带宽(Hz),B_{fe} 为双边前端带宽(Hz),T_c 为码片周期(s)。

非白干扰会产生附加的、随机的和零均值的码跟踪误差,可以用码跟踪误差的标准差来度量干扰的影响。假设 $S_j(f)$ 是归一化为无穷带宽上单位面积内的干扰功率谱密度,$S_s(f)$ 是归一化的信号功率谱密度,表达式为 $S_{\mathrm{BPSK-R}}(f) = T_c \mathrm{sinc}^2(\pi f T_c)$。在 D 个扩频码周期的超前减滞后的间隔下,经过超前减滞后的功率差分,经推导得干扰条件下非相干超前减滞后处理(NELP)产生的码跟踪误差为

$$
\sigma_{\mathrm{NELP}} \approx \sigma_{\mathrm{CELP}}\sqrt{1 + \frac{\displaystyle\int_{-\beta_r/2}^{\beta_r/2} S_s(f)\cos^2(\pi f D T_c)\,\mathrm{d}f}{T\dfrac{C_s}{N_0}\left(\displaystyle\int_{-\beta_r/2}^{\beta_r/2} S_s(f)\cos(\pi f D T_c)\,\mathrm{d}f\right)^2} + \frac{\displaystyle\int_{-\beta_r/2}^{\beta_r/2} S_j(f)S_s(f)\cos^2(\pi f D T_c)\,\mathrm{d}f}{T\dfrac{C_s}{C_j}\left(\displaystyle\int_{-\beta_r/2}^{\beta_r/2} S_s(f)\cos(\pi f D T_c)\,\mathrm{d}f\right)^2}}
$$

$$(5.2.16)$$

式中,σ_{CELP} 为干扰下相干超前减滞后处理的标准差,方程式右边为一个大于 1 的平方损耗。

$$\sigma_{\text{CELP}} \approx \frac{\sqrt{B_n}}{2\pi \int_{-\beta_r/2}^{\beta_r/2} f S_s(f) \sin(\pi f D T_c) \, df} \sqrt{\int_{-\beta_r/2}^{\beta_r/2} \left[\left(\frac{C_j}{N_0} \right)^{-1} + \frac{C_j}{C_s} S_j(f) \right] S_s(f) \sin^2(\pi f D T_c) \, df}$$

(5.2.17)

由上式可知,定量分析干扰对码跟踪精度的影响,比评估干扰对信号捕获、载波跟踪的影响复杂很多。

载波跟踪环在无人为干扰下的相位误差源有热噪声、机械振动引起的振荡频率抖动及 Allan 均方差等。由于其他的 PLL 颤动源或者是瞬时的,或者可以忽略,通常把热噪声作为唯一的载波噪声误差源。以 C_s/N_0 为基础,推导可知载波跟踪误差计算公式为

$$\delta_{dr} = \frac{360}{2\pi} \sqrt{\frac{B_n}{C_s/N_0} \left(1 + \frac{1}{2T C_s/N_0} \right)} \, (°) = \frac{\lambda}{2\pi} \sqrt{\frac{B_n}{C_s/N_0} \left(1 + \frac{1}{2T C_s/N_0} \right)} \, (\text{m})$$

(5.2.18)

式中,C_s/N_0 表示载噪比;B_n 表示载波环噪声带宽(Hz);λ 表示 GPS 传播常数/L 频段载波频率;T 表示预检测积分时间(s)。

以 GPS 为例,通常室外 GPS 接收信号的载噪比的值大致在 35~45 dB·Hz 这一范围变动。其中大于 40 dB·Hz 一般视为强信号,小于 28 dB·Hz 的则被视为弱信号。加入干扰后,系统的载噪比可以用等效载噪比(C_s/N_0)$_{eff}$ 来衡量,干扰使 GPS 接收机的载噪比降低,载噪比的降低也直接影响 GPS 接收机的载波跟踪误差。通过测量干扰对功率密度的影响,就能得到其对 GPS 接收机载波跟踪误差的影响。等效载噪比的表达式为

$$(C_s/N_0)_{eff} = \left(\frac{1}{C_s/N_0} + \frac{C_j/C_s}{Q R_c} \right)$$

(5.2.19)

式中,R_c 为扩频码速率;C_j/C_s 为干信比;Q 为抗干扰品质因数。

宽带干扰对于接导航收机载波跟踪环路的影响相当于高斯白噪声能量的增加。求宽带干扰下的载波跟踪环和码跟踪环的回路性能,只需将高斯白噪声直接变为高斯白噪声与宽带干扰的功率谱密度相加即可。为仿真方便,也等价

于通过等效载噪比来直接反映干扰对功率谱密度的影响。

宽带干扰 β_l 足够大以至于几乎所有的信号功率都包含在 $f_c - \beta_r/2 \leq f_j \leq f_c + \beta_r/2$ 内,且宽带干扰的抗干扰品质因数 Q 经计算为

$$Q = \frac{\beta_l}{R_c} \tag{5.2.20}$$

2. 抗窄带干扰能力

假设窄带干扰中心频率为 f_j,干扰功率为 C_j,且超前减滞后间距 D 较小时,将干扰功率谱代入式(5.2.18)再进行化简可得窄带干扰下码跟踪误差表达式为

$$\sigma \approx \frac{\sqrt{B_n}}{2\pi\beta_s} \sqrt{\left[\left(\frac{C_s}{N_0}\right)^{-1} + \frac{C_j}{C_s}\frac{f_j S_s(f)}{\beta_s^2}\right]\left[1 + \frac{1}{T\frac{C_s}{N_0}\eta} + \frac{S_s(f)}{T\frac{C_s}{C_j}\eta^2}\right]} \tag{5.2.21}$$

式中,$\beta_s = \sqrt{\int_{-\beta_r/2}^{\beta_r/2} f^2 S_s(f)\,\mathrm{d}f}$ 为伪码信号的均方根带宽;$\eta = \int_{-\beta_r/2}^{\beta_r/2} S_s(f)\,\mathrm{d}f$ 为伪码信号功率通过预相关带宽的部分。

以 GPS C/A 的数据为例,设码跟踪环噪声带宽为 0.2 Hz,积分时间为 20 ms,图 5.7 显示了宽带干扰和窄带干扰不同干信比下 C/A 码码跟踪误差。

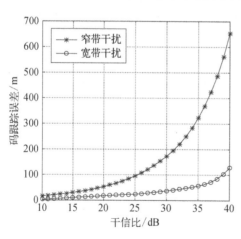

图 5.7 码跟踪误差

仿真过程忽略了动态应力误差等对跟踪环影响较小的因素,且实际接收机在受到较大功率干扰时,会出现无法跟踪和定位的情况,从而无法显示真实跟踪误差,但本书干扰对跟踪误差分析的总体趋势是准确的。

综合宽带和窄带干扰的仿真图可以看出,干扰下的载波环跟踪误差比码跟踪误差小几个量级,所以通常采用载波环对码环进行辅助,实际上有载波环的辅助会去掉码环所有在视线上的动态;且由图 5.7 可知,GPS

接收机有一定的抗干扰能力,但当干信比继续增加,载波跟踪误差和码环跟踪误差都会大幅度增大,即干扰功率越大,干扰效果越好;且相同干信比时随着干扰带宽的减小,载波跟踪误差和码环跟踪误差均增大,即带宽越窄,干扰效果越好。

窄带干扰对载波跟踪环的影响同宽带干扰的方法类似,依赖于即时相关器输出的 SINR,当干扰功率谱平坦、中心频率 f_j 与信号中心频率 f_c 重合,窄带干扰干扰带宽 β_r 小于信号的带宽,窄带干扰的抗干扰品质因数经计算为

$$Q = \cfrac{1}{\cfrac{1}{\beta_r} \displaystyle\int_{-\beta_r/2}^{\beta_r/2} \text{sinc}^2(\pi f T_c)\,\mathrm{d}f} \tag{5.2.22}$$

而窄带干扰不能建模为白噪声,属于非白干扰,与对等效 C/N_0 的影响方式有着根本的区别,这种影响不仅取决于信号与干扰的功率谱、预相关滤波器,还取决于鉴别器设计细节和码跟踪环路带宽。

设载波环噪声带宽为 2 Hz,预检测积分时间为 20 ms,宽带干扰带宽 β_l = 2 MHz,窄带干扰带宽 β_r =0.2 MHz,以 GPS C/A 码为例,信号的平均接收功率 −160 dBW,热噪声功率谱密度−204 dBW/Hz,即初始载噪比设置为 44 dB·Hz。将式(5.2.22)和式(5.2.20)代入式(5.2.19)可得宽带干扰和窄带干扰不同干信比下的等效载噪比,再代入式(5.2.18)可分别求得两种干扰下的载波跟踪误差,如图 5.8 所示。

综合宽带和窄带干扰的仿真图可以看出,干扰下的载波环跟踪误差比码跟踪误差小几个量级,所以通常采用载波环对码环进行辅助,实际上有载波环的辅助会去掉码环所有在视线上的动态;且由上图可知,卫星导航接收机有一定的抗干扰能力,但当干信比继续增加,载波跟踪误差和码环跟踪误差都会大幅度增大,即干扰功率越大,抗干扰能力越弱;且相同干信比时随着干扰带宽的减小,载波跟踪误差和码环跟踪误差均增大,

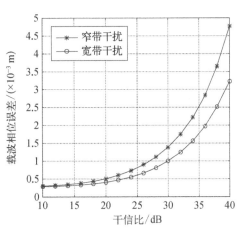

图 5.8　载波跟踪误差

即在不考虑其他抗干扰措施的情况下,带宽越窄,抗干扰能力越强。

5.2.4 GPS 信号抗干扰属性分析

1. 抗干扰品质因数

如前所述,抗干扰品质因数是由信号调制样式和干扰样式共同决定的无量纲参数,是评估 GPS 信号的抗干扰能力的一种指标[31],其一般定义如下:

$$Q = \frac{\int_{-\infty}^{+\infty} |H_R(f)|^2 G_s(f) \, \mathrm{d}f}{f_c \int_{-\infty}^{+\infty} |H_R(f)|^2 G_J(f) G_s(f) \, \mathrm{d}f} \qquad (5.2.23)$$

其中, $G_s(f)$ 为 GPS 信号功率谱密度; $G_J(f)$ 为干扰信号的功率谱密度; $H_R(f)$ 表示接收机滤波器传输函数。为简化分析,假设接收机滤波器带宽很大,则 $H_R(f)$ 在所期望信号有明显功率的频点上可以近似为 1,且积分限近似为无穷大,三种典型压制干扰的抗干扰品质因数表达式分别为:

(1) 当干扰信号是频率为 f_J 的单音窄带干扰时, $Q = \dfrac{1}{f_c S_s(f_J)}$;

(2) 当干扰信号和期望信号具有相同功率谱时, $Q = \dfrac{1}{f_c \int_{-\infty}^{+\infty} [S_s(f)]^2 \, \mathrm{d}f}$;

(3) 当干扰信号为 $[f_J - \beta_J/2, f_J + \beta_J/2]$ 范围内的高斯白噪声宽带干扰时, $Q = \dfrac{1}{\dfrac{f_c}{\beta_J} \int_{f_J - \beta_J/2}^{f_J + \beta_J/2} S_s(f) \, \mathrm{d}f}$ 。

由此可以计算得到不同调制方式和干扰样式下 GPS 信号所对应的抗干扰品质因数,结果如表 5.1 所示。

表 5.1 GPS 信号的抗干扰品质因数

信号类型	C/A 码	P 码	L1C 码	L2C 码	L5 码	M 码
PRN 速率 f_c	1.023 MHz	10.23 MHz	1.023 MHz	1.023 MHz	10.23 MHz	5.115 MHz

续　表

干扰类型	抗干扰品质因数					
窄带干扰	1	1	1.8	1	1	2.3
匹配谱干扰	1.5	1.5	2.6	1.5	1.5	4.0
宽带干扰	2.22	2.22	3.5	2.22	2.22	5.3

从表中结果可知,采用 $BOC_s(10,5)$ 调制的 M 码抗干扰能力最强,对比表中 C/A 码和 L1C 码 Q 值可以发现,相同码率的 BOC 调制信号比 BPSK 调制信号抗干扰性能更优。此外,在同等干扰强度和无其他抗干扰措施条件下,Q 值越大,干扰对信号的影响越小,但通常接收机信号处理算法对窄带干扰有较为显著的抑制能力,而对宽带干扰的抑制较为困难。

2. 干扰容限

从 GPS 信号解扩过程可以看出,接收机的定位跟踪依赖于捕获阶段对信号的检测,只有当检测统计量超过判决门限时,GPS 信号才能被正常解算。忽略接收机前端相关信号能量损耗和伪码互相关性,对 GPS 接收机单路信号的捕获过程可建立如下通用模型:

$$I_i = \sqrt{2C_s/N_0}\, D_i R_P(\Delta\tau_i)\operatorname{sinc}(\pi T_{co}\Delta f_i) + N_i \tag{5.2.24}$$

其中, C_s/N_0 表示载噪比; D_i 表示电文数据符号; $R_P(\Delta\tau_i)$ 为输入信号和本地信号 PRN 序列相关值,对于 BOC 信号 $R_P(\Delta\tau_i)$ 包含了副载波的影响; T_{co} 为积分时间; N_i 为具有单位功率的噪声,即 $E(N_i^2) = 1$。设接收机非相干累积次数为 M,对于 BPSK 调制信号相关检测统计量为 $\Gamma = \sum_{k=1}^{M} I_i^2(k)$;而对于 BOC 调制信号,因为要分别对两个边带进行处理,检测统计量为 $\Gamma = \sum_{k=1}^{2M} I_i^2(k)$。假设检验过程如下:

假设 H_0:不存在有用信号。此时检测统计量为 $\Gamma_{H_0} = \sum_{k=1}^{M \text{ or } 2M} N_i^2(k)$ 服从 M 或 $2M$ 自由度的 χ^2 分布,虚警概率为

$$P_{fa} = \Pr\{T_0 > Th\} = \int_{Th}^{\infty} P_{\Gamma_{H_0}}(x)\,\mathrm{d}x = \frac{1}{2} - \frac{1}{2}\operatorname{erf}\left(\frac{Th}{\sqrt{2}\,\sigma_N}\right) \tag{5.2.25}$$

其中，μ_N 和 σ_N 分别是噪声均值和标准差。设定虚警概率和非相干积分次数，即可得到接收机捕获门限 Th。

假设 H_1：存在有用信号。此时检测统计量可表示为

$$\Gamma_{H_1} = \sum_{k=1}^{M \text{ or } 2M} \left[\sqrt{2C_s/N_0} D_i R_P(\Delta\tau_i) \text{sinc}(\pi T_{co} \Delta f_i) + N_i \right]^2 \quad (5.2.26)$$

Γ_{H_1} 服从 M 或 $2M$ 自由度的非中心 χ^2 分布，中心化参数为

$$\varsigma = \sqrt{C_s/N_0} T_{co} R_P^2(\Delta\tau_i) \left[\frac{\text{sinc}(\pi T_{co} \Delta f_i)}{\pi T_{co} \Delta f} \right]^2 \quad (5.2.27)$$

由上面的分析可知，当存在干扰时，GPS 信号的捕获概率将依赖于相关器输出的信干噪比，进入捕获环路干扰功率足够大时，相关器输出端的信干噪比大大降低而导致接收机无法捕获有用信号，GPS 也就无法正常导航定位。

一般采用干扰容限衡量不同信号的抗干扰能力，干扰容限的定义为"使 GPS 接收机不能正常解调（即载噪比等于接收机跟踪门限时）所需的最小干扰功率，可以用来表征不同信号的抗干扰能力和不同干扰信号的干扰效果[29]"。然而，在复杂干扰情况下难以计算相关器输出的信干噪比，一般采用等效载噪（C_s/N_0）$_{eff}$ 表征存在噪声和干扰时的载噪比。等效载噪比（C_s/N_0）$_{eff}$ 的定义[30] 如下：

$$(C_s/N_0)_{eff} = \frac{1}{\dfrac{1}{C_s/N_0} + \dfrac{C_l/C_s}{Qf_c}} \quad (5.2.28)$$

其中，C_l/C_s 表示干扰与接收信号功率之比；f_c 表示 PRN 码速率；Q 为抗干扰品质因数。设虚警概率为 0.001，相干积分时间 100 ms，GPS-Ⅲ信号捕获性能与载噪比关系如图 5.9 所示，当检测概率取恒定值 95% 时，L1C、L2C、L5 和 M 码信号所对应的等效载噪比分别为：31.7 dB·Hz、32.3 dB·Hz、31.2 dB·Hz 和 30.8 dB·Hz。

GPS 接收机在干扰环境下，正常捕获信号所能容忍的最大干信比如：

$$J/S = G_S - G_J + 10\lg\left[Qf_c\left(10^{-\frac{(C_s/N_0)_{eff}}{10}} - 10^{-\frac{C_s/N_0}{10}} \right) \right] \quad (5.2.29)$$

其中，G_S 为接收机在卫星信号来向的天线增益，一般取 1.5 dB；G_J 为干扰源来向的天线增益，一般取 -3 dB；根据表 2.1 中给出的各类信号到达地面的最低接收功率，可知 L1C、L2C、L5 和 M 码信号载噪比分别为 43.4 dB·Hz、38.9 dB·Hz、

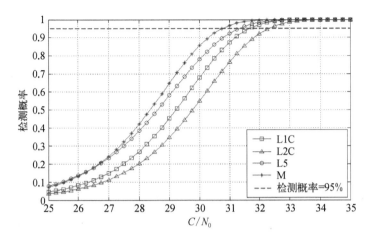

图 5.9　GPS－Ⅲ信号捕获性能与载噪比关系

42.5 dB·Hz 和 47.1 dB·Hz,代入表 5.1 和图 5.9 中结果可得不同信号干扰容限理论值,具体结果如图 5.10 所示。

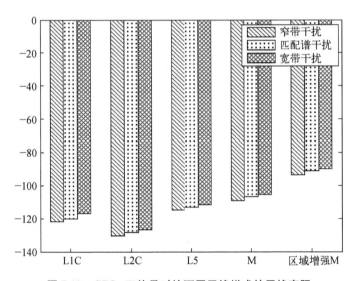

图 5.10　GPS－Ⅲ信号对抗不同干扰样式的干扰容限

如图 5.10 所示,从所需最小干扰功率角度来看,窄带干扰所需能量最低,其次是匹配谱和高斯白噪声宽带干扰。各类信号相比,抗干扰能力最强的是区域增强下的 M 码,干扰容限约为 -94 ~ -93.6 dBW,其次是正常 M 码信号

（−108.9～−105.4 dBW）,L5 信号（−114.8～−111.4 dBW）、L1C（−121.9～−117 dB）和 L2C（−130.3～−126.8 dBW）。

5.3 卫星导航接收终端抗压制干扰技术

卫星导航系统通过新型导航信号的设计和应用,星上载荷技术的升级,大大增强了导航应用的抗干扰能力,系统整体能力得到显著提升。然而,导航卫星距离地球表面 2 万公里左右,同步轨道卫星的轨道高度达到 36 000 公里左右,面临大功率的有意干扰,导航应用仍然极可能被拒止[32]。因此,在卫星导航系统的用户端,发展基于用户接收的抗干扰技术,进一步提升用户终端的抗干扰性能,是当前的应用热点之一。

5.3.1 基于频域滤波抗干扰的干扰分析

1. 频域滤波抗干扰算法

如图 5.11 所示为基于 FFT 变换算法的频域滤波技术原理框架图。根据模块功能的区别频域滤波技术主要可以分为以下几个部分: 时频域变换（FFT/IFFT）、数据序列加窗、干扰门限生成及干扰抑制、重叠合成结构。其中,频域滤波技术的核心算法是干扰门限生成及干扰抑制。

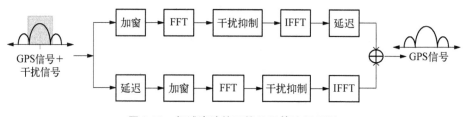

图 5.11 频域滤波抗干扰处理算法原理图

1）时频域变换

时频域变换过程,就是对待处理的时域离散序列进行傅里叶变换,得到频域离散序列,在频域进行干扰检测、滤除后,须将频域数据通过逆变换方法恢复为时域序列。转换算法采用快速离散傅里叶变换 FFT/IFFT 完成,在信号处理中 FFT 算法理论基础成熟且应用广泛。

2）数据序列加窗

GPS 接收机收到的信号在解扩处理前为高斯白噪声,当存在干扰时,干扰信号功率要强于噪声谱功率,对含有干扰的接收信号进行 FFT 运算时,会因频谱泄露导致除干扰频谱外的其余频谱受到干扰影响。信号截断等效为信号与矩形序列相乘,矩形序列可以理解为在时域对期望信号进行的加窗处理,其频谱特性中旁瓣电平较高,会引起较大的频谱泄露。为了抑制频谱泄露带来的影响,需要对时域的期望信号人为进行加窗处理,选取的窗函数序列需要具备低旁瓣的频谱特性,常用的窗函数除矩形窗外还有三角窗(Bartlett)、汉宁窗(Hanning)、汉明窗(Hamming)、布莱克曼窗(Blackman)、凯泽窗(Kaiser)等。

3）重叠合成结构

信号数据序列在进行 FFT 运算前使用窗函数加权,目的是减小旁瓣的能量,抑制频谱泄露现象。从时域序列来看,频谱泄露现象是由于数据截断引起数据两端产生跳变,在频域产生了吉布斯现象,窗函数的设计是在时域序列减小这种突跳的现象,窗函数的两端平滑地减小至零,其频谱旁瓣也得到减小。加权窗函数系数使信号数据序列两端幅值逐渐趋近于零,造成了数据的能量损失,即信噪比损耗。为了解决加窗造成的信号信噪比损失的问题,通常采用重叠合成结构,重叠比例在工程应用中一般选用 1/2。

频域干扰抑制技术也有不同的方法,其中干扰门限检测法实现简单,应用广泛。将数据序列变换到频域后,需要对数据的频谱进行分析,估算出高斯白噪声的频谱包络,生成干扰抑制门限,使用门限判断带内谱线是否存在干扰,如有干扰将剔除干扰谱线。现有 GPS 接收机中常采用的频域抗干扰芯片是 Mitre 公司设计的采用 N - sigma 干扰抑制算法的频域抗干扰芯片。因此,综合考虑算法对干扰的抑制作用和导航信号的损失程度,本章以 N - sigma 算法研究频域干扰检测门限,以及使用钳位到门限值的干扰抑制方法。

N - sigma 算法是 Capozza 等人在研制频域干扰抑制处理器时提出的一种自适应的干扰抑制算法。算法对经过 FFT 变换的频谱数据幅度转为对数表示,之后计算所有谱线在对数幅度时的均值、标准差,利用这两个统计值计算干扰滤除的门限值,计算公式如下:

$$Th = \mu_{calc} + N \cdot \sigma_{calc}$$

$$\mu_{calc} = \sum_{k=0}^{N_p-1} \frac{10 \lg(\mid X(k) \mid)}{N_p}$$

$$\sigma_{calc} = \frac{1}{N_p}\left[\sum_{k=0}^{N_p-1}(10\lg(|X(k)|))^2 - \frac{1}{N_p}\left(\sum_{k=0}^{N_p-1}10\lg(|X(k)|)\right)^2\right]$$

式中，μ_{calc} 为频域谱线的幅值取对数后的平均值，σ_{calc} 为频域谱线的幅值取对数后的标准差，N 为自适应调节因子。

频域谱线的幅值取对数后的标准差 σ_{calc} 的大小影响自适应调节因子 N 的取值，算法在设计时需要了解接收信号分布特性，包括不含干扰、含不同的预计干扰形式及强度的综合信号，需要分析不同情况时综合信号的均值、标准差的大概取值范围，综合考虑信号的差异，对标准差进行分级，不同分级区间内 N 的取值不同。如果干扰信号能量较大且个数较多，则和信号的标准差会较大，这种情况下 N 的值较小；相反，如果干扰信号能量较小，则标准差也会变小，这种情况下 N 的值则会较大，这样才能保证留有更多的有用信号。应用时将实时计算的幅度标准差 σ_{calc} 与几个等级门限进行比较，确定标准差所在范围后可得到 N 值。N 值计算公式如下：

$$N = \begin{cases} N_0, & \sigma_{calc} < \sigma_0 \\ N_1, & \sigma_0 \leqslant \sigma_{calc} < \sigma_1 \\ N_2, & \sigma_1 \leqslant \sigma_{calc} < \sigma_2 \\ N_3, & \sigma_2 \leqslant \sigma_{calc} < \sigma_3 \\ N_4, & \sigma_{calc} \geqslant \sigma_3 \end{cases}$$

式中，$N_0 \sim N_4$ 为 5 个预设的调节因子；$\sigma_0 \sim \sigma_3$ 为划分的 4 个对数幅度标准差等级。

图 5.12 给出了 N-sigma 抑制算法的设计原理，算法流程如下：

（1）通过快速傅里叶变换将接收信号从时域变换到频域；

（2）计算每个不同频率成分的能量（以 dB 表示），计算它的均值 μ_{calc} 和标准差 σ_{calc}；

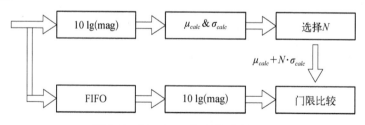

图 5.12　N-sigma 抑制算法原理图

（3）根据标准差 σ_{calc} 选择预设加权因子 N；

（4）计算门限。

N - sigma 算法的门限是干扰功率、数量的非线性分段函数，自适应调节因子需要事先根据目标干扰条件进行估算，统计出分段的量化值作为常数进行存储并在计算门限时使用。

生成所需的干扰抑制门限后，进一步操作就是将超过门限值的频率谱线进行抑制处理，最简单的方法为将超出门限的谱线幅度直接置零，此时干扰的幅度、相位信息将全部剔除，同时信号在该谱线的幅度、相位信息也将剔除，会造成信号的能量损失、部分信息丢失。

另一种抑制方法为钳位到门限值，即将超出门限的谱线幅度置为门限值，此时，在对干扰进行抑制的同时，能尽量保留导航信号不受损失。

还有一种抑制方式为干扰钳位剔除方法，此方法将干扰谱线按其幅度超出门限的比例进行衰减，处理后该谱线保留了部分幅度、相位信息。计算式如下：

$$\tilde{R}(k) = \begin{cases} R(k), & 0 \leqslant |R(k)| \leqslant H(t) \\ R(k)/8, & H(t) < |R(k)| \leqslant 8H(t) \\ R(k)/64, & 8H(t) < |R(k)| \leqslant 64H(t) \\ R(k)/512, & 64H(t) < |R(k)| \leqslant 512H(t) \\ R(k)/4\,096, & 其他 \end{cases}$$

式中，$R(k)$ 为干扰抑制前信号频谱序列；$|R(k)|$ 为其模值；$\tilde{R}(k)$ 为干扰抑制后的频谱序列。

干扰钳位剔除方法对干扰谱线保留了部分幅度、相位信息，即保留了信号的信息，此方法会改善干扰剔除后的信噪比状况，但由于保留了干扰信号的相位信息，会对解扩后的误码率产生影响。

2. 频域滤波对干扰信号的抑制作用分析

对施加了噪声调频干扰的 GPS M 码信号进行频域滤波处理，从定性（功率谱变化）和定量（干信比损耗）两方面对噪声调频干扰抗频域滤波性能进行仿真分析。

仿真条件：基带调制噪声功率 0 dBW；

基带调制噪声带宽 $\Delta F_n = 3$ MHz；

接收机前端带宽 30 MHz；

导航信号中频频率 50 MHz；

信噪比 -10 dB。

由频域滤波抗干扰的原理可知,对干扰的抑制是将接收信号变换到频域后进行的,因此,可从功率谱的变化情况分析频域滤波对干扰的抑制作用,这里以噪声调频方式实现的宽带干扰为例,分析接收机频域滤波对干扰信号的抑制作用。

当基带调制噪声功率为 0 dBW 时,分别取调频斜率 $K_{FM} = 1 \times 10^7$ 和 $K_{FM} = 2.5 \times 10^7$,即有效调频带宽为 10 MHz 和 25 MHz 的噪声调频干扰,叠加 M 码信号与高斯白噪声,对频域滤波前后的功率谱进行仿真,如图 5.13 所示。

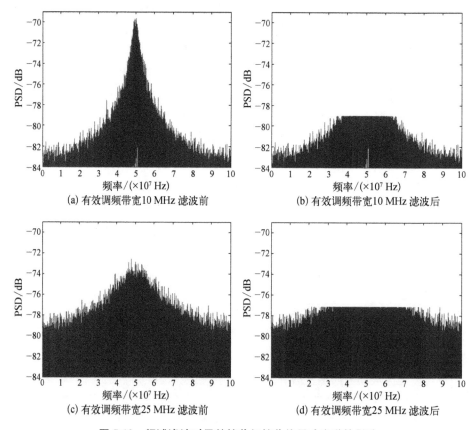

图 5.13　频域滤波对导航接收机接收信号功率谱的影响

由图 5.13 可以看出:

(1) 导航信号到达用户接收机时能量很弱,淹没在干扰与噪声之中。

(2) 在基带调制噪声功率与信号功率一定的情况下,调频斜率 K_{FM} 越大,噪声调频干扰带宽越大,能量更为分散,频谱越近似于噪声。

（3）经频域滤波后,干扰在能量较强的谱线处得到抑制。钳位到门限值的干扰抑制方法,实际是对信号的频谱起到削顶作用。

为了限制噪声和干扰,GPS 接收机采用有限而并非无限的射频前端带宽。因此,实际进入接收机的干扰能量,既要考虑频域滤波的削顶作用,又要考虑到未在接收机前端带宽之内的带外损耗。

从干扰方角度,用干信比损耗 JSR_{loss},即损耗干信比($JSR_{in}-JSR_{out}$)与输入干信比 JSR_{in} 的比值,仍以噪声调频宽带干扰信号为例,定量地衡量干扰抗频域滤波的能力。

在输入干信比分别为 35 dB、45 dB、55 dB 时,对不同有效调频带宽的噪声调频干扰经频域滤波后干信比的损耗进行仿真,图 5.14 给出了不同输入干信比下,干信比损耗随噪声调频干扰有效调频带宽的变化曲线。

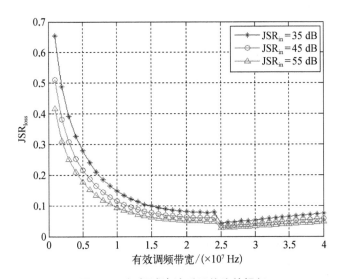

图 5.14　经频域滤波后干信比的损耗

从仿真结果可以看出:

（1）噪声调频干扰信号有效调频带宽较小时,经频域滤波后干信比损失较大,抗频域滤波能力较弱。随着有效带宽增大,干扰抗频域滤波能力增强。

（2）在有效调频带宽为 25 MHz 左右时干信比损失最小。最小值的出现,是接收机前端带宽内频域滤波的削顶损耗与未能进入接收机的带外损耗共同作用的结果。

5.3.2　基于时域抗干扰的干扰分析

1. 时域滤波抗干扰算法

时域滤波抗干扰算法主要是通过对干扰的预测来实现的。与干扰信号相比,伪随机序列的自相关性和互相关性较好,扩频信号各采样值之间的相关性很小,考虑到干扰信号与扩频信号在相关性方面的差异,所以在解扩之前,采用某种最优化准则先对干扰信号进行估计,然后将当前采样值与干扰估计值相减,即可抑制扩频信号中的干扰信号,减小干扰对接收系统的影响,达到抗干扰的目的。

图 5.15 给出了一个基于时域预测技术的自适应干扰滤波方案示意图,输入信号 $x(n)$ 包含 GPS 信号 $s(n)$ 和干扰信号 $j(n)$。经过图示信号处理过后,得到从过去观测量的干扰预测值 $\hat{j}(n)$ 及期望信号 $e(n)$。

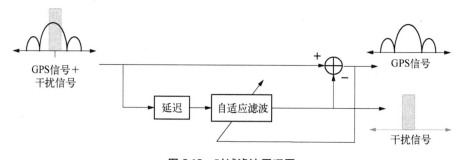

图 5.15　时域滤波原理图

图 5.15 中的自适应滤波器是实现时域滤波的核心,通常利用抽头延迟线来实现。根据自适应滤波器对信号当前值估计的核心算法不同,可以将其分为两种:单边预测误差滤波器和双边带横向滤波器。单边预测误差滤波器估计信号当前值时仅利用信号的过去值,而双边带横向滤波器对干扰当前值的进行估计时,同时利用了信号的过去值与未来值,滤波器结构的复杂度增加。

时域滤波抗干扰技术实现的关键是滤波器的结构设计,其中应用最为广泛的是基于最小均方准则(least mean squale,LMS)的自适应 FIR 滤波的算法,该算法的算法简单、运算量小、收敛性能稳定而且容易实现,以单边预测误差滤波器为例,其结构如图 5.16 所示。

图中的输入信号的向量表示为

$$X(n) = \left[x_1(n), x_2(n), \cdots, x_N(n) \right]^{\mathrm{T}}$$

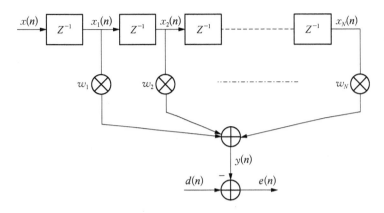

图 5.16　单边预测误差滤波器

滤波器权值向量表示为

$$W(n) = [w_1(n), w_2(n), \cdots, w_N(n)]^{\mathrm{T}}$$

滤波器的输出可以表示为

$$y(n) = \hat{j}(n) = X(n)^{\mathrm{T}} W(n)$$

则误差值为

$$e(n) = d(n) - y(n)$$

以最小均方准则 LMS 来设计滤波器,可定义代价函数为

$$\xi(n) = E\{e^2(n)\} = E\{d^2(n)\} - 2W^{\mathrm{T}} r_{xd} + 2W^{\mathrm{T}} R_{dd} W$$

另外,$\xi(n)$ 为均方误差性能函数;W 为权值向量。其中,$\xi(n)$ 是 W 的二次函数,且矩阵 $R_{dd}[d(n)$ 的自相关矩阵]是正定或半正定,因此 $\xi(n)$ 必定存在最小值。

LMS 算法的完整性描述为

$$\begin{cases} y(n) = X(n)^{\mathrm{T}} W(n) \\ e(n) = d(n) - y(n) \\ W(n+1) = W(n) + 2\mu e(n) X(n) \end{cases}$$

式中,μ 为步长,LMS 算法的收敛速度及稳定性由它决定。如果 μ 的取值过大,虽然算法具备了较快的收敛速度,但同时会导致算法的稳定性降低,而如果 μ

的取值过小,意味着算法的收敛速度过慢。

当单频余弦信号作为时域滤波器的输入信号时,在进行 n 次迭代后,第 i 个抽头的输出信号表达式如下:

$$x_i(n) = A\cos[2\pi f_r(n-i)/f_s + \psi_0] = A\cos(n\theta + \psi_i)$$

其中,$\theta = 2\pi f_r/f_s$;$\psi_i = \psi_0 - i\theta$;$A$,$f_r$,$\psi_0$,$f_s$ 分别表示输入信号的幅值、频率、初相及采样频率。对上式进行 Z 变换可得

$$X_i(z) = \frac{A}{2}(e^{j\varphi_i}\frac{z}{z - e^{j\theta}} + e^{-j\varphi_i}\frac{z}{z - e^{-j\theta}})$$

令 $Y(z)$、$E(z)$、$D(z)$ 及 $W_i(z)$ 分别代表序列 $y(n)$、$e(n)$、$d(n)$、$w_i(n)$ 的 Z 变换,可得

$$y(n) = \sum_{i=1}^{N} \omega_i(n)x_i(n)$$

则 $y(n)$ 的 Z 变换可表示为

$$Y(z) = Z[y(n)] = \sum_{i=1}^{N} Z[\omega_i(n)x_i(n)]$$

$$= \sum_{i=1}^{N} \frac{1}{2\pi j} \int_C \omega_i(v) x_i\left(\frac{z}{v}\right) v^{-1}dv$$

推导可得

$$\omega_i(n) = \omega_i(n-1) + 2\mu e(n-1)x_i(n-1)$$

则 $\omega_i(n)$ 的 Z 变换可表示为

$$W_i(z) = z^{-1}W_i(z) + \frac{\mu}{\pi j}\int_C v^{-1}E(v)\left(\frac{z}{v}\right)^{-1}X_i\left(\frac{z}{v}\right)v^{-1}dv$$

对上式移项并化简可得

$$W_i(z) = \frac{\mu A}{1-z}[E(ze^{-j\theta})e^{j\varphi_i} + E(ze^{j\theta})e^{-j\varphi_i}]$$

继续化简可得滤波输出序列 $y(n)$ 的 Z 变换:

$$Y(z) = \frac{N\mu A^2}{2}E(z)[U(ze^{-j\theta}) + U(ze^{j\theta})] + \frac{N\mu A^2}{2}\beta(\theta, N)V(z)$$

其中,

$$V(z) = U(ze^{-\mathrm{j}\theta})E(z^{-\mathrm{j}2\theta})\mathrm{e}^{\mathrm{j}[2\psi_0-(N-1)\theta]} + U(ze^{\mathrm{j}\theta})E(z^{\mathrm{j}2\theta})\mathrm{e}^{-\mathrm{j}[2\psi_0-(N-1)\theta]}$$

$$U(z) = 1/(z-1)$$

$$\beta(\theta,N) = \frac{\sin N\theta}{N\sin\theta} = \frac{\sin(N2\pi f_r/f_s)}{N\sin(2\pi f_r/f_s)}$$

若 $e(n)$ 为具有 N 个抽头的自适应时域滤波器的误差输出,则它相对于输入的参考信号 $d(n)$ 的传递函数表达式如下:

$$H(z) = \frac{E(z)}{D(z)} = \frac{z^2 - 2z\cos\theta + 1}{z^2 - 2z\cos\theta\left(1 - \frac{N\mu A^2}{2}\right) + 1 - N\mu A^2}$$

从上式中的传递函数可以看出,在频率 f_r 处,该自适应时域滤波器会出现陷波效应。计算传递函数的零点和极点,并由它们的几何关系计算出 3 dB 陷波带宽为

$$BW_{-3\,\mathrm{dB}} = \frac{N\mu A^2 f_s}{2\pi}$$

在输入信号幅度归一化的情况下($A=1$),μ 的取值一般为 $10^{-6}\sim10^{-3}$。对于带宽为 30 MHz 的 GPS M 码信号,若其自适应滤波器抽头数 $N=18$,采样频率 $f_s = 200$ MHz,则滤波器的 3 dB 陷波带宽约为 500 Hz~500 kHz。对于系统带宽为 30 MHz 的 GPS M 码接收机来说,该滤波器的滤波带宽相对较窄,对带宽较窄的干扰信号抑制能力较好,而对于带宽较宽的干扰信号,其抑制能力会比较弱。因此,现有干扰机中采用的单频干扰很容易被滤除,后续的干扰仿真采用可实现较宽带宽的噪声调频干扰信号样式对 M 码接收机实施干扰。

2. 时域滤波对干扰信号的抑制作用分析

为了研究时域滤波对干扰信号的抑制作用,在仿真 M 码相关接收的捕获跟踪模块前,增加时域抗干扰模块。考虑现有硬件条件的限制,仿真中自适应时域滤波器的抽头个数 N 选取 18。以噪声调频宽带干扰为例,对施加了宽带压制的 GPS M 码信号进行时域滤波处理,从定性(功率谱变化)和定量(干信比损耗)两方面对噪声调频干扰抗时域滤波性能进行仿真分析。

仿真条件：基带调制噪声功率 0 dBW；

　　　　　基带调制噪声带宽 $\Delta F_n = 3$ MHz；

　　　　　接收机前端带宽 30 MHz；

　　　　　导航信号中频频率 50 MHz；

　　　　　干信比 60 dB。

分别用有效调频带宽为 0.5 MHz 和 2 MHz 的噪声调频干扰对 M 码信号实施干扰，对时域滤波前后的混合信号的功率谱进行仿真，如图 5.17 所示。

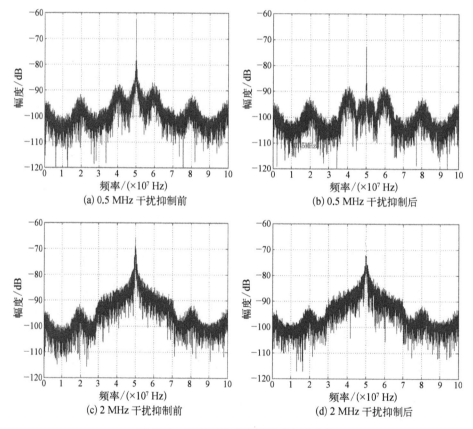

(a) 0.5 MHz 干扰抑制前

(b) 0.5 MHz 干扰抑制后

(c) 2 MHz 干扰抑制前

(d) 2 MHz 干扰抑制后

图 5.17　时域滤波滤波前后功率谱变化

由图 5.17 可以看出，有效调频带宽为 0.5 MHz 时，时域滤波对干扰的抑制效果比有效调频带宽为 2 MHz 时的明显。

与频域滤波仿真类似，用干信比损耗来定量地衡量干扰抗时域滤波的能力。在输入干信比为 45 dB 时,对不同有效调频带宽的噪声调频干扰经时域滤波后干信比的损耗进行仿真,图 5.18 给出了干信比损耗随噪声调频干扰有效调频带宽的变化曲线。

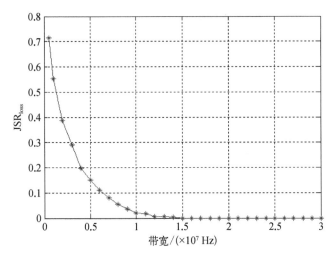

图 5.18 经时域滤波后干信比的损耗

从图 5.18 中可以看出,有效调频带宽在 5 MHz 以内时,时域滤波对干扰的抑制明显,随着有效调频带宽的增大,噪声调频干扰抗时域滤波能力增强;当噪声调频干扰的有效调频带宽超过 10 MHz 后,时域滤波的抑制作用微乎其微。因此,针对具有时域滤波模块的 M 码接收机实施干扰,干扰带宽越大抗时域滤波能力越强。

5.3.3 自适应调零天线抗干扰技术

自适应调零天线是利用阵列天线方向图特性,实现的空域滤波技术,可以自适应地在方向图零点处最大限度地抑制干扰,同时对卫星信号影响最小。

自适应调零天线技术是提高卫星导航接收机抗干扰能力的主要方法之一,目前已广泛用于飞机、舰船和精确制导弹药等各种武器平台,使用自适应调零天线的导航设备,可提高 20~30 dB 的抗干扰能力。图 5.19 所示为调零天线阵列的几何分布及自适应阵列工作的组成模块,包括天线阵列模块、信号处理模块、波束形成模块和自适应算法控制模块,下面以 N 元全向、线型阵列天线为例,分析 GPS 调零天线的抗干扰原理、自由度和功率对抗策略。

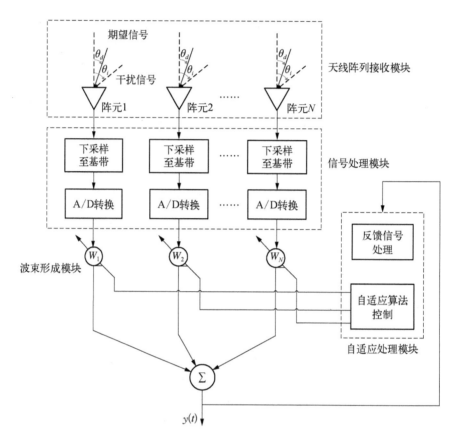

图 5.19　N 元线型自适应阵列的基本工作示意图

1. 抗干扰自由度

自适应调零天线的抗干扰自由度是阵列天线的重要指标,也是对调零天线实施多源干扰的关键约束。如图 5.19,设 GPS 信号和干扰信号分别以 θ_d 和 θ_i 入射至自适应阵列天线,设干扰信号幅度为单位 1,阵元 1 为相位零点,则阵列天线接收到的信号矢量可表示为

$$x(t) = \exp(j2\pi f_c t) \left[1, \exp(-j\varphi_2), \exp(-j\varphi_3), \cdots, \exp(-j\varphi_{N-1}) \right]^{\mathrm{T}} \quad (5.3.1)$$

式中,f_c 是载波频率;φ_i 为阵元 1 与第 i 个阵元接收信号相位差,由传输波程差引起,可表示为

$$\varphi_i = \frac{1}{c} 2\pi f_c L_i \sin\theta_i \quad (5.3.2)$$

其中，L_i 为阵元 1 与第 i 个阵元之间的距离。自适应算法对各阵元输入信号乘以复加权 w_i，相加后可得自适应阵列输出信号为

$$
\begin{aligned}
y(t) &= \mathrm{e}^{-\mathrm{j}2\pi f_c t}\Big[\sum_{i=1}^{N} w_i \exp(-\mathrm{j}\varphi_i)\Big] \\
&= \mathrm{e}^{-\mathrm{j}2\pi f_c t}[w_1 + w_2\exp(-\mathrm{j}\varphi_2) + w_3\exp(-\mathrm{j}\varphi_3) + \cdots + w_N\exp(-\mathrm{j}\varphi_N)] \\
&= w_1\mathrm{e}^{-\mathrm{j}2\pi f_c t}\Big[1 + \frac{w_2}{w_1}\exp(-\mathrm{j}\varphi_2) + \frac{w_3}{w_1}\exp(-\mathrm{j}\varphi_3) + \cdots + \frac{w_N}{w_1}\exp(-\mathrm{j}\varphi_N)\Big]
\end{aligned}
$$

$$(5.3.3)$$

从上式可知，权值向量 $[w_1, w_2, w_3, \cdots, w_N]^{\mathrm{T}}$ 决定了阵列天线的电压方向图，以某一加权值为公因子提出后，该表达式仅含有 $N-1$ 个自由变量 $\Big(1, \dfrac{w_2}{w_1},$ $\dfrac{w_3}{w_1}, \cdots, \dfrac{w_N}{w_1}\Big)$，因此，$N$ 元自适应阵列天线具有 $N-1$ 个自由度。而图 5.19 中输出信号 $y(t)$ 将反馈至自适应处理模块，经过自适应算法处理后对权值进行反馈迭代，使得阵列天线在期望信号方向保持较大的增益，同时在干扰信号方向进行抑制。

根据自适应调零天线的原理可知，阵列天线可抵消的干扰源数量等于天线阵元数 $N-1$，即调零天线的抗干扰自由度。因此，为有效对抗自适应调零天线，可采用多源、分布式干扰，干扰源个数应大于天线的自由度。

如图 5.20 所示，构建了阵元个数 $N=3$ 的均匀线阵自适应调零接收机的信号接收模型，阵元间距为半波长。设置一个期望信号，信号入射方向 θ_0 为 $0°$；以及三个干扰源，干扰源信号功率相等，入射方向 θ_1、θ_2、θ_3 分别为 $-60°$、$-30°$、$30°$。以干扰源个数 J 为变量，分别模拟了 $J=1$，$J=2$，$J=3$ 的条件下，自适应调零接收机抗干扰接收情况。

由仿真结果可以看到，三阵元自适应调零接收机在应对 1 个、2 个干扰信号时均可在干扰方向形成零陷，当干扰个数大于阵列自由度 $N-1$ 时，接收机失去准确零陷的能力。

2. 功率对抗策略

根据自适应调零天线的能量检测原理可知，抗干扰天线仅能检测到噪声之上的干扰信号，热噪声功率 P^N（dBW）的计算方法如下：

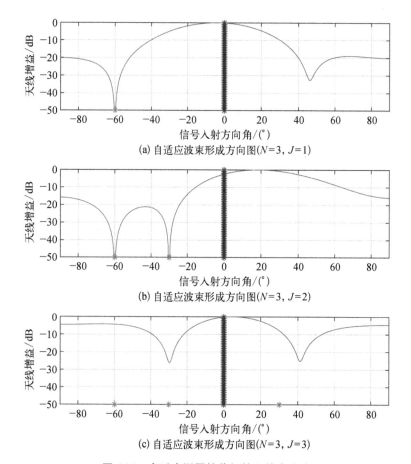

图 5.20 自适应调零接收机抗干扰自由度

$$A^N = 10\lg(KB_nT) \tag{5.3.4}$$

其中,玻尔兹曼常数 k 为 1.38×16^{-23} J/K;B_n(Hz)为前端带宽;系统温度 20°下 $T = 293.5$ K。 以 GPS M 码为例,接收机热噪声功率为-129 dBW,区域增强下卫星信号强度可达-138 dBW,此时单个干扰信号若想免于被空域滤波模块检测,单干扰源在单个天线单元处的干信比最低仅为 9 dB,该值远远小于 M 码干扰容限。

因此,为有效对抗自适应调零天线,需要在功率上具有隐蔽性,一方面可通过干扰样式设计使得干扰信号获得部分相关增益,降低干信比需求;另一方面,需采取分布式、超自由度的多源干扰,抵消其自适应空域滤波优势。

5.3.4　射频前端抗干扰技术

接收机天线可以使极微弱的卫星导航信号转变为电流,以电流形式进行信号采集处理。天线可以分为单极、微波传输带、四线螺旋形、锥形等类型,其中微波传输带天线和四线螺旋天线较为广泛应用。对于天线的技术方面要求有:可以全方位接受卫星信号,有可靠的防护及屏蔽措施来抑制多径效应,天线的相位中心与其几何中心位置保持一致性,并且相位中心必须保持一定的高度。当前接收机天线通常采用的是天线阵列方法,通过辅以特殊的天线,对抑制宽带干扰和多径信号干扰可以起到很好的作用。

射频前段是指从天线处理开始到其基带处理之间的部件,是接收机进行工作的基础。其功能是使射频信号转成中频信号,使之满足信号处理器所需。在进行信号转变的过程中通过抑制其他干扰信号,提高有用信号的接受水平。主要分为前端滤波技术、射频干扰检测技术和自动增益控制技术。前端滤波技术是通过前置滤波器进行逐级滤波,使末级中频在进行变频过程时输出较窄的滤波带宽,可以有效提高接收机机带外射频信号干扰的能力,还可以更好的降低中频转变过程中奈奎斯特采样的限制,具有较强的抵抗外界强功率信号干扰的能力。其中射频干扰检测技术通过检测射频干扰信号来判断干扰信号强度。自动增益控制技术是通过在电路中放大其增益,从而使其随信号强度的变化而不断进行自动调整的控制方法。

5.4　卫星导航/惯性导航组合抗干扰技术

以上介绍了卫星导航用户终端的抗压制干扰技术,这些方法可以概括为基于干扰信号检测而进行的抗干扰滤波处理。若干扰方实施欺骗干扰,干扰信号与真实信号一致或仅具有一定延迟,当接收机处于捕获状态时,就难以区分干扰信号和真实信号。因此,为了抵御欺骗式干扰,接收机会采用一些抗欺骗检测算法;其中卫星导航/惯性导航组合导航技术是应用最广泛的一种抗欺骗干扰技术,它综合运用两种系统的导航定位信息,不仅具有抗欺骗干扰能力,而且在卫星导航被压制区域,也可仅依靠惯性系统保持一定的导航能力。

5.4.1　卫星导航/惯性导航组合技术的发展与应用

卫星定位/惯性导航组合制导技术,具有全天候、自主式制导的能力,有广泛应用前景,是国外第 4 代、第 5 代中/远距精确制导空地武器、精确制导炸弹普遍采用的技术。

目前,卫星导航/惯性导航在各类机动平台、巡航导弹、精确制导炸弹中的组合方式主要有 2 种方法:重调法和卡尔曼滤波法。

在重调法中,卫星导航接收机产生的位置、速度等导航信息,用它去调整 INS 的输出,这样可有效限制 INS 的系统漂移,使系统精度保持在一定范围之内。

在卡尔曼滤波法中,主要采用卡尔曼滤波器对 INS 与卫星导航接收机的输出进行数据融合处理,并利用处理结果对 INS 进行校正,使 INS 的输出精度提高。采用卡尔曼滤波组合法,能使总的输出精度高于卫星导航或 INS。

卫星导航/惯性导航组合抗干扰技术,是充分利用卫星导航/惯性导航的优点,达到抗干扰的目的。当导航接收机受到电子干扰时,INS 系统可提供记忆功能,并使组合系统最终从所产生的任何导航误差中得到恢复,继续完成导航任务。干扰消失后,INS 又可协助导航接收机迅速重新捕获信号。

美国 Draper 实验室于 2000 年描述了卫星导航/惯性导航深组合系统在低信噪比动态码跟踪中的应用,使用仿真的 GPS 射频信号和仿真惯性测量数据,证明了深组合比一般紧耦合系统的抗干扰性能提高了 15 dB,并于 2001 年申请了专利。2005 年 7 月 18 日,L‒3 Communications,IEC(Interstate Electronics Corporation)发布新一代用于精确制导武器、导弹、无人轰炸机的 FaSTAPTM 抗干扰技术和 GPS/INS 嵌入式深组合系统。

卫星导航/惯性导航的组合应用已成为高价值武器平台的标准配置,如图 5.21 所示,假设某型制导弹药导航系统使用了 INS/GPS 组合导航,系统把导

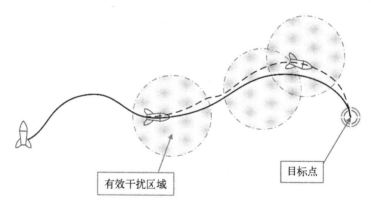

有效干扰区域　　目标点

图 5.21　组合导航抗干扰能力示意图

航数据发送给弹载计算机,用于制导控制。上图反映了在组合导航模式中,卫星信号可用时,正常工作于组合导航模式;当卫星导航受干扰或不可用时,组合导航系统自动切换到纯惯性导航模式,组合导航效果取决于卫星导航不可用的时间长短。

5.4.2　卫星导航/惯性导航滤波组合方式

考虑到欺骗干扰的可能性,以及电子技术、计算机技术的发展,重调法逐渐被数据融合处理技术取代。卡尔曼滤波及其改进技术在卫星导航和惯性导航的组合应用中,占据了主流。根据融合处理的方式和数据不同,卫星导航/惯性导航的常见的滤波组合方式有三种:松耦合、紧耦合和深耦合(超紧耦合)。

松耦合技术中,卫星导航/惯性导航各自产生导航解(位置、速度和姿态),然后将两个独立的导航解通过融合(滤波)算法进行处理,并将二者的差值反馈给 INS 对其进行校正。

紧耦合技术中,卫星导航的伪距、多普勒或载波相位测量值与 INS 输出的导航解进行数据融合处理,该模型直接采用了卫星导航的原始测量值,系统的导航精度高于松耦合系统,且紧耦合模型可以对卫星导航提供的伪距和多普勒测量进行错误检测和隔离。

超紧耦合技术中,卫星导航/惯性导航的组合发生在跟踪环部分,相对于松耦合和紧耦合而言,这种模型更加复杂,它彻底改变了传统 GPS 跟踪环的设计结构,大大提高了卫星导航接收机和整个系统的性能。超紧耦合技术带来了许多优势:① 减少捕获时间;② 优化环路设计;③ 提高多普勒和相位测量的精度。图 5.22 为 GPS/INS 耦合模型。

传统的载波跟踪环带宽和滤波器阶数为 18 Hz 和 2 阶,为了接收动态信号,带宽和阶数应大于 20 Hz 和 3 阶,增加了设计的复杂性和降低了系统工作的可靠性,INS 辅助跟踪环可以将跟踪带宽减少到 3~5 Hz,滤波器阶数降为 2 阶,仍然可以接收动态时变信号。传统的跟踪环和超紧耦合跟踪环的性能如图 5.23 所示,可见在超紧耦合跟踪环中,多普勒几乎保持常数,而传统的跟踪环需要根据系统动态在宽带和窄带 PLL 之间进行选择。如果载体在飞行中加速,传统的环路可能会失锁,而超紧耦合环路将不会失锁。超紧耦合环路在性能上有了明显的提高,增强了系统工作的可靠性。

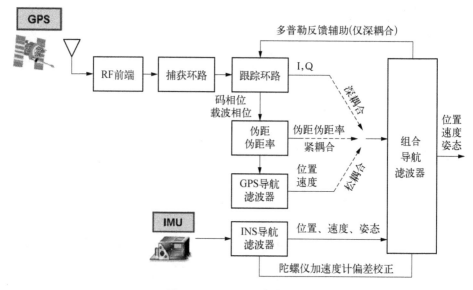

图 5.22 GPS/INS 耦合模型

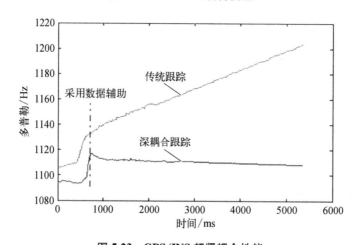

图 5.23 GPS/INS 超紧耦合性能

5.4.3 卫星导航/惯性导航组合技术抗干扰能力分析

GPS 系统与惯导系统组合可实现导航能力的互补,战时更是能够显著提升武器装备系统的抗干扰能力。一方面,惯性导航系统 INS 可通过惯性传感器辅助 GPS 接收机的载波和码跟踪环,降低跟踪环的有效带宽,进一步抑制带外干扰,提高 GPS 接收机输入端上的信号/干扰比(S/J),从而使接收机抗干扰能力提高 10~15 dB。另一方面,GPS/INS 组合导航系统的最大误差不会大于 INS 的积累误差,假如对 GPS 系统实施有效干扰的距离不够长或有断续,则离开干扰区域(或在干扰消失阶段)的武器装备,可随时依靠 GPS 系统修正惯导偏差,大大提升了武器装备导航系统的可靠性;对于卫星导航对抗而言,针对干扰装备的分布式组网布站策略则提出了更高要求。本书主要从抗干扰容限和组合导航精度两方面分析抗干扰能力。

1. 抗干扰容限

由于 GPS 接收机中信号到达天线的功率是恒定的,无外界干扰时的通道噪声、电路损耗及扩频增益(或预检积分时间)均是已知的,GPS 信号解扩后的信噪比可预期出现在一定的范围内:

$$\begin{cases} S/N = 10\lg(S/N) = C/N_0 + 10\lg(T) \\ C/N_0 = P_s - N_0 - N_F - N_c - N_D \end{cases} \tag{5.4.1}$$

其中,S/N 为信噪比(dB);P_s 为 GPS 定义的载波功率,最小为 -160 dBW。对于 Block Ⅱ 卫星,由于卫星功率设计时考虑到功率随时间衰减,目前实际的功率值比最小值要高 6 dB 左右,N_0 为热噪声功率密度(-204 dBW/Hz),N_F 为接收机的噪声系数,N_c 为电路实际损耗,二者分别假定为 2.5 dB 和 1 dB,T 为已知的预检积分时间,最小为 1 ms。N_D 为搜索单元步进量引入的损耗,假定码搜索单元 Δ 为 0.25 码片,多普勒频率搜索单元 F 为 500 Hz,最大相关误差引入损耗的信噪比为

$$N_D = 20\lg(1 - \Delta) + 20\lg\left[\operatorname{sinc}\left(\frac{\pi FT}{2}\right)\right] \approx 3.5 \text{ dB} \tag{5.4.2}$$

根据式(5.4.3)和式(5.4.4)可推得载波功率噪声密度比应在 37~46 dB/Hz,即信噪比 S/N 在 5 以上。当存在干扰时,解扩后的信噪比会低于这一范围,根据理论计算有

$$[c/n]_{eq} = \frac{1}{\dfrac{1}{c/n_0} + \dfrac{j/s}{Pf_c}} \tag{5.4.3}$$

c/n_0 为无干扰时信号载波功率密度比,可根据定义的 GPS 信号功率、热噪声功率密度、接收机噪声系数等得到;j/s 为干扰与信号功率比;f_c 为码速率;

P 为调整系数(窄带干扰为 1,宽带干扰为 2);$[c/n]_{eq}$ 为干扰出现时等效的载波功率噪声密度比,它可由接收机实际测得的信噪比推知。

相关器输出的载波功率噪声密度比可以衡量外界干扰对接收机的影响,这是因为干扰存在使得等价的载波功率噪声密度比降低,将式(2.6)以 dB/Hz 表示有

$$[C/N_0]_{eq} = -10\lg\left[10^{-(C/N_0)/10} + \frac{10^{(J/S)/10}}{Pf_c}\right] \text{dB/Hz} \tag{5.4.4}$$

其中,$C/N_0 = 10\lg(c/n_0)$;$J/S = 10\lg(j/s)$。将上式表示为 J/S 形式为

$$J/S = 10\lg\left\{Pf_c\left[\frac{1}{10^{-[C/N_0]_{eq}/10}} - \frac{1}{10^{-(C/N_0)/10}}\right]\right\} \text{dB} \tag{5.4.5}$$

干扰的出现使得信号处理器输入的信噪比降低,直接影响码环/载波环的工作性能。为确定给定的 GPS 接收机最大抗干扰能力,必须确定接收机码环和载波环的跟踪阈值,因此可以根据码环和载波环的工作特性来确定跟踪阈值,从而反过来推算接收机前端对干扰的容限。

普通接收机载波跟踪带宽为 18 Hz,对应的跟踪阈值为 24.5 dB/Hz,由式(5.4.5)可以计算出接收机前端的抗干扰能力。当干扰源为窄带干扰时,载波跟踪环抗干扰能力为 $J/S = 31.3$ dB;当干扰源为宽带干扰时,$J/S = 34.3$ dB。而在 GPS/INS 组合导航接收机中,典型的 GPS 接收机载波跟踪环带宽为 2 Hz,对应的跟踪阈值为 14.4 dB/Hz。当干扰源为窄带干扰时,$J/S = 42.3$ dB;当干扰源为宽带干扰时,$J/S = 45.3$ dB。根据以上分析可知,当采用 INS 辅助跟踪环后系统的抗干扰性能提高了 11 dB 左右。有相关研究表明,随着深组合(超紧组合)导航技术的发展,GPS 导航系统相对于使用标准的码跟踪环和载波跟踪环的常规 GPS 接收机来说,在干扰环境下,跟踪性能可进一步提升 15~20 dB。

2. 组合导航精度

在深组合导航系统中,惯导首先根据 GNSS 接收机输出的位置、速度信息辅助 INS 进行导航解算前的初始对准,然后基于 Kalman 滤波器对二者独立的导航参数进行组合滤波处理,最后利用滤波参数反馈校正 INS 的导航结果。此外,在 INS 导航解算过程中,高频的惯导信息被引入至卫导接收机并辅助其进行基带信号处理,以提升系统的抗干扰性能。

在 GNSS/INS 深组合导航系统中,组合导航滤波器可以采用基于位置、速度的松组合方式或者基于伪距、伪距率的紧组合方式,两种组合方式的导航精度接近,本书采用了计算量较小、易于工程实现的松组合方式,并选取了 15 维

的状态量：

$$X = \left[\varphi_E\ \varphi_N\ \varphi_U\ \delta V_E\ \delta V_N\ \delta V_U\ \delta\lambda\ \delta L\ \delta H\ \varepsilon_E\ \varepsilon_N\ \varepsilon_U\nabla_E\ \nabla_N\ \nabla_U\right]^{\mathrm{T}} \qquad (5.4.6)$$

式中，φ_E、φ_N、φ_U 为姿态失准角；δV_E、δV_N、δV_U 为速度误差；$\delta\lambda$、δL、δH 为位置误差；ε_E、ε_N、ε_U 为陀螺常值漂移；∇_E、∇_N、∇_U 为加速度计常值偏置。系统状态方程为

$$X = F(t)X(t) + G(t)w(t) \qquad (5.4.7)$$

式中，$F(t)$ 为惯导系统状态转移矩阵；$G(t)$ 为惯导系统噪声驱动阵；$w(t)$ 为惯导系统噪声阵，具体计算公式如下：

$$F(t) = \begin{bmatrix} 0_{3\times3} & 0_{3\times3} & 0_{3\times3} & C_b^n & 0_{3\times3} \\ F_1 & 0_{3\times3} & G' & 0_{3\times3} & C_b^n \\ 0_{3\times3} & I & 0_{3\times3} & 0_{3\times3} & 0_{3\times3} \\ & & 0_{6\times15} & & \end{bmatrix}_{15\times5} \qquad (5.4.8)$$

$$F_1 = \begin{bmatrix} 0 & f_z^n & -f_y^n \\ -f_z^n & 0 & f_x^n \\ f_y^n & -f_x^n & 0 \end{bmatrix} \qquad (5.4.9)$$

$$G(t) = \begin{bmatrix} C_b^n & 0_{3\times3} \\ 0_{3\times3} & C_b^n \\ 0_{9\times3} & 0_{9\times3} \end{bmatrix}_{15\times6} \qquad (5.4.10)$$

$$w(t) = \left[\omega_{gx}\ \ \omega_{gy}\ \ \omega_{gz}\ \ \omega_{ax}\ \ \omega_{ay}\ \ \omega_{az}\right]^{\mathrm{T}} \qquad (5.4.11)$$

式中，C_b^n 为 b 系至 n 系的姿态转换矩阵；F_1 为比力的反对称矩阵；G' 为惯导系统噪声驱动阵转置；I 为单位阵；f_x^n、f_y^n、f_z^n 为加速度计测量的比力；ω_{gi}、ω_{ai} 为三轴陀螺和加速度计系统噪声。

系统观测方程为

$$Z = HZ + v \qquad (5.4.12)$$

式中，$Z = \begin{bmatrix} Z_v \\ Z_p \end{bmatrix}$ 为观测量；$H = \begin{bmatrix} H_v \\ H_p \end{bmatrix}$ 为观测阵；$v = \begin{bmatrix} v_v \\ v_p \end{bmatrix}$ 为观测噪声阵，具体计算公式如下：

$$Z_v = \begin{bmatrix} V_{\text{BDSE}} - V_{\text{INSE}} \\ V_{\text{BDSN}} - V_{\text{INSN}} \\ V_{\text{BDSU}} - V_{\text{INSU}} \end{bmatrix} \quad Z_p = \begin{bmatrix} \lambda_{\text{BDS}} - \lambda_{\text{INS}} \\ L_{\text{BDS}} - L_{\text{INS}} \\ H_{\text{BDS}} - H_{\text{INS}} \end{bmatrix} \quad (5.4.13)$$

$$H_v = \begin{bmatrix} 0_{3 \times 3} & \text{diag}\begin{bmatrix} 1 & 1 & 1 \end{bmatrix} & 0_{3 \times 9} \end{bmatrix}_{3 \times 15} \quad (5.4.14)$$

$$H_p = \begin{bmatrix} 0_{3 \times 6} & \text{diag}\begin{bmatrix} 1 & 1 & 1 \end{bmatrix} & 0_{3 \times 6} \end{bmatrix}_{3 \times 15} \quad (5.4.15)$$

$$v_v = \begin{bmatrix} \delta V_{\text{BDSE}} & \delta V_{\text{BDSN}} & \delta V_{\text{BDSU}} \end{bmatrix}^{\text{T}} \quad (5.4.16)$$

$$v_p = \begin{bmatrix} \delta \lambda_{\text{BDS}} & \delta L_{\text{BDS}} & \delta H_{\text{BDS}} \end{bmatrix}^{\text{T}} \quad (5.4.17)$$

式中, V_{BDSE}、V_{BDSN}、V_{BDSU} 为卫导解算的载体速度(东速、北速、天速); V_{INSE}、V_{INSN}、V_{INSU} 为惯导解算的载体速度; λ_{BDS}、L_{BDS}、H_{BDS} 为卫导解算的载体位置(经度、纬度、高度); λ_{INS}、L_{INS}、H_{INS} 为惯导解算的载体位置; δV_{BDSE}、δV_{BDSN}、δV_{BDSU} 为速度量测噪声; $\delta \lambda_{\text{BDS}}$、$\delta L_{\text{BDS}}$、$\delta H_{\text{BDS}}$ 为位置量测噪声。

GNSS/INS 深组合导航系统的核心是引入高频的惯导信息至 GNSS 接收机并辅助其进行基带信号处理,具体表现为对卫星信号载波多普勒频率的估计,针对单颗 GNSS 卫星的载波多普勒频率估计公式如下:

$$f_d = \frac{l^{\text{T}} \cdot [V_r - V^s]}{\lambda} - \delta f_r + \delta f^s \quad (5.4.18)$$

式中, l 为接收机-卫星间的单位矢量; V_r 为接收机速度; V^s 为卫星速度; λ 为 GNSS 卫星信号的载波波长; δf_r 为接收机钟漂; δf^s 为卫星钟漂。由于 GNSS 卫星原子钟的稳定度高,卫星钟漂基本可以忽略不计,因此,载波多普勒频率的估算公式可简化为

$$f_d = \frac{l^{\text{T}} \cdot [V_r - V^s]}{\lambda} - \delta f_r \quad (5.4.19)$$

在 GNSS/INS 深组合导航系统中,高频的惯导信息被引入至 GNSS 卫星导航接收机的跟踪环路中以隔离载体-卫星视线方向上的动态,以此压缩环路滤波器带宽,增加环路相关积分时间,从而降低环路噪声,最终在前端阵列天线的基础上进一步提高整个系统的抗压制干扰性能。

1) 无辅助跟踪环路误差分析

相比于锁频环及载波辅助的码环而言,GNSS 接收机的锁相环在压制干扰

场景中最容易失锁,因此这里主要分析适用于机载动态的三阶锁相环的跟踪误差。GNSS 接收机环路跟踪精度主要与环路热噪声、晶振相位噪声及动态应力误差有关,计算公式为

$$\sigma_{PLL} = \sqrt{\sigma_{tPLL}^2 + \sigma_C^2} + \frac{\theta_e}{3} \leqslant 15° \tag{5.4.20}$$

式中, σ_{PLL} 为跟踪环路误差的均方根; σ_{tPLL} 为热噪声误差的均方根; σ_C 为晶振相位噪声误差的均方根; θ_e 为动态应力误差。

各项误差具体的计算方式为

$$\sigma_{tPLL} = \frac{360°}{2\pi} \sqrt{\frac{B_n}{\dfrac{c}{n_0}} \left(1 + \frac{1}{2T_{\text{coh}} \dfrac{c}{n_0}} \right)} \tag{5.4.21}$$

$$\sigma_C^2 = \sigma_A^2 + \sigma_v^2 \tag{5.4.22}$$

$$\theta_e = \frac{360°}{\lambda} \frac{\dfrac{\mathrm{d}^m R}{\mathrm{d}t^m}}{\omega_n^m} \tag{5.4.23}$$

式中, B_n 为锁相环跟踪环路带宽; $\dfrac{c}{n_0}$ 为信号载噪比; T_{coh} 为环路相干积分时间; σ_A 为晶振频率不稳定度; σ_v 为振动相位噪声方差; λ 为载波波长; m 为跟踪环路阶数; $\dfrac{\mathrm{d}^m R}{\mathrm{d}t^m}$ 为卫星与接收机在视向上的相对运动; ω_n 为环路的自然角频率。

其中,相位抖动方差 σ_v 为 2° 左右,振荡器的 Allan 方差相位噪声 σ_A 的估算公式如下:

$$\sigma_A = 160° \frac{\sigma_A(\tau) f_L}{B_n} \tag{5.4.24}$$

式中, $\sigma_A(\tau)$ 为晶振频率的阿兰均方差; f_L 为 GNSS 卫星信号的载波频率。

2)深组合导航系统跟踪环路误差分析

在深组合系统中,接收机动态信息可由惯性导航系统推算得到,因此高动态情况下,接收机跟踪环路鉴频鉴相器带宽可以较窄,提高卫导接收机抗压制干扰性能。此时带宽主要与热噪声、惯导辅助信息的误差及晶振频率误差有

关,表达式如下:

$$\varepsilon(s) = \left[1 - H(s)\right]\delta_{ext}(s) + H(s)w(s) \tag{5.4.25}$$

式中,$\left[1 - H(s)\right]\delta_{ext}(s)$ 为惯导辅助信息误差和晶振振动引起的误差,随环路带宽增加而减小;$H(s)w(s)$ 为热噪声和干扰引起的误差之和,随环路带宽的增加而增加。

令 $\varepsilon_{ext}(s) = \left[1 - H(s)\right]\delta_{ext}(s)$、$\varepsilon_w(s) = H(s)w(s)$,则公式(5.4.25)可简化为

$$\varepsilon(s) = \varepsilon_{ext}(s) + \varepsilon_w(s) \tag{5.4.26}$$

$\varepsilon_{ext}(s)$ 的谱密度表达式如下:

$$S_{\delta_{ext}}(f) = S_{\delta_{dopp}}(f) + S_{\delta_A}(f) + S_{\delta_{vib}}(f) + S_{\delta_S}(f) \tag{5.4.27}$$

式中,$S_{\delta_{dopp}}(f)$ 为惯导估计多普勒频率误差的谱密度函数;$S_{\delta_A}(f)$ 为晶振相位噪声的功率谱密度;$S_{\delta_{vib}}(f)$ 为振动引起的相位噪声功率谱密度;$S_{\delta_S}(f)$ 为电离层闪烁的相位噪声谱密度。

由于惯性导航系统的辅助,消除了载体动态引起的大部分动态应力误差,但是引入了惯导系统估计的多普勒频率误差,所以深组合导航系统误差模型为

$$\sigma_{PLL} = \sqrt{\sigma_{tPLL}^2 + \sigma_A^2 + \sigma_v^2 + \sigma_S^2 + \sigma_{MINU}^2} \tag{5.4.28}$$

式中,σ_{PLL} 为跟踪环路误差的均方根;σ_{tPLL} 为热噪声误差的均方根;σ_A 为晶振相位噪声误差的均方根;σ_v 为振动引起的相位噪声误差;σ_S 为电离层闪烁的相位噪声(可忽略);σ_{MINU} 为多普勒频率估计误差。多普勒频率估计误差用谱密度函数表示为

$$\sigma_{SINS}^2 = \int_0^\infty S_\delta(\omega) \cdot \frac{\omega^{2m}}{\omega^{2m} + \omega_n^{2m}} d\omega \tag{5.4.29}$$

$$S_\delta(\omega) = \frac{1}{\omega^2} S_{\delta f}(\omega) \tag{5.4.30}$$

$$S_{\delta f}(\omega) = -\frac{6}{\lambda_{ca}^2} \left(\frac{\frac{k}{2-k} \cdot \frac{\ln(1-k)}{\Delta t}}{\omega^2 + \left(\frac{\ln(1-k)}{\Delta t}\right)^2} \right) \Delta t_{BD} var(BD) \tag{5.4.31}$$

式中,k 为与惯导器件精度相关的系数,取 0.25;Δt 为组合导航滤波器的更新周

期；Δt_{BD} 为 GNSS 卫星测量数据的更新周期；var(BD) 为 GNSS 卫星接收机测量的载体速度方差。

3）组合导航精度仿真分析

根据上述导航系统跟踪误差分析结果，分别对无干扰场景和宽带高斯噪声干扰场景下的组合导航精度进行仿真分析，以考察干扰信号对组合导航精度造成的影响，其中干信比为 34.7 dB，导航信号伪码速率为 1.023 MHz。两种场景下，接收机收到的可见卫星数目均为 6 颗，INS 输出的导航信息完全相同，得到的组合导航效果图如图 5.24 所示。

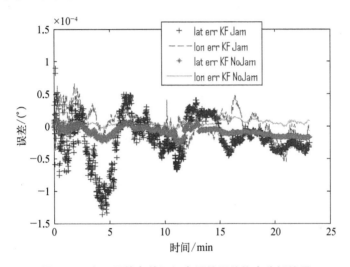

图 5.24　有无干扰条件下组合导航误差仿真分析结果

图 5.24 反映在滤波初期，干扰对定位精度（尤其是经度分量）产生较大的误差，但随着滤波器的逐渐收敛，误差得到有效的控制，但组合导航精度相比于未受扰情况，INS 精度有所下降，对作战效能的影响还取决于干扰压制距离、全程距离等因素，系统综合精度偏差理论值可按照以下公式计算：

$$偏差 = \frac{全程惯导误差}{全程距离} \times (干扰压制距离 \times 修正值)$$

第6章　GPS 对抗要素计算与干扰分析

　　导航战(NAVWAR)的概念最早于 1997 年在英国召开的 GPS 应用研讨会上正式提出,其内涵可概括为:在战场环境下,一方面保护己方的卫星导航系统能够正常为己方所用,同时防止敌方使用己方的导航系统,防止敌方对导航系统的干扰和破坏;另一方面对敌方的卫星导航系统实施干扰和破坏。随着各国卫星导航系统的建设和应用,围绕卫星导航定位信息控制权的干扰与抗干扰技术悄然兴起,本章以全球定位系统 GPS 为例介绍导航对抗技术的干扰内容。

6.1　GPS 对抗概述

6.1.1　现役 GPS 的脆弱性

　　1. GPS 信号频率是公开的,其调制特征也广为人知
　　GPS 接收机以码分多址形式区分各个卫星信号,目前播发的信号伪码有 C/A 码、P(Y)码和 M 码三种;新一代 GPS 将会增加新的复用方式及其他民用信号。

　　C/A 码信号供一般用户使用;P 码信号定位精度高、保密性好,仅供特许用户使用,但编制 P 码的方程式已经公开,因而美国实施了 A－S 政策,将 P 码加密编译成 Y 码。但 GPS 卫星发射的导航信号频率是众所周知的,且难以改变,其现役系统的调制特征又广为人知,因此,现役 GPS 系统是不利于抗干扰的。

　　2. GPS 卫星距地球表面远,信号功率小
　　卫星发射的信号功率不可能很大,且 GPS 卫星距地球表面又远(20 200 km),故信号到达地球表面时相当微弱。GPS 到达地面最小的信号功率分别为 -160 dBW(C/A 码)、-163 dBW(L1P 码)和 -166 dBW(L2P 码),由于各种因素的影响,最大信号电平也分别不超出 -153 dBW、-155 dBW 和 -158 dBW。这样

弱的功率电平,其强度相当于 16 000 km 处一个 25 W 的灯泡发出的光,或者说,它为电视机天线所接收到功率的 1/(10 亿),这就很容易受到干扰。

3. GPS 信号的抗干扰裕度不大

GPS 导航信息码速率为 50 bit/s,C/A 码的码速率为 1.023 Mbit/s,相应有 43 dB 的处理增益;P(Y)码的速率为 10.23 Mbit/s,处理增益为 53 dB。但处理增益不等于抗干扰裕度,C/A 码的码长为 1 023 bit,则周期仅 1 ms,通过解扩只能获得 30 dB 的处理增益,另外的 13 dB 增益是通过 20 个相关峰的积累形成的,所以环路的处理增益不会有 43 dB。同时,一般也要求接收通道的信噪比大于 10 dB 才能正常工作,还有接收机的相关损耗会大于 1 dB。综合外方各种试验报告数据,C/A 码接收机的抗干扰裕度应在 30 dB 以下,一般认为是 25 dB。P 码的抗干扰裕度应在 42 dB 左右。

4. GPS 导航电文数据率低,信息更新慢

导航电文是卫星提供给用户的信息,它包括卫星状态、卫星星历、卫星钟偏差校正参数及时间等内容。GPS 导航电文由 5 个子帧组成一个 50 个字的帧,每个子帧 10 个字,每个字 30 个码位,共 1 500 个码位。因为导航电文的传输速率仅为 50 bit/s,所以传输一帧需要时间 30 s。

25 个帧的导航电文组成一个主帧。在帧与帧之间,子帧 1、2、3 的导航信息一般相同,包含了基准时间、各种校正参数、用于确定卫星位置的卫星星历等定位用的参数,每 30 s 重复一次;但子帧 4 和 5 的历书,则各含有 25 个不同的页,要播发完一个主帧才是一个完整的历书,需时间 12.5 min。子帧 1、2、3 每小时更新一次数据,子帧 4 和 5 的数据仅在给卫星注入新的导航数据后才进行更新。子帧的头 2 个字,都是遥测字(telemetry word,TEL)和转换字(hand over word,HOW),由星载设备产生;后面 8 个字为导航信息或专用电文,由地面控制站注入给卫星。地面控制站每 8 h 向卫星注入一次新的导航数据。

综上所述,无论是 GPS、GLONASS、GALILEO 还是"北斗"卫星导航系统,其实存在一个共同的缺点——容易受到多种形式的有意或无意的干扰,导致接收机定位、导航性能下降,甚至无法正常工作。全球卫星导航定位系统 GPS 的重要性和脆弱性引发了导航领域的对抗。

目前,GPS 对抗的作战对象主要是对接收系统,即各种作战系统(如各类作战飞机、无人机、巡航导弹、制导炸弹等)使用的 GPS 用户接收机,对抗的目的就是干扰甚至欺骗用户接收机,使其不能正常接收导航卫星的信号。据称,在 1999 年的科索沃战争中,俄罗斯有关方面就试验过 GPS 干扰机,并证明是有效

的。而战场上的 GPS 对抗,在 2003 年的伊拉克战争中开始崭露头角。

自然地,卫星导航系统也在不断改善其导航授时服务能力。除了卫星导航系统自身通过更新换代提升抗干扰功能外,接收机终端也通过采取其他技术措施来增强抗干扰能力,在第 5 章对此进行了介绍,下面介绍抗干扰技术的应用。

6.1.2　GPS 抗干扰技术的发展和应用

1. 改进现役的授权 GPS 接收机

1) PLGR 手持式接收机及其改进

PLGR 为手持式接收机,有 5 个信道,具备差分功能,质量小于 2.7 kg,天线可内置或分离,采用 RS‐232 和 RS‐422 数据接口,但只能在 L1 频率上单频工作。

PLGR 改进型为 PLGRU,工作在 L1 和 L2 双频上。试验证明,在实际环境中,当 PLGR 已不能工作时,PLGRU 还能继续工作,说明改进后提高了抗干扰能力。另外,PLGR 为重新捕狭 P(Y)码,最多只允许处于备用状态 1 h。而 PLGRU 允许处于备用状态 98 h 还能重新捕狭 L1P(Y)码,允许处于备用状态 4 h 还能重新捕获 L2P(Y)。同时,这也表明 PLGRU 对电池的消耗大大降低了。

2) MAGR 机载接收机及其改进

现有的军用机载 GPS 接收机 MAGR 要先捕获民用的 C/A 码才能转入跟踪军用的 P(Y)码。其主要改进在于对 P(Y)码进行直接捕获和引入 GPS 接收机应用模块(GRAM)两个方面。

MAGR 的改进型为 MAGRU,使用的是多相关器技术。在 MAGRU 中还引入了 GPS 接收机应用模块(GRAM),这是一种公用插件板,它建立起了一种开放式的结构,在未来可以快速高效/费比地使军用 GPS 接收机升级。GRAM 还可嵌入 GPS/INS 和 GPS/多普勒组合导航接收机中。

3) DAGR 新一代移动式接收机

美国的下一代移动式低价格 GPS 接收机叫作国防先进 GPS 接收机(DAGR),其中包括应用模块(GRAM)和选择可用性反欺骗模块(SAASM)。

2. 采用 GPS 与 INS 组合导航技术

在众多的抗干扰技术中,最引人注目的是 GPS 与 INS 的组合使用,其完美的组合不仅可在导航能力方面达到取长补短,而且使干扰能力得到大大加强。因为 GPS 与 INS 组合以后,就可以用 INS 提供的平台速度信息来辅助 GPS 接收机的码环和载波环,使环路的跟踪带宽可以设计得很窄,进一步抑制带外干扰,提高 GPS 接收机输入端上的信号/干扰比(S/J,简称信干比),从而使接收机的抗干扰能力提高 10~15 dB。

　　GPS 与 INS 的组合,还使得干扰机在察觉受到强压制干扰时,干脆断开 GPS 通道,由惯性导航系统继续完成导航任务,且在干扰消失后,来自 INS 的速度辅助信息又可协助 GPS 迅速重新捕获信号。这样 GPS 与 INS 组合导航系统的最大误差不会大于 INS 的积累误差,使导航系统的可靠性得到大大加强。

　　目前这种组合导航方式已在各类军用飞机、军舰、巡航导弹、精确制导炸弹等平台和武器装备方面获得了广泛的应用。

　　应用这种技术的典型例子是由利顿公司研制的 GPS 制导组件,它与美国陆军的航空与导弹司令部签订合同,1999 年中期提供 8 部生产型样机作试验。美军一共要用它装备 10 万枚导弹和 6 000 辆战车。这种 GPS 制导组件由一部 10 通道 GPS 接收机、一部漂移率为 0.8 nm/h 的惯导和一部导航计算机组成,质量 3.2 kg,体积 1.6 cm^3,装在一个机壳中,已在 F/A-18 飞机上做过试验。

　　3. 采用自适应调零天线

　　到目前为止,自适应调零天线技术还是美军提高 GPS 接收机宽干扰能力的主要方法。一般 GPS 接收机采用单一天线,而自适应调零天线是包括多个阵元的天线阵,阵中各天线与微波网络相连,而微波网络又与一个处理器相连,处理器对从天线经微波网络送来的信号进行处理后反过来调节微波网络,使各阵元的增益和(或)相位发生改变,从而在天线阵的方向图中产生对着干扰源方向的零点,以降低干扰机的效能。可能抵消的干扰源数量等于天线阵元数减 1,如天线阵元数为 7,则最多只能抵消来自不同方向的 6 个干扰。如果做得好,自适应天线可以使 GPS 接收机的抗干扰能力提高 40~50 dB。

　　比如波音公司对联合直接攻击弹药进行的修改,它把原用的单一 GPS 天线改成了 4 根天线,其中 3 根天线等间隔地分布在一个直径 6 英寸的半球上,第 4 根布置在半球的顶上,还增加了一个由哈里斯公司研制的抗干扰电子模块,模块中包含有射频电路和数字电路板,体积为 7 英寸×8 英寸×1 英寸,质量 1.8~3.6 kg,功耗 10~15 W。该抗干扰电子模块再与波音公司的制导单元相集成,制导单元使用了柯林斯公司的 GPS 接收机和霍尼威尔公司的激光捷联惯导,相互为紧耦合组合。1998 年在白沙导弹试验场对这种改进的联合直接攻击弹药进行了试验,试验时飞机在 14 436 m 的高空投弹。当干扰机工作在小功率时,目标命中误差为 3 m。当用大功率干扰机,在用 110 m/h 的风切变时,目标命中误差为 6 m。

　　再如,F-16 采用由 7 个阵元组成的 GPS 自适应调零天线阵;雷声公司研制的抗干扰 GPS 接收机采用了 5 个阵元的自适应调零天线,用于下一代的"战斧"式导弹 Block Ⅳ;马丁公司也要将改型的这种抗干扰接收机用于联合空地远程导弹中。

4. 采用 P(Y)码的直接捕获技术

前面已述,现有 P(Y)码接收机要先捕获 C/A 码才能转入跟踪军用的 P(Y)码,但 C/A 码只有 25 dB 的抗干扰能力,而 P(Y)码有 42 dB 的抗干扰能力。因此,军用码的直接捕获技术可使接收机的抗干扰能力改善 17 dB。

1990 年 5 月 29 日美国国防部副部长重申,所有军兵种在直接作战操作中,必须使用军用码接收机,按照这一政策,美国要将现有军用的只能在 L1 频率上工作的民用小型手持式 GPS 接收机改进成可在 L1 和 L2 双频工作的军用接收机。

目前的直接 P(Y)码捕获技术有两种:一种采用小型化的高稳定时钟;另一种为多相关器技术,据称可采用 1 023 个并行相关器工作。比如,新一代军用机载 GPS 接收机(MAGRU)使用的就是多相关器技术,可直接捕获 P(Y)码。

5. 采用抗干扰信号处理技术

信号处理技术也可以带来 10 dB 以上的抗干扰效果。信号处理技术对窄带干扰有较为显著的抑制能力,比如,自适应非线性 A/D 变换器,可以检测连续波干扰和保护预相关 A/D 变换器;瞬时滤波技术可对抗窄带射频干扰等。GPS 接收机抗干扰滤波器处理技术可以分为频谱滤波、空间滤波和时间滤波。

频谱滤波可以在接收机的射频或中频进行,能抑制带外和带内干扰。对于带外干扰,一般采用多极陶瓷谐振器或螺旋谐振器或者采用按用户要求设计的声表面波滤波器来提供高抑制度的、良好的选择性。对有意干扰这样的带内干扰,只有采用计算复杂的高成本措施。

空间滤波采用多个天线,根据到达角对不需要的信号进行滤波。

时间滤波将在时间域内对信号特征进行处理。

GPS 接收机抗干扰滤波器处理技术可大大提高接收机的抗干扰性能,是一个正在高速发展的领域。由于该处理技术可以用微电子线路或软件来实现,不像自适应调零天线那样需要增加设备的体积、重量和价格,美军认为很有发展价值,打算着力开发。

此外,发展对 GPS 干扰源的探测和定位及打击系统也是提升卫星导航抗干扰的措施之一。通过探测对 GPS 的无意干扰或人为干扰的干扰源,确定干扰源位置,收集干扰源的详细信息,以采取相应的保护措施。系统可做成吊舱或直接安装在 EA-6B、F-18、EP-3 等多种平台上。

　　提高 GPS 的抗干扰性能将迫使敌对方增加干扰机的信号功率方能维持其有效性,最终的结果是干扰机的尺寸和射频能量出现增长,从而容易受到探测和反辐射导弹的攻击。据称如果 GPS 接收机的抗干扰能力提高大约 18 dB,就会使处于固定位置上的干扰机受到攻击;如果提高 40 dB 或更多,干扰机遭受攻击的可能性更大,从而保持 GPS 系统工作的可靠性。

　　现代战争是信息化战争,制信息权是现代战争的重要基础。卫星导航系统能在全球范围内全天候地提供精确的位置、速度、时间(PVT)信息,可对信息化作战中的指挥控制和武器性能等产生巨大的影响,因此,世界各有关国家对卫星导航对抗的研究和实践正在发展历程中。

6.1.3　卫星导航干扰的基本途径与现状

　　如前所述,目前对卫星导航系统进行对抗的技术体制有两种: 一种是压制干扰;另一种是欺骗干扰。

　　压制干扰,就是让干扰信号进入 GPS 接收机,当干扰信号强到一定程度后,接收机接收的卫星导航信号就被淹没掉,接收机就不能正常工作。所以原则上说,能够产生的干扰信号越大越好,干扰功率越大,干扰能达到的距离就越远,覆盖的范围也就越大。

　　当然功率越大,所花费的成本就越高,技术实现也就越难。而且随着卫星导航系统的抗干扰能力越来越强,压制所需要的干扰功率就越来越大,甚至大到不能承受的程度。新一代 GPS 系统抗干扰能力更强,对传统的压制干扰方式都能实现一定程度的抵御,具体对抗效果如表 6.1 所示。

表 6.1　目前 GPS 主要抗干扰技术特点及干扰效果

抗干扰技术	压制干扰效果评估								成本	体积
	宽带噪声		扫频噪声		连续波		脉冲干扰			
	单干扰源	多干扰源	单干扰源	多干扰源	单干扰源	多干扰源	单干扰源	多干扰源		
频域滤波	×	×	√	L	√	√	√	√	低	小
时域滤波	×	×	√	L	√	√	√	√	低	小
空域滤波	√	L	√	L	√	L	√	L	高	大

说明:√为设计能力;×为无能力;L 为有限能力

如表 6.1 所示,宽带噪声干扰在信号样式上具有优势,但由于无法获得解扩增益,需要较大的干扰功率才能实施有效干扰。针对用户段的导航干扰,除了比拼功率之外,还可以采用一些巧妙的干扰方法,增强干扰能力。比如:

(1) 采用灵巧的干扰样式。这是抓住卫星导航信号的特点和弱点,设计专门的干扰信号,可以大大节省干扰功率,而且,这样的干扰样式还有部分的欺骗效果。

(2) 采用合适的干扰战术。卫星导航信号来自全窄域的四面八方,因而干扰系统也应该是分布式的。采用分布式干扰,在某个防区内布置多台干扰机,不仅可以增强干扰能力,而且可以增强抗反辐射武器的能力。另外,干扰机应有良好机动性,最好能升空实施机动干扰。

(3) 研究发展 GPS 欺骗干扰技术。欺骗干扰可以隐蔽干扰信号,节省干扰功率,增大卫星导航系统用户接收机的定位误差,甚至可使卫星导航系统得到错误的定位数据,或使卫星导航系统用户不敢相信定位数据。

6.2 GPS 干扰要素计算

6.2.1 GPS 信号的抗干扰裕度分析

C/A 码的处理增益虽然是 43 dB,但 C/A 码的码速率为 1.023 Mbps,码长为 1 023 位,则周期仅 1 ms,通过解扩只能获得 30 dB 的处理增益,另外的 13 dB 增益是通过 20 个相关峰的积累形成的(非相干积分),因此只能把信息码速率压到 50 bps,所以整个环路的处理增益不会有 43 dB。而且,接收机的相关损耗会大于 1 dB,一般也要求接收通道的信噪比应大于 10 dB 才能正常工作。

另据英国防御研究局的试验证明:"使用干扰功率为 1 瓦的干扰机,在 GPS 1.6 GHz 频带上实施调频噪声干扰,就使 GPS 接收机在 22 公里范围内不能工作,发射机每增加 6 分贝,有效干扰距离就增加 1 倍。"据此推算,该试验是按 2 次方衰减考虑的,则 1 瓦的发射机在 22 公里处的功率为 $0-(103.8+20\lg d)=-130.6$ dBW,则接收机的抗干扰能力不足 30 dB。

再据报道:"飞行试验证明,飞机上的 GPS 在干扰信号为-125 分贝至-130 分贝瓦时就会丢失锁定卫星信号的码元和载波,从而失去定位能力。而在干扰信号大于-130 分贝瓦时,在卫星信号完全丢失以前,导航能力就明显减弱,最终导致接收机失效。"

综上所述,在没有采取其他抗干扰措施的情况下,C/A 码接收机的抗干扰裕度应在 30 dB 左右。P 码接收机的性能相对好一些,其处理增益为 53 dB,抗干扰裕度为 43 dB 左右。

6.2.2　GPS 信号的干扰功率估算

C/A 码信号到达地面的最大功率为 $P_{rm} = -153$ dBW,P(Y)码为 -155.5 dBW。采用压制干扰时所需的等效干扰功率可由式(6.2.1)计算:

$$P_j G_j = P_{rm} + G_p + L_j + K_j \tag{6.2.1}$$

其中,K_j 为压制系数,取 $K_j = 0$ dB。G_p 为 GPS 信号抗干扰裕度,对 C/A 码 $G_p = 33$ dB;对 P/Y 码 $G_p = 43$ dB。L_j 为干扰路径损耗,由下式计算:

$$L_j = 32.4 + 20 \lg R_j + 20 \lg f + C \text{ dBW} \tag{6.2.2}$$

其中,R_j 为干扰距离(km);f 为工作频率(1 575.42 MHz);C 为附加损耗(10 dB);把有关参数代入等效干扰功率公式,可推得对 C/A 码信号干扰时所需的干扰功率为

$$P_j G_j = -13.6 + 20 \lg R_j \text{ dBW} \tag{6.2.3}$$

对 P(Y)码信号干扰时所需的干扰功率为

$$P_j G_j = -6.1 + 20 \lg R_j \text{ dBW} \tag{6.2.4}$$

6.2.3　压制式干扰有效距离计算

压制式干扰会降低载波噪声功率密度比(C_s/N_0),C_s 表示恢复出的从卫星接收的信号功率,N_0 表示在 1 Hz 带宽里的热噪声功率分量。随着载噪比 C_s/N_0 的降低,GPS 接收机的码跟踪环和载波跟踪环的热噪声会逐步增加,使得伪距和伪距变化率测量误差增加,导致导航定位误差增大。如果将 C_s/N_0 降到 GPS 接收机的跟踪门限以下,随着 GPS 测量误差的变大,甚至会使 GPS 接收机失去从卫星信号获得测量值的能力。在这种条件下,未经辅助的 GPS 接收机将失去其导航定位的能力。

设 G_{SV_i} 为指向卫星的天线增益,G_j 为指向干扰源的天线增益,C_l/C_s 为接收机内干扰与接收信号功率之比,则接收机天线输入端干扰(J)和信号(S)功率之比为

$$J/S = G_{SV_i} - G_J + C_I/C_s$$

$$= G_{SV_i} - G_J + 10\lg\left[QR_c \left(10^{-\frac{(C_s/N_0)_{\mathit{eff}}}{10}} - 10^{-\frac{C_s/N_0}{10}} \right) \right] \quad (6.2.5)$$

其中，Q 为抗干扰品质因数；$(C_s/N_0)_{\mathit{eff}}$ 为存在干扰和白噪声时的载噪比；C_s/N_0 为不存在干扰时的载噪比。

$$C_s/N_0 = C_s - N_0 = C_{Ri} + G_{SV_i} - L - 10\lg\left[k(T_{ant} - T_{amp}) \right] \quad (6.2.6)$$

其中，C_{Ri} 表示在天线输入端接收的来自卫星的信号功率；L 表示接收机的损耗，包括 A/D 转换器损耗；k 是波尔兹曼常数，其值为 1.38×10^{-23}；T_{ant} 表示天线噪声温度；T_{amp} 表示放大器噪声温度；R_c 表示扩频码速率。

假定干扰源与 GPS 接收机之间的空间为自由空间（信号源和接收端都位于真空中或者等效为真空之处，邻近区域没有其他物体），那么传播损耗为

$$L_p = 20\lg(4\pi d/\lambda_j) \quad (6.2.7)$$

其中，d 为接收机到干扰源的距离；λ_j 为干扰信号波长。

干扰源发射功率的链路的功率预算为

$$\mathrm{EIRP} = J_r - G_J + L_p + L_f = J_t + G_t \quad (6.2.8)$$

其中，EIRP 为干扰源的等效同性辐射功率；J_t 表示干扰源发送到其天线的功率；G_t 表示干扰源发射天线的增益；J_r 表示接收到的干扰功率；G_J 表示指向干扰源的接收机天线增益；L_f 表示由接收机前端滤波引起的干扰功率损耗。

将式（6.2.8）带入式（6.2.7），则干扰的有效距离：

$$d = \frac{\lambda_j \, 10^{\frac{L_p}{20}}}{4\pi} = \frac{\lambda_j \, 10^{\frac{J_t+G_t-J_r+G_J-L_f}{20}}}{4\pi} \quad (6.2.9)$$

接下来，以带限白噪声为干扰信号，对应的抗干扰品质因数 Q 为 2.22，分别对载波跟踪环门限为 10 dB·Hz、20 dB·Hz、30 dB·Hz 和 40 dB·Hz 的 GPS 接收机进行仿真分析。设接收机接收的 GPS 信号功率为 -154.9 dBW，前端滤波引起的干扰功率损耗 $L_f = 0$ dB，仿真中的干扰功率为等效干扰功率（加上了干扰源的天线增益），接收机损耗 $L = 3$ dB，天线噪声温度 $T_{ant} = 100$ K，放大器噪声温度 $T_{amp} = 500$ K，接收天线增益 $G_{SV_i} = 2$ dB，指向干扰源的天线增益 $G_J = -3$ dB。

图 6.1 和图 6.2 分别给出了 L1 频段上的 C/A 码和 P 码的计算结果。

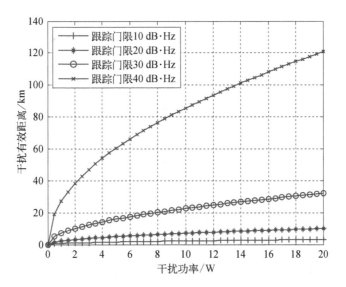

图 6.1　L1 频段 C/A 码干扰功率和干扰距离的关系

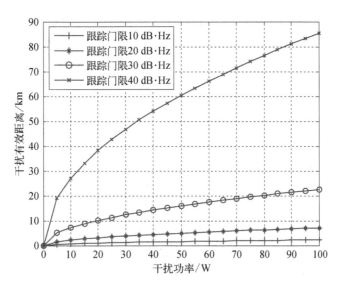

图 6.2　L1 频段 P 码干扰功率和干扰距离的关系

6.3 针对抗干扰信号处理的压制式 GPS 干扰技术分析

在 GPS 接收机中,时频域滤波技术通常应用于信号处理模块之前,主要是对数字化后的中频信号进行分析处理,因其功能相对独立,可进行模块化设计,嵌入在接收机射频模块与信号处理模块之间。时频域滤波技术通过数字信号处理的方式实现,便于嵌入接收机设计架构中,而目前数字电路的使用成本已经大大降低,时频域滤波技术实现时消耗资源不大,设计较为灵活,被授权接收设备等有抗干扰需求的接收机设计方案选用。如表 6.1 所示,由于宽带噪声干扰具有干扰样式上的优越性,本节主要介绍宽带噪声调频干扰对具有时频域抗干扰信号处理技术的 GPS M 信号的干扰。

6.3.1 抗频域滤波处理的干扰参数优化分析

当干扰源施放高功率的干扰信号,接收信号的频谱在受扰频点处的谱线幅值会明显高于附近的谱线,频域滤波就是利用这一点很容易地将干扰信号的频谱识别出来进而滤除。

以码跟踪误差作为干扰效果评估指标对接收机码跟踪环路影响进行定量分析(具体方法在 5.2 节详述),这里利用 GPS M 码相关接收仿真软件,以噪声调频宽带干扰为例,对经频域滤波后的宽带干扰进入接收机后对码跟踪环路的影响进行仿真,并与 M 码接收机无抗干扰模块时干扰引起的码跟踪误差进行对比。

仿真条件: 接收机前端带宽 30 MHz;码跟踪环路单边带宽 2 Hz;相关积分时间 20 ms;早迟码间距: 1/8 码片。

仿真设定 1:

噪声调频干扰的干扰频率对准 M 码载波频率时,不同干信比下造成的最大码跟踪误差随干扰的有效调频带宽的变化曲线如图 6.3 所示。

从图 6.3 中可以看出,由于干扰信号中心频率对准导航信号载波频率,而 M 码具有裂谱特性,使干扰频率对准载波频率的干扰方式必须达到一定的带宽才能取得干扰效果,由于干扰功率一定,存在一个峰值,为引起最大码跟踪误差的最佳干扰带宽。比较图 6.3 中各干信比条件下有无滤波前端的干扰效果,还可以看出:

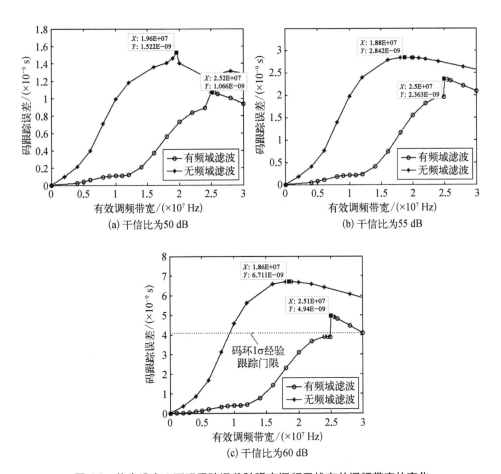

图 6.3　仿真设定 1 下码跟踪误差随噪声调频干扰有效调频带宽的变化

（1）在相同干信比下，增加了频域滤波模块的 M 码接收机，干扰造成的码跟踪误差整体明显小于无滤波模块的情况，因此，对于有频域滤波的 M 码接收机，要想通过施加干扰得到与无滤波时相同的码跟踪误差，在有效调频带宽一定的情况下，必须加大干信比。而且有滤波情况下的最佳干扰带宽更宽，这说明频域滤波增加了干扰难度，要求干扰信号的类噪声特性更强。

（2）与无抗干扰模块的接收机类似，有频域滤波模块时干扰造成的码跟踪误差随有效调频带宽的变化呈现先增大后减小的趋势。这是因为有效调频带宽增大的同时使得能量分散，因此带宽过宽时干扰效果会变差；当有效调频带宽为 25 MHz 左右时,码跟踪误差最大。

(3) 有效调频带宽较小时,频域滤波的抑制作用较强,因此现有干扰机中噪声调频干扰的带宽设置对具有频域滤波的 M 码接收机来说效果较差。

仿真设定 2:

采用部分频带干扰的方式,将干扰频率分别对准 M 码两侧主瓣中心频率的两个带宽相同的噪声调频干扰叠加(二者的功率之和与仿真条件 1 中的干扰功率相同),对具有频域滤波模块的 M 码接收机实施干扰,不同干信比下造成的最大码跟踪误差随干扰的有效调频带宽的变化曲线如图 6.4 所示(图中有效调频带宽指单个噪声调频干扰的带宽)。

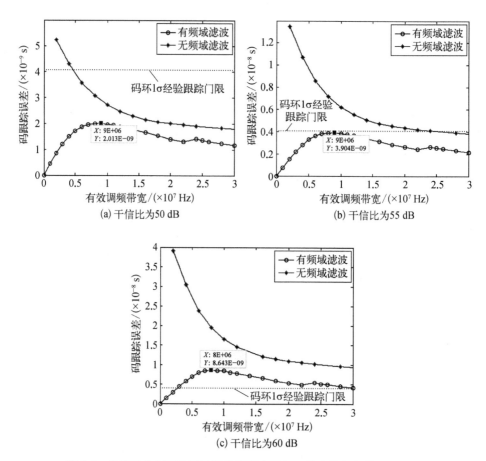

图 6.4 仿真设定 2 下码跟踪误差随噪声调频干扰有效调频带宽的变化

从图 6.4 中可以看出,当干扰频率分别对准 M 码两侧主瓣中心频率时:

(1)经频域滤波后的噪声调频干扰造成的码跟踪误差随有效调频带宽的增大,先增大后减小;当有效调频带宽在 8.5 MHz 左右时,码跟踪误差最大;之后随着有效调频带宽的增大,码跟踪误差减小,这是因为干扰功率一定,有效调频带宽增大的同时使得能量分散,进入接收机前端带宽内的能量减少,因此带宽过宽时干扰效果会变差。

(2)与无频域滤波模块的接收机相比,当噪声调频干扰有效调频带宽较小时,频域滤波对其抑制能力较强,虽然对准能量较大的主瓣中心位置,但经频域滤波后干扰损失能量较多,干扰造成的码跟踪误差远小于无滤波模块时的码跟踪误差。

因此,为取得更好的干扰效果,对 M 码接收机施加噪声调频干扰的干扰参数进行优化设计如下:

a. 干扰频率对准 M 码载波频率(即干扰频偏为零),有效调频带宽为 25 MHz;

b. 采用部分频带干扰的方式,将两个有效调频带宽为 8.5 MHz 的噪声调频干扰叠加,干扰频率分别对准 M 码两侧主瓣中心频率。

对上述两种干扰参数设置下干信比对码跟踪误差的影响进行仿真,图 6.5 所示为码跟踪误差随干信比的变化。

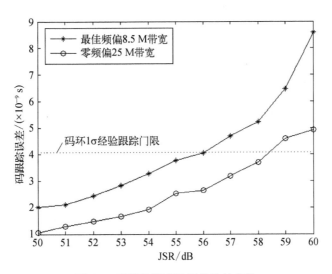

图 6.5　码跟踪误差随干信比的变化

由图 6.5 可以看出:

(1) 随着干信比的增大,干扰造成的码跟踪误差也随之增大。

(2) 相同干信比下,对准主瓣中心频率有效调频带宽为 8.5 MHz 的噪声调频干扰下的码跟踪误差始终大于对准载波频率有效调频带宽为 25 MHz 的噪声调频干扰下的码跟踪误差,即相同干信比下前者比后者的干扰效果好。

(3) 使接收机失锁所需的最小干信比,对准主瓣中心频率的 8.5 MHz 的噪声调频干扰要比对准载波频率 25 MHz 的小 2 dB 左右。

6.3.2 抗时域滤波处理的干扰参数优化分析

仍利用 GPS M 码相关接收仿真软件,对经时域滤波后的噪声调频干扰进入接收机后对码跟踪环路的影响进行仿真,并与无抗干扰模块时干扰引起的码跟踪误差进行对比,仿真调节同上一小节。

仿真设定 1:

噪声调频干扰的干扰频率对准 M 码载波频率时,不同干信比下造成的最大码跟踪误差随干扰的有效调频带宽的变化曲线如图 6.6 所示。

从图 6.6 中可以看出:

(1) 增加了时域滤波模块的 M 码接收机,干扰有效调频带宽在系统半带宽以内时,干扰造成的码跟踪误差小于无滤波模块的情况;当有效调频带宽继续增大时,有无时域滤波模块的码跟踪误差相差不大,可见,干扰带宽超过系统半带宽后,时域滤波对其滤波能力很微弱。

(2) 对于具有时域滤波模块的 M 码接收机,由于干扰信号中心频率对准导航信号载波频率,而 M 码具有裂谱特性,使干扰频率对准载波频率的干扰方式必须达到一定的带宽才能取得干扰效果,由于干扰功率一定,综合时域滤波的抑制作用和未进入前端带宽的带外损耗,存在一个峰值,为引起最大码跟踪误差的最佳干扰带宽,约为 20 MHz。

仿真设定 2:

采用部分频带干扰的方式,将干扰频率分别对准 M 码两侧主瓣中心频率的两个带宽相同的噪声调频干扰叠加(二者的功率之和与仿真条件 1 中的干扰功率相同),对具有时域滤波模块的 M 码接收机实施干扰,不同干信比下造成的最大码跟踪误差随干扰的有效调频带宽的变化曲线如图 6.7 所示(图中有效调频带宽指单个噪声调频干扰的带宽)。

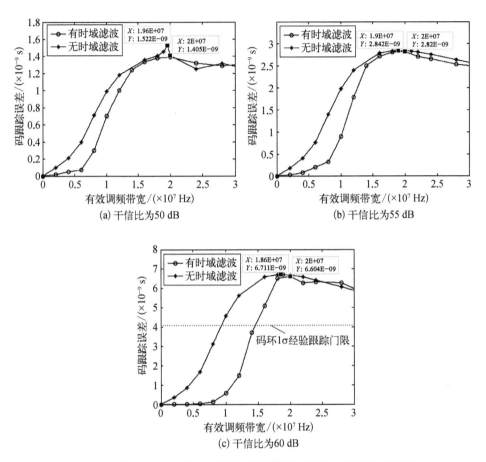

图 6.6   仿真设定 1 下码跟踪误差随噪声调频干扰有效调频带宽的变化

从图 6.7 中可以看出,当干扰频率分别对准 M 码两侧主瓣中心频率时:

（1）增加了时域滤波模块的 M 码接收机,干扰有效调频带宽在约 11 MHz 以内时,干扰造成的码跟踪误差小于无滤波模块的情况;当有效调频带宽继续增大时,有无时域滤波模块的码跟踪误差相差不大。

（2）与无时域滤波模块的接收机相比,当噪声调频干扰有效调频带宽较小时,时域滤波对其抑制能力较强,虽然对准能量较大的主瓣中心位置,但经时域滤波后干扰损失能量较多,干扰造成的码跟踪误差远小于无滤波模块时的码跟踪误差。

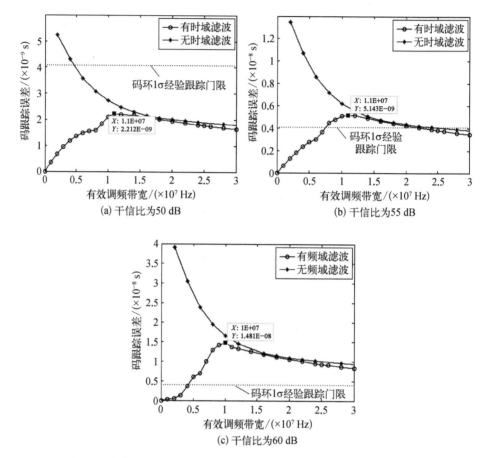

图 6.7　仿真设定 2 下码跟踪误差随噪声调频干扰有效调频带宽的变化

（3）由于干扰功率一定,综合时域滤波的抑制作用和未进入前端带宽的带外损耗,存在一个峰值,为引起最大码跟踪误差的最佳干扰带宽,约为 11 MHz。

根据前面的仿真分析,为取得更好的干扰效果,对 M 码接收机施加噪声调频干扰的干扰参数进行优化设计如下:

a. 干扰频率对准 M 码载波频率(即干扰频偏为零),有效调频带宽为 20 MHz;

b. 采用部分频带干扰的方式,将两个有效调频带宽为 11 MHz 的噪声调频干扰叠加,干扰频率分别对准 M 码两侧主瓣中心频率。

对上述两种干扰参数设置下干信比对码跟踪误差的影响进行仿真,图 6.8 所示为码跟踪误差随干信比的变化。

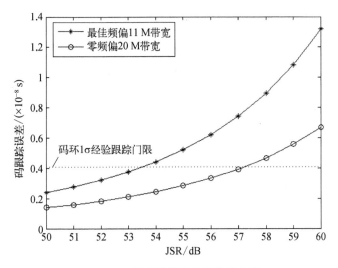

图 6.8　码跟踪误差随干信比的变化

由图 6.8 可以看出：

（1）随着干信比的增大，干扰造成的码跟踪误差也随之增大。

（2）相同干信比下，对准主瓣中心频率有效调频带宽为 11 MHz 的噪声调频干扰下的码跟踪误差始终大于对准载波频率有效调频带宽为 20 MHz 的噪声调频干扰下的码跟踪误差，即相同干信比下前者比后者的干扰效果好。

（3）使接收机失锁所需的最小干信比，对准主瓣中心频率的 11 MHz 的噪声调频干扰要比对准载波频率 20 MHz 的小 3.5 dB 左右。

6.4　GPS 信号时域相关干扰分析

6.4.1　相关干扰原理与算法设计

通过前述 GPS-Ⅲ信号时域结构分析可知，GPS 信号由载波、扩频码和导航电文共同组成，与一般的扩频通信信号构成具有相似性。相关干扰被认为是扩频通信系统中的最佳干扰样式，其定义是：进入伪码扩频通信接收机的干扰信号和有用信号具有完全相同的扩频码型，两者精确同步且载波相同[32]。针对卫星导航接收机的相关干扰定义为"采用一种干扰序列进行干扰，使序列同导航信号伪码序列有较大的平均互相关特性,同时要求干扰载频接近信号载频"。实际上,这里的相关干扰应是互相关干扰,由互信息的特性可知,传输信号和干扰信号之间的任何相关性,都将导致互信息的减少,从而影响接收机效能。

因此,按照扩频通信和卫星导航系统中相关干扰的定义,针对 GPS-Ⅲ设计相关干扰信号,在样式上具有以下特点:一是鉴于 GPS 民码信号的公开性,可通过前述对抗侦察的方法得到当前干扰目标区域可见卫星信号的伪码序列、中心频率,生成与目标接收机本地信号完全相干的干扰信号;二是对于非公开的 GPS 新型授权 M 码信号,可通过分离、识别和检测算法得到与 M 码具有部分周期相关性的伪码序列,生成与目标信号部分相干的干扰信号。下面首先从干扰对象,即 GPS 接收机角度对相关干扰的原理进行分析。

1. 相关干扰原理分析

GPS 接收机是在噪声和干扰背景下进行信号检测的,当目标信号能量与噪声或干扰能量之比(S/N)低于检测门限时,GPS 接收机将会由于解调出的数据误码率过高而难以获得准确可靠的导航定位信息,从而失去作战效能。根据 5.4.1 节分析可知,采用功率增强措施后的新型授权 M 码信号的干扰容限大大增加,采用一般压制方式需要极大的干扰功率。为降低干扰功率,相关干扰同样采用伪码调制方式,即利用干扰信号的伪随机噪声码(PRN)序列与 GPS 信号的 PRN 序列有较大相关性这一特点对 GPS 接收机实施干扰,相关干扰效果如图 6.11 所示。

GPS 接收机同时对卫星信号和干扰信号进行解扩,只有当干扰信号强度高于 GPS 卫星信号时(即干扰的有效能量大于真实信号的能量),压制性干扰才能起到作用。与图 6.10 非相关干扰解扩过程相比,相关干扰有较多的能量可以通过接收机窄带滤波器,还能破坏 GPS 接收机的相关特性,部分抵消其扩频增益带来的抗干扰能力。当干扰序列的互相关性越大,经相关接收后干扰信号获得的扩频增益越大,干扰能量越集中于中心频率处,干扰信号的相干性和有效性也就越强。

2. 算法设计

相关干扰利用干扰信号和卫星信号 PRN 序列的互相关性实施干扰,民码信号具有公开性,可直接根据其基带信号时域模型生成与卫星信号完全相关的 PRN 序列,本书将这类干扰模型称为完全相关干扰模型。对于授权 M 码信号,采用了无周期加密伪随机码,使得对 M 码生成和加密方式的完全破解成为一项几乎不可完成的任务,需结合分离、识别和相关检测算法生成部分相干干扰信号。值得说明的是,针对已跟踪卫星信号的接收机,仅采用相同的调制方式、PRN 序列不能保证当前时刻干扰信号与已锁定的卫星信号的最大相关性,还需对卫星信号到达目标区域伪码相位和多普勒频率进行估计,调整干扰信号相位和频率使其落入接收机积分区间。因此,相关干扰算法包括可见卫星预测、伪码相位估计、多普勒频移估计,以及干扰信号生成,具体算法原理与步骤如下。图 6.9 为 GPS 相关干扰算法及原理示意图。

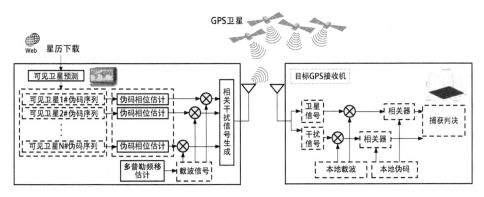

图 6.9　GPS 相关干扰算法及原理示意图

1)可见卫星预测

GPS 相关组织提供的广播星历和 IGU 超快星历都包含卫星轨道预报信息,首先根据星历预测一段时间内 GPS 卫星在 ECEF 坐标系下的三维位置:

$$x^s = r^s \cos \Omega^s \cos \varphi^s - r^s \sin \Omega^s \sin \varphi^s \cos i^s$$

$$y^s = r^s \sin \Omega^s \cos \varphi^s + r^s \cos \Omega^s \sin \varphi^s \cos i^s \qquad (6.4.1)$$

$$z^s = r^s \sin i^s \sin \varphi^s$$

其中,Ω^s 为升交点赤经;r^s 为卫星矢径长度;φ^s 为纬度参数;i^s 为倾角修正,均可根据星历计算得到。然后,在已知目标概略位置 (x^r, y^r, z^r) 和干扰时间的基础上,推算卫星对目标位置的方位角、俯仰角和可见弧段,为干扰卫星选择奠定基础。由于 GPS 不同卫星采用的伪码序列不同,相关干扰必须进行多卫星伪码模拟,根据目标区域可见卫星生成相应的伪码序列。

2)伪码相位估计

要使得干扰信号与目标接收机本地码形成相关峰,干扰序列和接收机本地序列的相位偏差应小于一个积分周期。一般的,GPS 接收机伪码相位延时不确定度优于 0.5 ms(辅助型 GPS 接收机中伪码相位延时及其不确定度估计算法研究),且伪码周期起始时刻与 Z 计数对齐,因此可根据干扰时刻对卫星信号伪码相位 τ^s 进行粗略估计。设目标接收机和干扰节点 i 位置分别为 (x^r, y^r, z^r)、(x^i, y^i, z^i),可得干扰序列初始相位 τ_0^J 为

$$\tau_0^J = \tau^s - \sqrt{(x^r - x^J)^2 + (y^r - y^J)^2 + (z^r - z^J)^2} \qquad (6.4.2)$$

3) 多普勒频移估计

对于静态目标,多普勒频移主要取决于卫星运动速度,卫星速度可通过卫星位置求导得

$$v_x^s = -y^s(\dot{\Omega}^s - \Omega^e) - (\dot{y}_0^s \cos i^s - z^s \dot{i}^s)\sin\Omega^s + \dot{x}_0^s \cos\Omega^s$$

$$v_y^s = -x^s(\dot{\Omega}^s - \Omega^e) + (\dot{y}_0^s \cos i^s - z^s \dot{i}^s)\cos\Omega^s + \dot{x}_0^s \sin\Omega^s \qquad (6.4.3)$$

$$v_z^s = \dot{y}_0^s \sin i^s + y_0^s \dot{i}^s \cos i^s$$

其中,$\dot{x}_0^s = \dot{r}^s \cos u^s - r^s \dot{u}^s \sin u^s$,$\dot{y}_0^s = \dot{r}^s \sin u^s + r^s \dot{u}^s \cos u^s$;$u^s$ 为根据星历计算得到的卫星升交点角距;$\Omega^e = 7.292\,115\,146\,7 \times 10^{-5}$ 是地球自转角速度;$\dot{\Omega}^s$ 和 $\dot{i}^s$ 分别为轨道升交点赤经和倾角对时间的导数。干扰节点 i 到卫星的方向余弦如下:

$$e_x^i = (x^r - x^i)/r^{ir}$$

$$e_y^i = (y^r - y^i)/r^{ir} \qquad (6.4.4)$$

$$e_z^i = (z^r - z^i)/r^{ir}$$

$$r^{ri} = \sqrt{(x^r - x^i)^2 + (y^r - y^i)^2 + (z^r - z^i)^2} \qquad (6.4.5)$$

忽略目标接收机钟漂影响,设卫星钟漂为 δf^s,由此可得多普勒频移估计量为

$$f_D^s = (e_x^i, e_y^i, e_z^i)(v_x^s, v_y^s, v_z^s)^{\mathrm{T}} f_0 - \delta f^s \qquad (6.4.6)$$

对于动态目标,设雷达探测到的目标速度为 (v_x^r, v_y^r, v_z^r),此时多普勒频移估计值如下:

$$f_D = (e_x^i, e_y^i, e_z^i)(v_x^s - v_x^r, v_y^s - v_y^r, v_z^s - v_z^r)^{\mathrm{T}} f_0 - \delta f^s \qquad (6.4.7)$$

4) 干扰信号生成

根据前述伪码相位和多普勒频移估计结果分别调整拟干扰卫星的伪码序

列相位、主（副）载波相位频率,然后采用第 6.2 节中的干扰模型进行 BPSK 或 BOC 调制,生成与目标信号具有完全或部分相干性的干扰信号。

利用上述算法生成相关干扰信号并向目标区域辐射,目标接收机将同时接收到 GPS 卫星信号和干扰信号,由于两者在时频域上的相似性,此时进入接收机二维搜索、跟踪环路的除了卫星信号还有相关干扰信号。当干扰能量更强时将破坏原始卫星信号处理进程,相比非相干方式可以更低的干扰功率达到压制效果。

对于 M 码信号,首先将伪随机序列与方波副载波进行二次调制得到基带干扰信号,而 C/A 码和 P 码采用的是 BPSK 调制,所以无需进行副载波调制。生成的基带干扰信号进一步调制到主载波上形成射频干扰信号。M 码干扰信号经由方波副载波的调制,干扰信号的频谱分裂成主载波频率左右的两个部分,形成对 GPS M 码信号的干扰压制。仿真得到的 M 码干扰信号解扩前后的功率谱如下图 6.10 所示,图 6.11 为 C/A 码和 P 码的干扰信号功率谱。

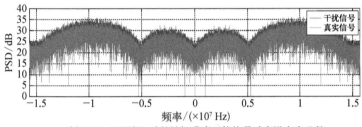

(a) L1M-BOC(10,5)伪随机噪声干扰信号功率谱密度函数

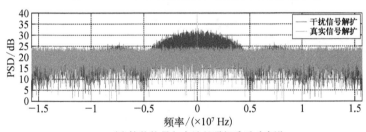

(b) 接收信号与本地伪码相乘后功率谱

图 6.10　L1－M 伪随机序列噪声干扰

从仿真结果可以看出,采用伪随机序列噪声干扰在频域上可以形成对 GPS M 码信号的压制,但由于干扰信号的伪码是任意产生的,与目标接收机本地伪码并不相关,所以并不能完成伪码解扩,仍为宽带干扰。

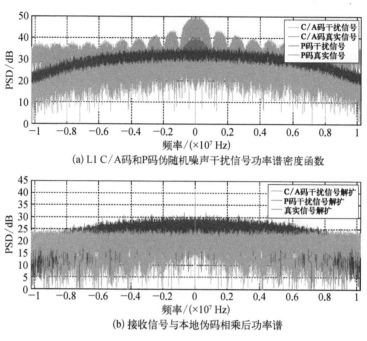

(a) L1 C/A 码和 P 码伪随机噪声干扰信号功率谱密度函数

(b) 接收信号与本地伪码相乘后功率谱

图 6.11   L1 - C/A 和 P 码伪随机序列噪声干扰

同 M 码干扰一样,伪随机序列噪声干扰同样可以对 C/A 码和 P 码形成频域压制,但不相干的伪码序列不能完成解扩[33]。此外,对于同时调制了三种码型的 GPS L1 频点实施该类伪随机干扰,实际干扰时可将三路干扰信号叠加,从而确保对 M 码、C/A 码、P 码主瓣的完全压制,干扰信号功率必须高于 M 码到达地面信号功率 40 dB 以上,具体分析参见 5.2.4 节。

6.4.2   GPS - Ⅲ民用信号相关干扰模型

新型 GPS - Ⅲ民用信号根据调制方式可分为 BPSK 类和 BOC 类信号,其中 L2C、L5 信号都是 BPSK 类调制,L1C 则由 BOC(6,1) 和 BOC(1,1) 两个 BOC 调制成分构成。针对这三个民码信号进行相关干扰的仿真模拟如下。

1. BPSK 类信号相关干扰模型

根据 GPS 民码基带信号结构分析可知,不同卫星、不同码型的扩频序列均不同,相关干扰需产生针对单颗卫星信号的 PRN 序列,然后与载波信号相乘实现 BPSK 调制,生成的单位幅度相关干扰信号可表示如下:

$$J_{\mathrm{BPSK}}(t) = D(t-\tau)C(t-\tau)\mathrm{e}^{\mathrm{j}[2\pi(f_0+f_D)t+\varphi]} \tag{6.4.8}$$

其中,$C(t) \in \{+1, -1\}$ 为与待干扰卫星信号完全相同的 PRN 序列,τ 为设置的相位偏移,码率记为 f_c;$D(t) \in \{-1, 1\}$ 为信息数据,其速率与 GPS 电文符号速率相当,可随机生成也可设置为全 1 序列;f_0 为干扰信号载波频率,需与待干扰卫星信号载波频率一致;f_D 为设置的多普勒频移;φ 为设置的载波初始相位。

针对 BPSK 调制的 GPS 信号,采用图 6.12 所示模型可生成与卫星信号具有完全相干性的干扰信号。值得说明的是,GPS 新型民码信号对导航电文都进行了前向纠错卷积编码,L2C 和 L5 原始电文速率分别为 25 bps 和 50 bps,但经过卷积编码(比率=1/2,7 级移位寄存器)后,其速率变为了 50 sps 和 100 sps,因此相关干扰模型中的 $D(t)$ 也应分别设置为 50 Hz 和 100 Hz。对于扩频码产生器,目前 L2C 和 L5 民码信号都采用了和传统 C/A 码、P 码相同的 LFSR 方式生成扩频码,不同之处是 L5 扩频码进行了 NH 二次编码,所有卫星 NH 码相同且已知,仍可直接生成和卫星信号完全相同 PRN 序列 $C(t)$。

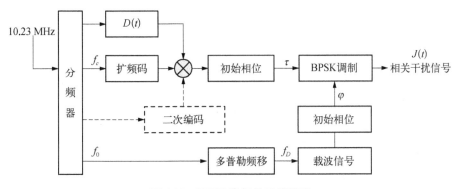

图 6.12　BPSK 类相关干扰模型

2. BOC 类信号相关干扰模型

根据第 2.3 节 BOC 信号的基本表达式可知,BOC 调制下的扩频序列可表示为

$$c(t) = C(t)\,\mathrm{sgn}\{\sin[2\pi(f_{sc}+f_d)f_{sc}t+\psi]\} \triangleq C(t)sc(t) \tag{6.4.9}$$

其中,f_{sc} 为方波副载波标称频率值;f_d 为副载波多普勒频移;$C(t)$ 为未调制方波副载波的原始扩频码序列;ψ 为 BOC 调制的相位。GPS 为了兼顾和其他频点信号的频谱重叠问题,分别选用 MBOC(6,1,1/11) 和 BOC$_s$(10,5) 作为新型民码

和军码调制方式,方波副载波为正弦相位,且副载波和原始扩频码的调制起点重合。因此,在式(6.4.8)的基础上可将 BOC 调制下的单位幅度相关干扰信号表示如下:

$$J_{\text{BOC}}(t) = D(t-\tau)C(t-\tau)sc(t-\tau)e^{j[2\pi(f_0+f_D)t+\varphi]} \tag{6.4.10}$$

其中,$C(t) \in \{+1,-1\}$ 为原始扩频码序列;τ 为设置的相位偏移,码率记为 f_c;$D(t) \in \{-1,1\}$ 为信息数据;f_0 为干扰信号载波频率;f_D 为主载波多普勒频移,与 f_d 具有整数倍关系;φ 为设置的载波初始相位。

3. 仿真算例

1) L1C 相关干扰信号仿真

本次仿真设置的采样率为 125 MHz,初始码相位为 1 000 chips,多普勒频移 1 kHz,干扰卫星为 GPS SVN4 卫星。按照 5.4.5 节算法步骤,首先生成与 SVN4 号卫星一致的导频通道和数据通道伪码序列,伪码时域波形如下图 6.13(a)所示。图 6.13(b)为经过副载波调制后的两通道时域波形,从图中可以看出,导频通道因包含速率为 6×1.023 MHz 的方波,符号变化更快。

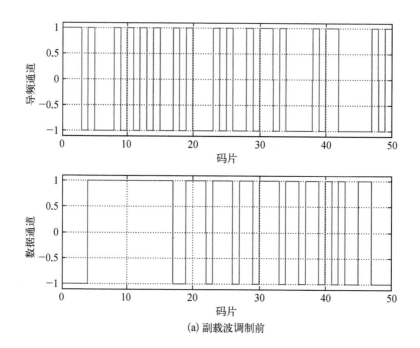

(a) 副载波调制前

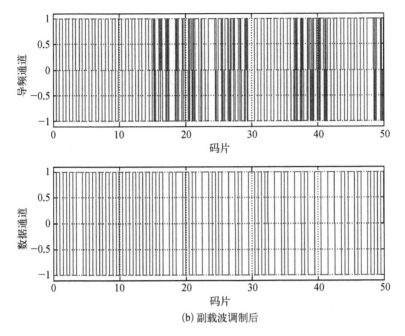

(b) 副载波调制后

图 6.13　L1C 相关干扰扩频码序列

对扩频码序列进行副载波和频率为 1 575.42 MHz 的主载波调制即可生成射频干扰信号,图 6.14(a)、(b)分别为数据通道和导频通道信号的时频域仿真结果,需将两路信号叠加可与 L1C 信号完全相干。从图中频谱可以看出干扰信号与第 2 章中的卫星信号频谱一致,主瓣分裂于±1.023 MHz 附近,导频通道信号频谱在±6.138 MHz 附近出现较高的旁瓣,与卫星信号频谱现象一致。

2）L2C 相关干扰信号仿真

根据 GPS 在轨卫星及播发码型,Block ⅡR－M、ⅡF 和Ⅲ卫星均已播发 L2C 信号,结合 2.3 节信号基带模型和图 6.12 BPSK 相关干扰模型,即可生成与任一卫星 L2C 信号完全相干的干扰信号。仿真实验参数设置同 1),图 6.15 给出了 L2C 相关干扰信号的仿真结果。其中图 6.15(a)为前 50 码片的 CM 码、CL 码和逐码片复用后的扩频码生成结果,图 6.15(b)为 BPSK 调制后干扰信号的时频域结果,与第 2 章中的 L2C 信号频域分析和卫星实测结果一致。

3）L5 相关干扰信号仿真

图 6.16 给出了 SVN4 卫星相关干扰信号的仿真结果,主瓣带宽为 20.46 MHz,其他仿真参数同 1)。从图中仿真结果可知,两路干扰信号频谱与第 2 章中所示

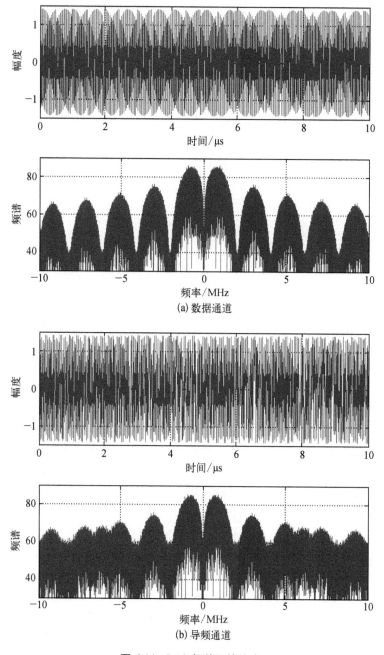

(a) 数据通道

(b) 导频通道

图 6.14   L1C 相关干扰仿真

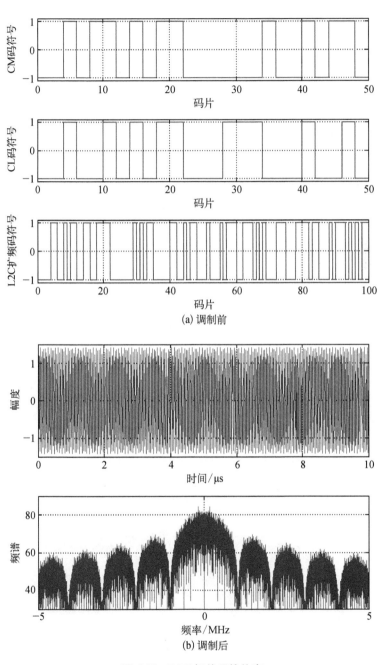

(a) 调制前

(b) 调制后

图 6.15　L2C 相关干扰仿真

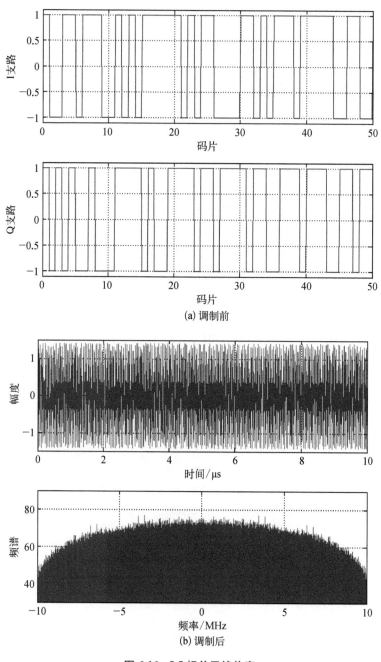

(a) 调制前

(b) 调制后

图 6.16 L5 相关干扰仿真

卫星信号频谱一致,可见,利用本书算法产生的相关干扰与 GPS-Ⅲ卫星信号在时频域上有极高的相似性,其宽频谱、类噪声特性能够抗接收机时频域滤波处理。

6.5　对军事系统时统干扰原理

6.5.1　卫星导航系统授时

在 GNSS 系统的实际应用中,除了进行定位和测速之外,高精度授时和时间频率传递也是其重要应用之一[34]。

1. 授时与定时的概念

授时是指确定、保持某种时间尺度,并通过一定方式将代表这种尺度信息的时间信息传送给使用者的一系列工作。授时服务为用户提供三种基本信息:日期和意图中的时刻,告诉人们某事发生于何时;精密时间间隔,告诉人们事件发生经历多长时间;标准频率,标注某些事件发生的速率。授时这一称谓,大抵来源于《尚书·尧典》中"乃命羲和,钦若昊天,历象日月星辰,敬授人时"这段文字。如今,授时服务已经成为国计民生中不可或缺的一部分,它甚至关乎国家安全。

目前,大多数授时方法都以某种类型的无线电发播为基础。根据授时手段的不同分为短波授时、长波授时、卫星授时、互联网授时和电话授时等。短波授时的基本方法是由无线电台发播时间信号(简称时号),用户利用无线电接收机接收时号,然后进行本地对时。长波授时利用长波(低频)进行时间频率的传递和校准,是一种覆盖能力比短波强、校准的准确度更高的授时方法。卫星授时可以实现发播信号大面积的覆盖,而且比前两种授时方法精度更高,根据卫星在授时中所起的作用不同,卫星授时分为直发式授时和转发式授时两类。直发式授时的卫星带有精密时钟,可广播导航和授时信号,用户通过测量卫星信号的伪距,利用三角定位原理计算接收机的位置和时间,以达到导航授时服务的目的。这类授时系统包括美国的 GPS 系统、俄罗斯的 GLONASS 系统、欧盟的 Galileo 系统、我国的北斗卫星导航系统等。转发式授时的卫星仅是一个转发媒介,采用地面生成导航和授时信号,由卫星通过转发地面站送来的导航和授时信号并广播给用户的方式来实现导航授时服务。这类授时系统如 CAPS。网络授时和电话授时则采用用户询问方式向用户提供标准时间信号。

定时是使本地时间与授时台发播的标准时间一致。各种授时方法相对应的定时方法分别为短波定时、长波定时和卫星定时。虽然短波时号覆盖面积大,设备简单,但因信号传播时延受电离层的影响严重,其定时误差达毫米量级,所以应用范围有限。而长波时号地波的传播时延比较稳定,因此是一种高精度的定时手段,但其接收设备比较复杂。卫星定时与短波定时、长波定时相比,由于导航电文中的时间信号较为丰富,因此可以更方便地获得年、月、日、时、分、秒等信息。虽然卫星定时接收机更复杂,但由于其集成化高,有较高的性价比,因此使用最为方便。

2. GNSS 授时方法与技术

高精度的卫星授时系统依赖于 GNSS 系统高精度的空间基准和时间基准,包括高精度的卫星星历和系统时间。同时,授时精度还受卫星信号和传播过程影响,包括信号强度影响、对流层和电离层时延影响及接收机信号处理时延影响等。

1) GNSS 系统授时原理

GNSS 时钟参数采用 UTC,它既可以满足人们对均匀时间间隔的要求,又可以满足人们对以地球自转为基础的准确世界时时刻的要求。在 GNSS 卫星上载有与 UTC 时间同步的原子钟,地面上的用户可接收发自 GNSS 卫星的时间服务信号来校正本地时间,使之与 GNSS 时钟完成时间传递任务。

如前所述,在用户位置未知的 GNSS 授时中,由于其用户位置有三个未知数,时间也是未知参数,因此需要接收四颗 GNSS 卫星的信号才可以实现定位和定时。

$$\begin{cases} \rho_1 = \left[(X^1 - x)^2 + (Y^1 - y)^2 + (Z^1 - z)^2 \right]^{1/2} + c\Delta t_R \\ \rho_2 = \left[(X^2 - x)^2 + (Y^2 - y)^2 + (Z^2 - z)^2 \right]^{1/2} + c\Delta t_R \\ \rho_3 = \left[(X^3 - x)^2 + (Y^3 - y)^2 + (Z^3 - z)^2 \right]^{1/2} + c\Delta t_R \\ \rho_4 = \left[(X^4 - x)^2 + (Y^4 - y)^2 + (Z^4 - z)^2 \right]^{1/2} + c\Delta t_R \end{cases} \quad (6.5.1)$$

式中,$\rho_i(i = 1, \cdots, 4)$ 为用户到 GNSS 卫星的伪距实测值;c 为光速。求解上述方程组可得到用户位置坐标 (x_0, y_0, z_0) 和用户相对 GNSS 时间的时间差 Δt_R。利用 Δt 修正用户时钟就可以实现与 GNSS 时间的同步。

2) 授时的基本技术方法

对于已知精密坐标的固定用户,观测到一颗卫星就可以实现精密的时间测量或同步。若观测到四颗卫星,则可精密确定接收机天线所在位置的坐标、速度及用户时间相对 GNSS 时间的精确钟差,从而时间精确授时。单站法授时原理如图 6.17 所示。

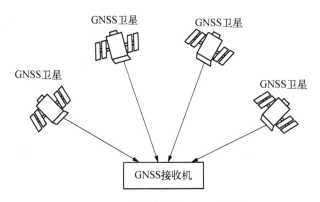

图 6.17　单站法授时原理示意图

在观测站可观测 GNSS 星座中的任意一颗或多颗卫星的情况下,通过接收 GNSS 信号,解算出标准时间,使本地时间频率与标准时间频率同步。商用型 GNSS 接收机可以向用户提供导航信息、时码信息和标准脉冲信号。GNSS 单站 法授时方法简单、实用,设备需求少、精度较高。目前,单站法可以达到 100 ns 量级的授时精度。

在授时精度要求不太高的情况下,授时用户可以利用 GNSS 接收机输出的 1 pps 秒脉冲信号作为本地时钟的外同步信号,直接对本地钟进行同步。其设备 连接如图 6.18(a)所示。对于授时精度需求较高的用户,可以按照图 6.18(b)所示

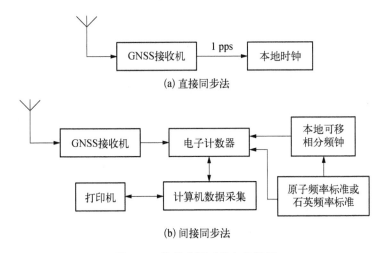

图 6.18　单站法授时设备连接图

的方法进行设备连接。利用计算机进行数据采集,对所采集的数据进行统计、处理,求出本地钟 1 pps 与 GNSS 接收机输出的 1 pps 信号之间的时差,然后调整本地可移相分频钟的相位值,实现 GNSS 授时。

单站法授时是其他授时技术如飞越法、共视同步法的基础,下面就以单站授时为基础讨论对军事系统的时统干扰。

6.5.2 对军事系统的时统干扰

随着现代信息技术的飞速发展,对时间频率的要求越来越高,网络覆盖范围越来越大。凡是需要定时和时间同步的地方,都需要依赖卫星导航定位系统进行授时、定时,时间同步即将网络环境中的各种设备或主机的时间信息基于 UTC 的时间偏差限定在足够小的范围内。GNSS 系统授时技术因此广泛应用于科学研究、大地测量、航空航天、远程时间传递与比对、军事战争等领域。

以 GPS 为例,当前采用 GPS 单信道 C/A 码进行授时,精度可达 11.5 ns,使用多信道 C/A 码进行授时,精度可达 5.7 ns,使用 P 码的授时精度可达 2.7 ns,而采用 P 码和载波相位联合授时的方法,精度高达 0.7 ns。未来,GPS 授时的发展方向一是通过技术方法提高授时精度,二是与其他卫星导航系统的授时技术互操作,实现多系统、多手段的统一授时。

由 GPS 的授时原理易知,只要使接收机得出错误的伪距测量值 ρ_i 或干脆无法进行秒脉冲提取或定位观测,就无法完成授时,或者得出错误的用户位置坐标 (x_0, y_0, z_0) 和钟差 τ,对 GPS 的授时实施有效干扰。

对位置坐标已知的用户,若接收机得出错误的伪距测量值 $\rho_i = R_i + \Delta\rho$,其中,$\rho_i$ 为伪距观测值,R_i 为接收机和第 i 颗卫星的真实距离,在不考虑噪声等一系列的误差的条件下,对授时造成的影响为 $\Delta t = \Delta\rho/c$。

对位置坐标未知的用户,通过干扰其多路伪距观测值,对接收机的定位造成影响,同时亦可影响其求解 Δt_R 值,于是影响其授时精度。

第7章　GPS 分布式干扰与区域增强定位一体化

7.1　GPS 增强系统

　　GPS 是一种星基无线电导航系统,它不仅具有全球性、全天候和连续的精密三维定位能力,而且能实时地对运载体的速度、姿态进行测定以及精密授时。GPS 卫星在固定的三个频率(f1 = 1 575.42 MHz, f2 = 1 227.6 MHz, f3 = 1 176.45 MHz)上发射调制有导航电文数据的 PRN (伪随机噪声)码信号,每颗卫星分配有专门的 PRN 码,且所有 PRN 序列相互之间几乎是不相关的,各卫星信号用 CDMA 技术区分开并检测出来。GPS 用户对其接收解调后可以计算用户本身的位置、速度和时间信息。图 7.1 为 GPS 增强系统。

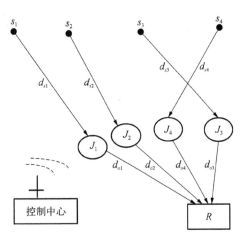

图 7.1　GPS 增强系统

　　虽然 GPS 相比于传统的导航定位系统有着以上的优越性,但在实际应用中, GPS 的定位精度主要取决于跟踪的可见卫星数目及其几何分布情况。当跟踪的可见卫星数目少、卫星几何图形分布不佳时,GPS 的定位精度会大大降低。另外由于 GPS 卫星分布在距地面 20 200 km 高度的轨道上,卫星信号到达地面时非常微弱因而容易受到干扰。因此,各种 GPS 增强系统得到快速发展与应用,主要包括星基增强和地基增强系统,如广域增强系统 WAAS、局域增强系统 LAAS、欧洲静止卫星导航覆盖系统 EGNOS、本地增强系统等。

其基本原理是通过布置的地面基准站或是地球同步卫星 GEO 提供 GPS 定位信号的校正信息或提供完整的 GPS 信号(可以看作是伪卫星信号),来改善服务区内跟踪的可见卫星数目及其几何分布情况或用提供的差分校正信息来减小 GPS 本身的定位误差,提高了 GPS 系统的完备性、可靠性和定位精度。

在转发式干扰系统存在的情况下,转发器接收 GPS 卫星信号的同时通过功率放大并将附加有转发器本身位置坐标和加载的时延参数等信息的信号转发给 GPS 用户。GPS 用户接收到转发信号,对其测量值进行修正,并参考转发干扰器的位置坐标完成其定位计算。所以,在局部区域安装了基于区域映射的转发式转发干扰系统时,区域内的合作性 GPS 导航接收机,在获得转发干扰器加载的时延参数值及转发平台的位置坐标的情况下,不但仍能正常工作,而且转发干扰器相当于悬浮在局部区域的导航信号增强系统,使合作用户更易捕获更强的导航信号。因此,对合作用户而言,干扰系统反而成为了 GPS 增强系统,此时导航接收机的定位计算及误差分析,可按 GPS 增强系统来处理。

这一增强系统本身还具有使用灵活,开设方便,针对性强,可针对特殊地域、特殊用途开设等优点,而且造价远低于星基增强系统,较地基增强系统对地形要求更低,可有效地满足局部定位需求。而且,利用分布在一定高度的转发器转发 GPS 信号,对用户而言,可增加可见卫星数量,有利于优化用于计算的卫星的几何分布。

当然,在该增强系统下,转发器覆盖区域内 GPS 用户的定位计算不仅与卫星位置和伪距测量有关,而且与转发器的几何分布和坐标误差有关。由于误差放大效应,在 GPS 接收机伪距测量较为精确的情况下,转发器的定位误差,就成为引起用户定位误差的主要因素。下节将讨论在该增强系统下,用户的定位方程及定位误差,给出用户定位误差和转发器坐标误差之间的近似线性方程;计算机仿真结果表明,通过合理选择转发器的位置,在同一卫星分布条件下,可以改善用户的定位误差,使较大的误差数据降低近 50%。

7.2 转发干扰一体化定位原理及误差分析

7.2.1 定位方程

对合作用户而言,转发干扰系统变成了 GPS 增强系统,仍由分布式转发器、运载平台和地面控制中心组成。运载平台达到一定的高度,被安放在规定范围内。假设四个转发器都工作,每一个转发器分别转发一个卫星信号。地面控制中心控制运载平台的位置,帮助转发器获得它们各自的三维位置坐标,并发送给用户。

假设点 $R(X,Y,Z)$ 是 GPS 用户的位置。在这里我们近似假设地球是一个半径为 6 370 km 的球体。信号由卫星发射后首先到达转发器,同时由转发器加载其位置信息后转发给 GPS 用户。则由 GPS 接收机计算的伪距满足式(7.2.1)。

$$\rho_j = d_{sj} + d_{oj} + c\Delta t_R, \quad j = 1,2,3,4 \tag{7.2.1}$$

Δt_R 是接收机的钟差。假设(a_j, b_j, c_j)是转发器的坐标,则

$$d_{sj} = |\, Sj - Jj\,| = \sqrt{(X_j - a_j)^2 + (Y_j - b_j)^2 + (Z_j - c_j)^2}$$

$$d_{oj} = |\, R - Jj\,| = \sqrt{(X - a_j)^2 + (Y - b_j)^2 + (Z - c_j)^2}$$

因为 GPS 的卫星坐标(X_j, Y_j, Z_j)和转发器的坐标(a_j, b_j, c_j),$j=1,2,3,4$,可由信号解调获得,则有

$$\rho_j - d_{sj} = d_{oj} + c\Delta t_R \tag{7.2.2}$$

令 $\rho_j' = \rho_j - d_{sj}$,得到四个方程:

$$\begin{cases} \rho_1' = \left[(X - a_1)^2 + (Y - b_1)^2 + (Z - c_1)^2\right]^{1/2} + c\Delta t_R \\ \rho_2' = \left[(X - a_2)^2 + (Y - b_2)^2 + (Z - c_2)^2\right]^{1/2} + c\Delta t_R \\ \rho_3' = \left[(X - a_3)^2 + (Y - b_3)^2 + (Z - c_3)^2\right]^{1/2} + c\Delta t_R \\ \rho_4' = \left[(X - a_4)^2 + (Y - b_4)^2 + (Z - c_4)^2\right]^{1/2} + c\Delta t_R \end{cases} \tag{7.2.3}$$

可计算出 X, Y, Z 和 Δt_R。GPS 用户的定位误差与转发器的三维位置精度和分布形状明显有关。我们将在下面对这些问题进行讨论。

7.2.2　误差分析

这里我们忽略 GPS 传统误差来源,仅考虑由转发器位置误差和几何分布带来的影响。设 $\Omega(Ji)$ 是转发器所在点"Ji"的一个邻域。

$$\Omega(Ji) = \{(a_i + \Delta a_i, b_i + \Delta b_i, c_i + \Delta c_i) : \sqrt{E[\Delta a_i^2]}$$

$$= \sqrt{E[\Delta b_i^2]} = \sqrt{E[\Delta c_i^2]} = \gamma_0\}$$

考虑点 $(a_i', b_i', c_i') = (a_i + \Delta a_i, b_i + \Delta b_i, c_i + \Delta c_i) \in \Omega(Ji)$,则真实的定位方程为

$$\rho_j = d_{sj}' + d_{oj}' + c\Delta t_R' \tag{7.2.4}$$

其中，

$$d'_{sj} = \sqrt{(X_j - a_j - \Delta a_j)^2 + (Y_j - b - \Delta b_j)^2 + (Z_j - c - \Delta c_j)^2}$$

$$d'_{0j} = \sqrt{(X' - a_j - \Delta a_j)^2 + (Y' - b_j - \Delta b_j)^2 + (Z' - c_j - \Delta c_j)^2}$$

$$(X', Y', Z') = (X + \Delta X, Y + \Delta Y, Z + \Delta Z) \in \Omega(R)$$

我们将研究（$\Delta a_i, \Delta b_i, \Delta c_i$）和（$\Delta X, \Delta Y, \Delta Z$）之间的关系。综合式(7.2.2)和式(7.2.4)可得

$$A \cdot \begin{pmatrix} \Delta X \\ \Delta Y \\ \Delta Z \\ \Delta t'_R - \Delta t_R \end{pmatrix} = \begin{pmatrix} d_1 \\ d_2 \\ d_3 \\ d_4 \end{pmatrix}$$

$$A = \begin{pmatrix} \dfrac{X' + X - a_1 - a'_1}{d_{o1} + d'_{o1}} & \dfrac{Y' + Y - b_1 - b'_1}{d_{o1} + d'_{o1}} & \dfrac{Z' + Z - c_1 - c'_1}{d_{o1} + d'_{o1}} & c \\ \dfrac{X' + X - a_2 - a'_2}{d_{o2} + d'_{o2}} & \dfrac{Y' + Y - b_2 - b'_2}{d_{o2} + d'_{o2}} & \dfrac{Z' + Z - c_2 - c'_2}{d_{o2} + d'_{o2}} & c \\ \dfrac{X' + X - a_3 - a'_3}{d_{o3} + d'_{o3}} & \dfrac{Y' + Y - b_3 - b'_3}{d_{o3} + d'_{o3}} & \dfrac{Z' + Z - c_3 - c'_3}{d_{o3} + d'_{o3}} & c \\ \dfrac{X' + X - a_4 - a'_4}{d_{o4} + d'_{o4}} & \dfrac{Y' + Y - b_4 - b'_4}{d_{o4} + d'_{o4}} & \dfrac{Z' + Z - c_4 - c'_4}{d_{o4} + d'_{o4}} & c \end{pmatrix}$$

$$d_j = \frac{(X' + X - a_j - a'_j)}{d_{oj} + d'_{oj}}\Delta a_j + \frac{(Y' + Y - a_j - a'_j)}{d_{oj} + d'_{oj}}\Delta b_j + \frac{(Z' + Z - a_j - a'_j)}{d_{oj} + d'_{oj}}\Delta c_j$$

$$+ \frac{(2X_j - a_j - a'_j)}{d_{sj} + d'_{sj}}\Delta a_j + \frac{(2Y_j - a_j - a'_j)}{d_{sj} + d'_{sj}}\Delta b_j + \frac{(2Z_j - a_j - a'_j)}{d_{sj} + d'_{sj}}\Delta c_j$$

设 $H_j = (h_{jx} \quad h_{jy} \quad h_{jz})$

$$h_{jx} = \frac{(X' + X - a_j - a'_j)}{d_{oj} + d'_{oj}} + \frac{(2X_j - a_j - a'_j)}{d_{sj} + d'_{sj}}$$

$$h_{jy} = \frac{(Y' + Y - a_j - a'_j)}{d_{oj} + d'_{oj}} + \frac{(2Y_j - a_j - a'_j)}{d_{sj} + d'_{sj}}$$

$$h_{jz} = \frac{(Z' + Z - a_j - a_j')}{d_{oj} + d_{oj}'} + \frac{(2Z_j - a_j - a_j')}{d_{sj} + d_{sj}'}$$

且

$$H = \begin{pmatrix} H_1 & 0 & 0 & 0 \\ 0 & H_2 & 0 & 0 \\ 0 & 0 & H_3 & 0 \\ 0 & 0 & 0 & H_4 \end{pmatrix}$$

则

$$\begin{pmatrix} \Delta X \\ \Delta Y \\ \Delta Z \\ \Delta t_R' - \Delta t_R \end{pmatrix} = A^{-1} \cdot H \cdot \Lambda$$

$$\Lambda = (\Delta a_1, \Delta b_1, \Delta c_1, \Delta a_2, \Delta b_2, \Delta c_2, \Delta a_3, \Delta b_3, \Delta c_3, \Delta a_4, \Delta b_4, \Delta c_4)^{\mathrm{T}}$$

很明显向量 $(\Delta X, \Delta Y, \Delta Z, \Delta t_R' - \Delta t_R)^{\mathrm{T}}$ 和向量 Λ 具有近似线性关系。如果忽略二次项,令矩阵 A 和 H 中,

$$(X', Y', Z') \approx (X, Y, Z), \quad (a_i', b_i', c_i') \approx (a_i, b_i, c_i)$$

则

$$A = \begin{pmatrix} \dfrac{X - a_1}{d_{o1}} & \dfrac{Y - b_1}{d_{o1}} & \dfrac{Z - c_1}{d_{o1}} & c \\ \dfrac{X - a_2}{d_{o2}} & \dfrac{Y - b_2}{d_{o2}} & \dfrac{Z - c_2}{d_{o2}} & c \\ \dfrac{X - a_3}{d_{o3}} & \dfrac{Y - b_3}{d_{o3}} & \dfrac{Z - c_3}{d_{o3}} & c \\ \dfrac{X - a_4}{d_{o4}} & \dfrac{Y - b_4}{d_{o4}} & \dfrac{Z - c_4}{d_{o4}} & c \end{pmatrix}$$

$$H_j = \left(\frac{(X - a_j)}{d_{oj}} + \frac{(X_j - a_j)}{d_{sj}} \quad \frac{(Y - a_j)}{d_{oj}} + \frac{(Y_j - a_j)}{d_{sj}} \quad \frac{(Z - a_j)}{d_{oj}} + \frac{(Z_j - a_j)}{d_{sj}} \right)$$

记

$$\Omega = A^{-1} \cdot H = \begin{pmatrix} \Omega_x \\ \Omega_y \\ \Omega_z \\ \Omega_t \end{pmatrix}$$

如果假设 $\Delta a_i, \Delta b_i, \Delta c_i, j = 1,2,3,4$，是相互独立的，且

$$E[\Delta a_i] = E[\Delta b_i] = E[\Delta c_i] = 0, j = 1,2,3,4,$$

则

$$E[\Delta X^2] = \Omega_x \cdot E[\Lambda \cdot \Lambda^{\mathrm{T}}] \cdot \Omega_x^{\mathrm{T}}$$

$$E[\Delta Y^2] = \Omega_y \cdot E[\Lambda \cdot \Lambda^{\mathrm{T}}] \cdot \Omega_y^{\mathrm{T}}$$

$$E[\Delta Z^2] = \Omega_z \cdot E[\Lambda \cdot \Lambda^{\mathrm{T}}] \cdot \Omega_z^{\mathrm{T}}$$

$$E[(\Delta t'_R - \Delta t_R)^2] = \Omega_t \cdot E[\Lambda \cdot \Lambda^{\mathrm{T}}] \cdot \Omega_t^{\mathrm{T}},$$

$$E[\Lambda \cdot \Lambda^{\mathrm{T}}] = \mathrm{diag}\{E[\Delta a_1^2], E[\Delta b_1^2], E[\Delta c_1^2],$$

$$E[\Delta a_2^2], \cdots, E[\Delta b_4^2], E[\Delta c_4^2]\}$$

所以，当给定卫星和转发器位置时就能获得上述所有统计估计值。从 $E[\Lambda \cdot \Lambda^{\mathrm{T}}]$ 可知 GPS 用户的定位误差与转发器的三维位置精度相关。而由矩阵 Ω 的影响可知转发器的分布形状也同样影响定位误差。在下面计算机仿真将会得出结论。

7.2.3　转发干扰与区域增强定位一体化仿真分析

考虑卫星和转发器的高度分别为 20 200 km 和 20 km，假设地球是半径为 6 370 km 的球体。表 7.1 中列出仿真示例使用的卫星的经度和纬度数据。

表 7.1　卫星数据表

卫　星	经　　度	纬　　度
s_1	110.1	20.3
s_2	129.8	32.0
s_3	112	45.1
s_4	90.2	30.0

设

$$\mathrm{error}x = \sqrt{E\left[\Delta X^2\right]}, \mathrm{error}y = \sqrt{E\left[\Delta Y^2\right]},$$

$$\mathrm{error}z = \sqrt{E\left[\Delta Z^2\right]}, \mathrm{error}t = \sqrt{E\left[\left(\Delta t'_R - \Delta t_R\right)^2\right]}$$

并假设，

$$\sqrt{E\left[\Delta a_1^2\right]} = \sqrt{E\left[\Delta b_1^2\right]} = \sqrt{E\left[\Delta c_1^2\right]} = \sqrt{E\left[\Delta a_2^2\right]}$$

$$= \cdots = \sqrt{E\left[\Delta b_4^2\right]} = \sqrt{E\left[\Delta c_4^2\right]} = 3 \text{ m}$$

计算机仿真表明通过正确选择转发器的位置可使 GPS 用户定位误差变得合理。表 7.2 和表 7.3 给出当仿真条件相同下由于转发器分布不同而引起的差异。误差单位为米。

表 7.2　转发器数据表和 GPS 用户(1)的定位误差(m)

转 发 器	经　　度	纬　　度
J_1	110.847	33.04
J_2	109.9	31.64
J_3	110.13	34.66
J_4	109.88	32.86

用户/误差	经　度	纬　度	误差 x	误差 y	误差 z	误差 t
1	111.04	33.69	8.97	30.73	19.85	0
2	110.71	33.93	12.62	48.3	28.99	0
3	110.29	33.93	15.72	49.45	30.4	0
4	109.96	33.69	12.69	34.38	23.58	0
5	109.83	33.3	7.43	14.82	12.05	0
6	109.96	32.91	5.72	2.88	4.09	0
7	110.29	32.67	6.84	11.05	7.94	0
8	110.71	32.67	5.96	13.41	9.3	0
9	111.04	32.91	9.34	6.76	4.66	0
10	111.17	33.3	10.93	10.94	9	0

表 7.3　转发器数据表和 GPS 用户(2)的定位误差(m)

转发器	经度	纬度
J_1	111.45	34.37
J_2	110.82	33.12
J_3	109.78	32.47
J_4	110.32	33.44

用户/误差	经度	纬度	误差 x	误差 y	误差 z	误差 t
1	111.04	33.69	10.31	22.58	16.26	0
2	110.71	33.93	12.14	22.66	15.65	0
3	110.29	33.93	10.05	17.45	15.12	0
4	109.96	33.69	7.37	15.63	14.31	0
5	109.83	33.3	8.54	16.5	12.6	0
6	109.96	32.91	11.66	22.72	18.86	0
7	110.29	32.67	9.73	22.71	21.14	0
8	110.71	32.67	9.41	15.98	12.58	0
9	111.04	32.91	10.01	10.08	6.54	0
10	111.17	33.3	7.65	12	10.83	0

根据 GPS 导航定位原理,GPS 测距误差对用户定位精度的影响会随着接收机与卫星之间的距离向量的改变而改变,接收机到各卫星之间的单位向量所构成的几何形状的体积,称为几何精度因子,用户定位误差与之成反比。转发干扰器构成一个虚拟星座,其分布形状也会影响定位误差。两个表(表 7.2 与表 7.3)的明显不同,表明转发器的几何形状对定位误差产生影响,因此,如何优化转发器的布阵,正确选择转发器的位置来使由转发器引起的定位误差变得合理;关于转发器分布形状的影响和系统鲁棒性等问题值得进一步从理论上研究。

7.3　星基导航体系对抗

7.3.1　导航定位系统的体系性

由于卫星导航系统是一个遍布全空间的体系,卫星导航接收机应该利用全时间、全空域、全模式[包括 L1、L2 和 L5 的 C/A 码信号；M 码信号，P(Y)码信号；伪卫星信号，GLONASS、BDS、GALILEO、广域增强、天顶]的优势，极大提升抗干扰能力。卫星导航信号单独分离出来可能比较脆弱，但是一旦形成体系，并且与各种辅助手段、平台、网络结合起来以后，就会很难对付。

卫星导航是交叉学科领域。卫星导航构成了一个庞大的体系，卫星导航接收机用户可以通过选择安装位置、运行途径和其他辅助导航手段获得可观的抗干扰增益，可以发挥系统属性，较大地提高抗干扰能力。

1. 现在性

导航的核心问题是："我现在在哪里？"因为下一步要去哪里是知道的，用户知道了当前的位置，就能完成导航任务，这意味着什么呢？意味着卫星导航接收机无论过去多大、多少时间的干扰，一旦"现在"正确地接收到一次定位信息，则"过去"的干扰通通作废。所以，卫星导航接收机或者接收系统可以充分利用全时域、全空域和多模系统抵抗干扰。

2. 体系性

卫星导航系统属于非典型通信系统，除了北斗能回传少量信息外，基本是单向传递信息。更加特殊的是，卫星导航系统形成了多点对一点体系，可以有效抵抗少数几个方向的干扰。除了技术上可以采用自适应天线进行空域滤波外，简单的手持式 GPS 接收机，也有通过寻找干扰信号遮挡环境，或者只是转个身就能减弱干扰的案例。

3. 系统多样性

目前的导航手段很多，光是卫星导航系统就有 GPS、GLONASS、BDS、GALILEO、区域增强、准天顶、伪卫星等，导航系统还可以进行联网、综合采用其他导航手段辅助实现全源导航等。在这种情况下，只针对单一系统或单一频率、码型的干扰手段，可能达不到有效干扰的目的。比如 GPS 也有系统多样性，包括 GPS 的分离式多码系统：C/A、P(Y)、M 和 GPS 的分离式多频系统：L1、L2、L5。系统多样性考虑不周全，干扰就可能失效。

4. 用户多样性

卫星导航接收机已应用在军事领域中的通信、指控、授时及各种平台，包括汽车、飞机、大炮、舰船、卫星，导弹、炮弹、子弹，几乎没有不受其影响的领域。卫星导航接收机的使用和接收方法并不相同，有并行和串行、多相关器、非相干、累加器接收等，还有各种辅助接收方法，包括惯导(松、紧)、自适应、频率跟踪、共同跟踪等。应用不同，使用和接收方法不同，必然要求信号接收体制和方法的不同,从而也影响人为干扰体制和方法。

7.3.2　导航定位系统体系化对抗需求分析

体系对抗是对信息化条件下军事对抗特征的描述。也就是说,信息化战争中,作战双方的对抗,已从作战平台与作战平台、作战单元与作战单元之间的较量,转变为依托信息系统将情报侦察、指挥控制、火力打击、综合保障等作战单元、作战功能无缝链接所形成的作战体系之间的对抗。

信息为主导地位的信息化时期,战争表现为体系与体系的对抗,集中体现在运用具有一定规模、相互作用的行动实体,依托网络化的信息系统和大量高技术武器装备,在物理域、信息域和认知域进行的体系对抗。战争不再是线式可叠加,在单一作战力量、武器平台之间进行,而是以非线性的样式呈现。

一般来说,系统的组成联系紧密,强调通过技术手段或信息交流形式形成整体。而体系的组分联系较为松散,强调通过指挥和决策的形式形成整体。未来的信息化战争,将包含大量的武器装备系统组分,更包含了许多由"人"介入的决策、指挥行为,胜负也将取决于双方体系对抗的成败,而不是某一局部系统对抗的得失。可见,"体系对抗"与"系统对抗"是既有联系,又有区别的两种对抗形式。

卫星导航信号来自全空域的四面八方,具有分布式、多系统兼容应用的特点,卫星导航系统的系统化、体系化构成,要求与之相适应的对抗技术也应构建体系化结构,分布式立体对抗体系对构建有效的干扰与抗干扰手段都是必要的。

从干扰角度看,地面干扰较易实现,但卫星导航接收机的天线方向图朝上,升空干扰更易使干扰信号进入导航接收前端,不易被遮挡;利用升空干扰还能使远距离拦截干扰成为可能,并使干扰不殃及己方用户;构建立体干扰体系,多个干扰设备、多点分布的干扰系统数量多,压制频段和伪码类型全面,可以克服单个干扰源比较容易被检测并抵消和摧毁的不足,有利于对抗导航战背景下的抗干扰措施。

另一方面,从抗干扰的角度,构建立体的增强防御体系,将更加有助于对抗场景下的增强应用,并可适用于各种特殊场景。

7.3.3　分布式干扰及区域导航一体化

卫星导航系统作为国家的信息基础设施,在重要地域、重要基础设施和经济目标建设中,都已得到广泛应用,如航空、航海、电力、通信、交通运输、金融平台等,同时也是军事导航、军事指挥控制系统的时空基准。对北斗卫星导航系统有意或无意的干扰,都可能造成重要目标时间系统的紊乱,军事系统无法定位、无法获得准确的时间信息,给国民经济和军事安全带来无法预估的损失。这种有意无意的干扰战时容易形成,由于频率资源有限,目前几大全球卫星导航定位系统所使用的频段都在 L 波段,频率接近,导航信号调制方式相似,在干扰对方的同时,可能会伤及自身。

此外由于卫星导航信号空域的开放性,以及卫星导航发展主导的兼容性,使得民用接收机都在往享有兼容服务发展,北斗卫星导航系统整体设计使之具备与 GPS、GLONASS、GALILEO 的兼容条件,这既使中国可以利用国外全球卫星导航系统,通过监测和增强,将其作为我国备份导航手段,当然也提供了其他国家使用北斗系统的基础。这就为导航领域的电子对抗提出了更复杂的要求,如何阻止别人保护自己? 需要北斗系统构建坚实的防护网络,同时,要加强主动对抗的防御功能,实施针对性干扰,将对自己的影响降到最低。

因此,当实现欺骗性较大的分布式多点立体干扰时,要考虑到自身的导航需求,可以通过一定的技术处理,使对敌方的转发干扰信号对己方应用平台而言,却起到导航信号增强的作用。由于分布式体系对抗是基于分布式转发器的系统结构,很多已有的技术可以使用,如收发隔离技术,数字存储技术,微波与天线技术,滤波技术,载波相位测量定位,伪随机码编码技术等。但要实现干扰和导航一体化,则在某些方面要综合考虑导航和干扰的因素,需要对某些关键技术做进一步的研究,以适应实际情况。这些关键技术主要包括以下几点。

一体化系统的设计与性能分析。主要包括: 一体化系统有效的工作区域,实现干扰的转发信号控制,导航部分,已方导航数据设计和调制样式的选择,区域导航的性能,减小导航误差的算法等。

空中平台的优化布阵和运动模型。一体化系统要同时兼顾干扰和导航,在此约束条件下,展开对空中平台布阵的算法研究;同时,当系统长时间工作时,由于卫星运动和转发时延控制算法的限制,需要建立空中平台的运动模型,对其专门研究。

地面用户的导航算法。由于干扰覆盖范围的需要,空中平台的位置布阵范围相对较小,而且兼顾到有效干扰的约束,对导航而言平台的布局方式可能不佳,从而使得 GDOP 值较大,定位误差将较大,需要研究在此条件下的定位算法;同时当平台布局不佳时,很小的平台误差将引入较大的定位误差,有必要研究针对空中平台存在误差条件下如何提高地面用户的导航定位精度等问题。

参 考 文 献

［1］ 李跃,邱致和.导航与定位：信息化战争的北斗星［M］.北京：国防工业出版社,2008.

［2］ 潘高峰,王李军,华军.卫星导航接收机抗干扰技术［M］.北京：电子工业出版社,2016.

［3］ 曾芳玲.导航对抗原理及运用［M］.北京：解放军出版社,2015.

［4］ Hegarty C J, Van Dierendonck A J. Recommendations on digital distortion requirements for the civil GPS signals［R］. IEEE, 2008：1090 - 1099.

［5］ Shin J, Joo J M, Lim D W, et al. Constant envelope multiplexing via constellation tailoring scheme for flexible power allocation of GNSS signals［J］. Journal of Positioning, Navigation, and Timing, 2021, 10(4)：335 - 340.

［6］ 雷志远.新型导航信号调制性能分析及复用技术研究［D］.北京：中国科学院大学, 2012.

［7］ Marquis W A, Reigh D L. The GPS Block ⅡR and ⅡR - M broadcast L - band antenna panel：its pattern and performance［J］. Navigation , 2015, 62(4)：329 - 347.

［8］ 欧阳晓凤.GPS - Ⅲ分布式协同相干干扰关键技术研究［D］.长沙：国防科技大学, 2022.

［9］ 芮梓轩.GPS 授权信号监测与特征提取研究［D］.长沙：国防科技大学,2021.

［10］ 曾芳玲.GPS 区域映射牵引式干扰系统设计原理及可行性分析［D］.长沙：国防科学技术大学,2007.

［11］ Frye J R. General interplex technique for signal combining［J］. Navigation , 2017, 64(1)： 35 - 49.

［12］ Yao Z, Lu M Q. Signal multiplexing techniques for GNSS：the principle, progress, and challenges within a uniform framework［J］. IEEE Signal Processing Magazine, 2017, 34(5)：16 - 26.

［13］ Dafesh P A, Nguyen T M, Lazar S. Coherent adaptive subcarrier modulation (CASM) for GPS modernization［C］. Nashville：Proceedings of ION National Technical Meeting, 1999： 649 - 660.

［14］ Allen D W, Arredondo A, Barnes D R, et al. Effect of GPS III Weighted voting on P(Y) receiver processing performance［J］. Navigation, 2020, 67(4)：675 - 689.

［15］ Steigenberger P, Thoelert S, Montenbruck O. GPS Ⅲ Vespucci：results of half a year in orbit[J]. Advances in Space Research, 2020, 66(12): 2773 – 2785.

[16] Thoelert S, Steigenberger P, Montenbruck O, et al. Signal analysis of the first GPS III satellite[J]. GPS Solutions, 2019, 23(4): 936 – 950.

[17] Thoelert S, Hauschild A, Steigenberger P, et al. GPS IIR – M L1 transmit power redistribution: Analysis of GNSS receiver and High-Gain Antenna Data[J]. Navigation, 2018, 65(3): 423 – 430.

[18] 宏肖.GPS III 新体制 L2 频点导航信号分析[J].无线电工程,2022,52(5): 833 – 839.

[19] 徐海源,黄知涛,周一宇.UQPSK 直接序列扩频信号在卫星通信应用中的检测和性能分析[J].信号处理,2008(3): 361 – 365.

[20] Welch P. The use of fast fourier transform for the estimation of power spectra: a method based on time averaging over short, modified periodograms[J]. IEEE Transactions on audio and electroacoustics, 1967, 15(2): 70 – 73.

[21] 刘亮,叶红军,郎兴康.GPS III 新体制导航信号监测分析[J].无线电工程,2020, 50(3): 203 – 209.

[22] 饶永南,王萌,康立,等.GPS III 首星空间信号质量监测评估[J].电子学报,2020, 48(2): 407 – 411.

[23] Ye H J, Jing X J, Liu L, et al. Analysis of the multiplexing method of new system navigation signals of GPS III first star L1 frequency in China's regional[J]. Sensors, 2019, 19(24): 5360.

[24] 孙玉花,李晖,闫统江.不同周期的 P 元 m 序列之间的互相关性质[J].西安电子科技大学学报,2012,39(5): 30 – 34, 41.

[25] Rui Z X, Ouyang X F, Zeng F L, et al. Blind estimation of GPS M – Code signals under noncooperative conditions[J]. Wireless Communications and Mobile Computing, 2022(1): 6597297.

[26] 柳亚川,寇艳红.同步式 GPS 欺骗干扰信号生成技术研究与设计[J].北京航空航天大学学报,2020,46(4): 814 – 821.

[27] 周一宇,安玮,郭福成.电子对抗原理与技术[M].北京: 电子工业出版社,2014.

[28] 高飞,夏莘媛,韩晓冬.一种改进的数字 UQPSK 载波同步方法[J].北京理工大学学报,2020(5): 537 – 542.

[29] 郭靖蕾,曾芳玲,王嘉伟.对 GPS M 码信号的噪声调频干扰参数优化研究[J].信息技术,2017(8): 41 – 45.

[30] 汪立萍,张益龙.GPS 防护及干扰监测与定位技术研究[J].航天电子对抗,2012(6): 32 – 34.

[31] Ward P W. GPS receiver RF interference monitoring, mitigation, and analysis techniques [J]. Navigation, 1994, 41(4): 367 – 392.

[32] Luo R, Xu Y, Yuan H. Performance evaluation of the new compound-carrier-modulated

Ref

signal for future navigation signals[J]. Sensors, 2016, 16(2): 142.

[33] 唐小妹,庞晶,黄仰博,等.XFAST 长码直捕算法参数优化设计[J].中南大学学报, 2014(45): 1113-1118.

[34] Schaub L. GPS status and modernization progress: service, satellites, control segment, and military GPS user equipment[C].Proceedings of the 31st International Technical Meeting of the Satellite Division of The Institute of Navigation, 2018: 717-732.